职业教育智能制造领域高素质技术技能人才培养系列教材

工业机器人现场编程

主　编　陈　健　杨　悦　陈　鹏
副主编　刘　阳　李　阳　周明远
参　编　张海鹏　张超宇　苑　桐

机械工业出版社

本书全面深入地介绍了工业机器人现场编程相关内容，主要内容包括工业机器人基础认知、工业机器人安全操作、工业机器人编程环境创建、工业机器人通信环境创建、工业机器人涂胶编程与调试和工业机器人码垛编程与调试6个项目。

本书通过丰富的实训任务和项目案例，帮助学生掌握实际工作中的工业机器人现场编程、工业机器人现场调试等技能；同时，结合当前工业机器人的最新发展趋势，引入新的技术和应用案例，使学生能够紧跟行业发展步伐。

本书可作为高等职业教育工业机器人技术、电气自动化技术等相关专业的教材，也可作为工业机器人领域从业人员的参考书籍，有助于提升读者的专业技能和职业素养。

为方便教学，本书配有电子课件、任务习题答案、模拟试卷及答案等教学资源，凡选用本书作为授课教材的老师，均可通过QQ（2314073523）咨询。

图书在版编目（CIP）数据

工业机器人现场编程 / 陈健，杨悦，陈鹏主编 . 北京 ：机械工业出版社，2025. 3. --（职业教育智能制造领域高素质技术技能人才培养系列教材）. -- ISBN 978-7-111-77802-8

Ⅰ. TP242.2

中国国家版本馆 CIP 数据核字第 2025CH7291 号

机械工业出版社（北京市百万庄大街22号 邮政编码100037）

策划编辑：曲世海　　责任编辑：曲世海

责任校对：龚思文　张　薇　　封面设计：马精明

责任印制：常天培

北京机工印刷厂有限公司印刷

2025年3月第1版第1次印刷

184mm×260mm · 14印张 · 319千字

标准书号：ISBN 978-7-111-77802-8

定价：45.00元

电话服务　　网络服务

客服电话：010-88361066　　机　工　官　网：www.cmpbook.com

010-88379833　　机　工　官　博：weibo.com/cmp1952

010-68326294　　金　书　网：www.golden-book.com

封底无防伪标均为盗版　　机工教育服务网：www.cmpedu.com

前　言

《中国教育现代化 2035》提出，到 2035 年，职业教育实现现代化，成为国家实施创新驱动发展战略、科教兴国战略、人才强国战略的重要支撑；职业教育质量全面提高，与其他教育协调发展，专业、课程、教材与国际标准接轨，形成具有中国特色、世界水平的现代职业教育体系；职业教育影响力显著提升，中国特色的职业教育办学经验和发展模式受到世界广泛认同。

本书以岗位能力为本位，对标职业技能等级，校企“双元”合作开发，根据校企混编教师团队多年来的职业教育教学经验和企业工程师的工作经验，重新梳理了工业机器人现场编程的知识，力求理论联系实际，突出知识的应用。全书突出项目引导，任务驱动，通过信息技术，加入了微课等内容，多种方法相融合，更适用于高等职业院校电气类和机械类的学生学习和使用。

本书设计了“工业机器人基础认知”“工业机器人安全操作”“工业机器人编程环境创建”“工业机器人通信环境创建”“工业机器人涂胶编程与调试”和“工业机器人码垛编程与调试”6 大项目，将企业岗位能力和行业知识融入到课程当中，注重培养学生的实践能力和解决复杂问题的能力。

本书由沈阳职业技术学院陈健、杨悦、陈鹏主编，沈阳职业技术学院刘阳、国能辽宁热力有限公司李阳、沈阳新松机器人自动化股份有限公司周明远任副主编，沈阳中德新松教育科技集团有限公司张海鹏、沈阳新松半导体设备有限公司张超宇、深圳市越疆科技有限公司苑桐参编。

由于编者水平有限，书中难免存在不妥之处，敬请广大读者批评指正！

编　者

目 录

项目 1

工业机器人基础认知

工业机器人与自动化成套装备是生产过程的关键设备，可用于制造、安装、检测、物流等生产环节，并广泛应用于汽车整车及汽车零部件、工程机械、轨道交通、低压电器、电力、IC 装备、军工、医药、冶金及印刷出版等众多行业，应用领域非常广泛。本项目将介绍工业机器人的性能指标、系统组成、电气连接等相关基础知识，为后续正确操控机器人打下坚实基础。

学习目标

- 知识目标

掌握工业机器人的性能指标。
掌握工业机器人的系统组成。
了解 ABB 机器人控制柜结构。

- 技能目标

掌握控制柜与本体的连接方法。
掌握紧急状态下机器人的控制方法。
掌握解除工业机器人急停的技能。

- 素养目标

培养精益求精的工匠精神。
培养安全操作的职业意识。

任务 1.1　学习工业机器人的基础知识

任务描述

工业机器人是 20 世纪 60 年代逐渐发展起来的一种用于代替传统劳动力的工业设备。

工业机器人技术涉及机械、电子、数学、运动学、力学、控制理论、传感技术、计算机技术等。至今，工业机器人已成为工业生产、智能制造等领域不可或缺的中坚力量。

1.1.1 工业机器人概述

工业机器人是由仿生机械结构、电机、减速器和控制系统组成的，常用于从事工业生产，能够自动执行工作指令。它可以接受人类指挥，也可以按照预先编制的程序运行。目前的工业机器人还可以根据人工智能技术制定的原则和纲领运动。图 1-1 所示是 ABB 机器人 IRB1200。

1. 工业机器人的分类

工业机器人的结构形式多种多样，典型机器人的运动特征用其坐标特性来描述。按结构特征来分，工业机器人通常可以分为直角坐标机器人、柱面坐标机器人、球面坐标机器人、多关节机器人和并联机器人。根据能量转换方式（驱动类型）的不同，工业机器人可以分为气压驱动机器人、液压驱动机器人、电力驱动机器人和新型驱动机器人。

（1）直角坐标机器人　直角坐标机器人是指在工业应用中，能够实现自动控制、可重复编程、在空间上具有相互垂直关系的 3 个独立自由度的多用途机器人，如图 1-2 所示。

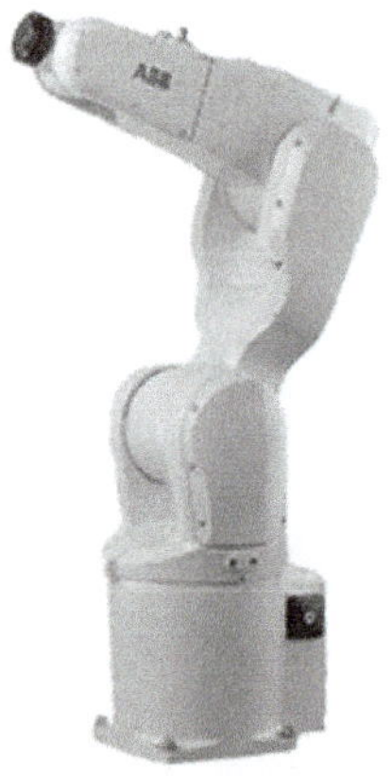

图 1-1　ABB 机器人 IRB1200

图 1-2　直角坐标机器人

直角坐标机器人在空间坐标系中有 3 个相互垂直的移动关节，每个关节都可以在独立的方向上移动。直角坐标机器人的优点是各关节仅做直线运动，控制简单。缺点是灵活性差，自身占据空间较大。它主要应用在各种自动化生产线中，可以完成焊接、搬运、上下料、包装、码垛、检测、装配和喷涂等一系列工作。

（2）柱面坐标机器人　柱面坐标机器人是指能够形成圆柱坐标系的机器人，其结构主要由一个旋转机座形成的转动关节和竖直、水平移动的两个移动关节构成。柱面坐标机器人具有空间结构小、工作范围大、末端执行器速度高、控制简单、运动灵活等优点。缺点是工作时，必须有沿 Y 轴前后方向的移动空间，空间利用率低。目前，柱面坐标机器人主要用于重物的装卸、搬运等工作。

（3）球面坐标机器人　球面坐标机器人一般由两个回转关节和一个移动关节构成。其轴线按极坐标配置。这种机器人运动所形成的轨迹表面是半球面，因此称为球面坐标机器人。球面坐标机器人占用空间小、操作灵活且工作范围大，但运动轨迹较复杂，难以控制。

（4）多关节机器人　多关节机器人也称为关节手臂机器人或关节机械手臂，是当今工业领域中应用最为广泛的一种机器人。多关节机器人按照关节的结构不同，可分为竖直多关节机器人和水平多关节机器人。竖直多关节机器人主要由机座和多关节臂组成，目前常见的关节臂数是 3 ～ 6 个。库卡 6 轴工业机器人 KR 1000 titan 如图 1-3 所示。

竖直多关节机器人由多个旋转和摆动关节组成，其结构紧凑，工作空间大，工作接近人类，工作时能绕过机座周围的一些障碍物，对装配、喷涂和焊接等多种作业都有良好的适应性，且适合电机驱动，关节密封、防尘比较容易。

水平多关节机器人如图 1-4 所示。水平多关节机器人一般具有 4 个轴和 4 个自由度，它的第 1、2、4 轴具有转动特性，第 3 轴具有线性移动特性，并且第 3 轴和第 4 轴可以根据不同的工作需要，变成多种不同的形态。水平多关节机器人的特点是作业空间与占地面积比很大，使用比较方便；在竖直升降方面刚性好，尤其适合平面装配作业。目前，水平多关节机器人主要应用在电子产品、汽车和塑料等领域，用于完成装配、搬运、喷涂和焊接等操作。

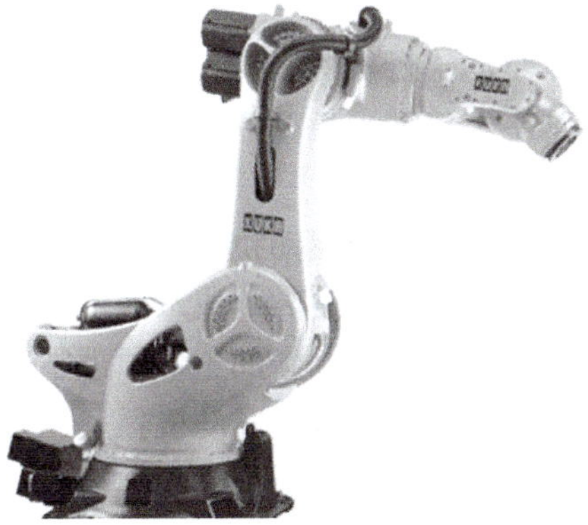

图 1-3　库卡 6 轴工业机器人 KR 1000 titan

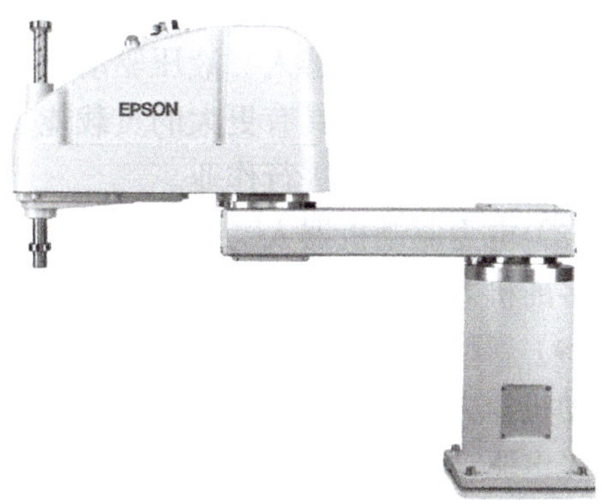

图 1-4　水平多关节机器人

（5）并联机器人　并联机器人是近年来发展起来的一种由固定机座和具有若干自由度的末端执行器，以不少于两条独立运动链连接形成的新型机器人，如图 1-5 所示。并联机器人广泛应用在装配、搬运、上下料、分拣和打磨等需要高精度、高刚度或者大载荷而无需很大工作空间的场合。

并联机器人具有以下特点：

1）无累积误差，精度较高。

2）驱动装置可置于固定平台上或接近固定平台的位置，运动部分重量轻、速度高、动态响应好。

3）结构紧凑、刚度高、承载能力大。

4）具有较好的各向同性。

5）工作空间小。

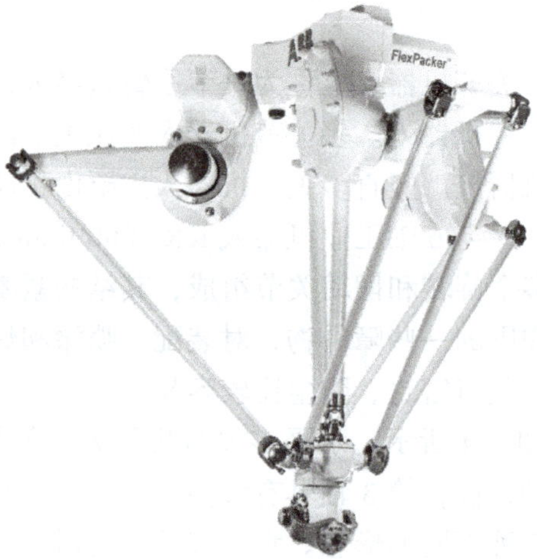

图 1-5　ABB 并联机器人

（6）气压驱动机器人　气压驱动机器人是用压缩空气来驱动执行机构的。气压驱动机器人的优点是空气来源方便、动作迅速、结构简单，缺点是工作的稳定性与定位精度不高、抓力较小，因此常用于负载较小的场合。

（7）液压驱动机器人　液压驱动机器人使用液体驱动执行机构。与气压驱动机器人相比，液压驱动机器人具有更大的负载能力，其结构紧凑、传动平稳，但液体容易泄漏，不宜在高温或低温场合进行作业。

（8）电力驱动机器人　电力驱动机器人利用电机产生的转矩驱动执行机构。目前，越来越多的机器人采用电力驱动方式，电力驱动易于控制，运动精度高，成本低。

（9）新型驱动机器人　伴随着机器人技术的发展，出现了利用新的工作原理制造的新型驱动机器人，如静电驱动机器人、压电驱动机器人、形状记忆合金驱动机器人、人工肌肉及光电驱动机器人等。

1.1.2　工业机器人的性能指标

性能指标是各工业机器人制造商在产品供货时所提供的技术数据。虽然各厂商所提供的技术参数项目是不完全一样的，工业机器人的结构、用途等有所不同，且用户的要求也不同，但是，工业机器人的主要技术参数一般都应包括自由度、分辨力、定位精度和重复定位精度、工作范围、额定速度、承载能力等。

（1）自由度　自由度是指机器人所具有的独立坐标轴运动的数目，不包括末端执行器的开合自由度，在三维空间中描述一个物体的位置和姿态（简称位姿）需要 6 个自由度。但是，工业机器人的自由度是根据其用途而设计的，可能小于 6 个自由度，也可能大于 6 个自由度。机器人的自由度如图 1-6 所示。

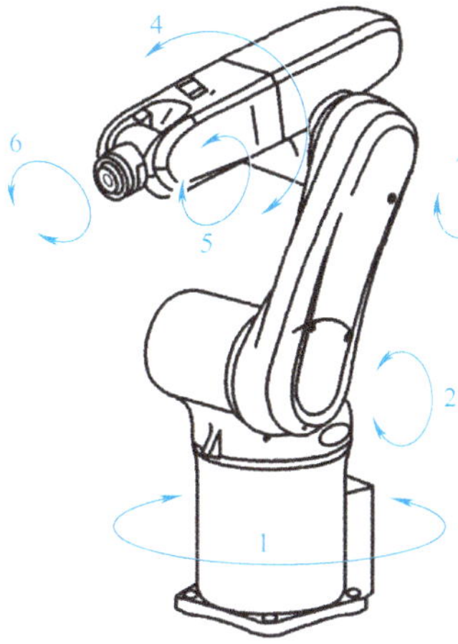

图 1-6　机器人的自由度

一般情况下，机器人的一个自由度对应一个关节，所以图 1-6 中机器人的自由度与关节的概念是等同的。自由度是表示机器人动作灵活程度的参数，自由度越多，机器人就越灵活，但结构也越复杂。一般机器人的自由度为 3 ～ 6 个。

（2）分辨力　分辨力是指机器人每个关节所能实现的最小移动距离或最小转动角度。工业机器人的分辨力分为编程分辨力和控制分辨力两种。

（3）定位精度和重复定位精度　定位精度和重复定位精度是机器人的两个精度指标。定位精度是指机器人末端执行器的实际位置与目标位置之间的偏差，由机械误差、控制算法与系统分辨力等部分组成。重复定位精度是指在同一环境、同一条件、同一目标动作、同一命令下，机器人连续重复运动若干次，其位置的分散情况，是关于精度的统计数据。某工业机器人的定位精度和重复定位精度如图 1-7 所示。

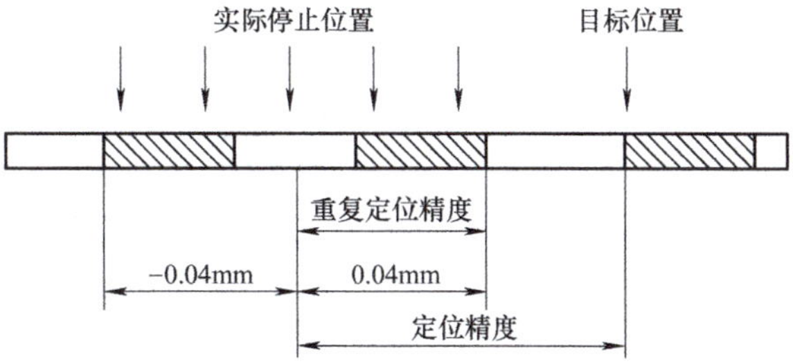

图 1-7　某工业机器人的定位精度和重复定位精度

（4）工作范围　工作范围是机器人运动时手臂末端或手腕中心所能到达的位置点的集合，也称为机器人的工作区域。由于末端执行器的形状和尺寸是随作业需求配置的，因此为真实反映机器人的特征参数，机器人工作范围是指不安装末端执行器时的工作区域。

（5）额定速度　额定速度是机器人在保持运动平稳性和位置精度的前提下所能达到的最大速度。其某一关节运动的速度称为单轴速度，由各轴速度分量合成的速度称为合成速度。机器人在额定速度和规定性能范围内，末端执行器所能承受负载的允许值称为额定负载。在限制作业条件下，为了保证机械结构不被损坏，末端执行器所能承受负载的最大值称为极限负载。对于结构固定的机器人，其最大行程为定值，因此额定速度越高，运动循环时间越短，工作效率越高。而机器人每个关节的运动过程一般包括加速起动、匀速运动和减速制动三个阶段。如果机器人负载过大，则会产生较大的加速度，造成起动、制动阶段时间增长，从而影响机器人的工作效率。因此，要根据实际工作周期来平衡机器人的额定速度。

（6）承载能力　承载能力是指机器人在工作范围内的任何位姿上所能承受的最大负载，通常可以用质量、转矩或惯性矩来表示。承载能力不仅取决于负载的质量，而且与机器人运行的速度和加速度的大小和方向有关。一般低速运行时，承载能力强。为安全考虑，将承载能力这个指标确定为高速运行时的承载能力。通常，承载能力不仅指负载质量，还包括机器人末端执行器的质量。

1.1.3　工业机器人的系统组成

工业机器人通常由执行机构、驱动系统、控制系统和传感系统四部分组成，如图 1-8 所示。工业机器人各组成部分之间的相互作用关系如图 1-9 所示。

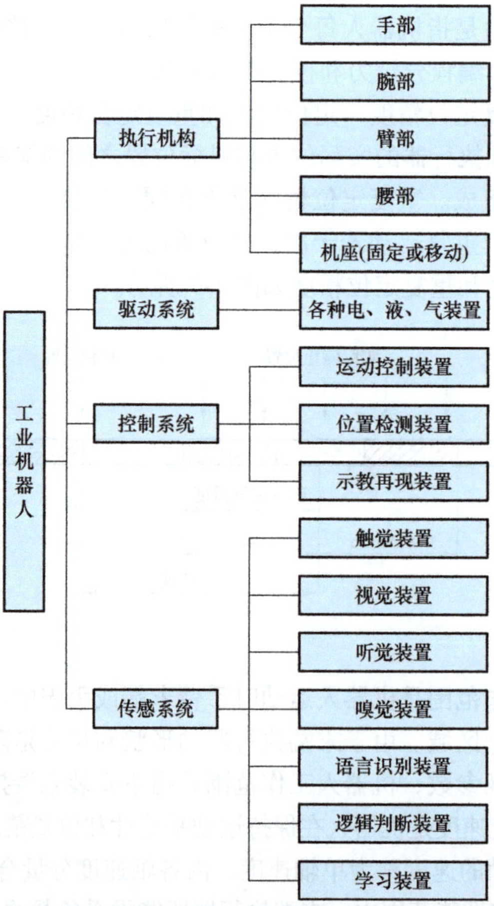

图 1-8　工业机器人的系统组成

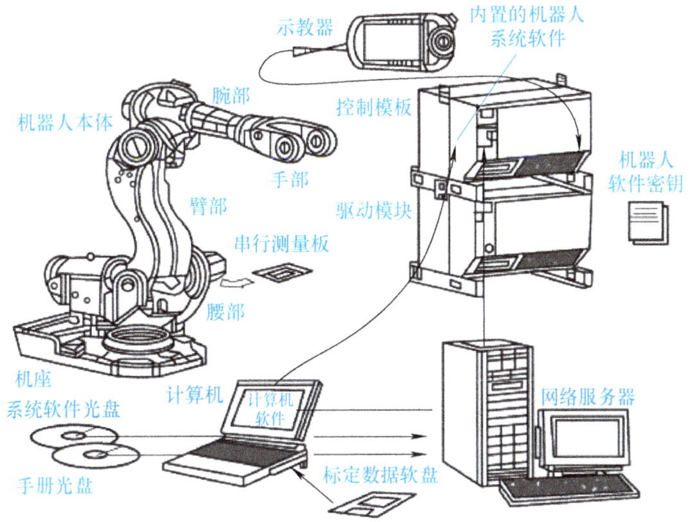

图 1-9 工业机器人各组成部分之间的相互作用关系

任务习题

一、选择题

1. 机器人本体是工业机器人机械主体，是完成各种作业的（ ）。

A. 执行机构　　B. 控制系统　　C. 传输系统　　D. 搬运机构

2. 机器人的手部装在机器人的（ ）上，直接抓握工件或执行作业的部件。

A. 臂　　B. 腕　　C. 机座　　D. 关节

3. 允许机器人手臂各零件之间发生相对运动的机构称为（ ）。

A. 机座　　B. 机身　　C. 手腕　　D. 关节

二、判断题

1. 自由度是指机器人所具有的独立坐标轴运动的数目，不包括机器人法兰工具的开合自由度。（ ）

2. 额定速度是表明机器人运动特性的主要指标。说明书中通常提供主要运动自由度的最大稳定速度，但在实际应用中单纯考虑最大稳定速度是不够的。（ ）

3. 精度是指机器人手部实际到达位置与目标位置之间的差异。（ ）

4. 工作范围是指机器人手臂末端或手腕中心所能到达的所有点的集合，也称为工作区域。（ ）

5. 承载能力是指机器人在工作范围内的任何位姿上所能承受的最大质量。（ ）

6. 步行机器人的行走机构多为履带。（ ）

7. 工业机器人由工业机器人本体、控制柜、示教器、连接线缆组成。（ ）

三、简答题

1. 工业机器人按坐标形式可分为哪几种类型？各有什么特点？
2. 简述工业机器人的主要技术参数。

任务 1.2　认识工业机器人控制柜

任务描述

工业机器人控制柜是工业机器人的重要组成部分，它的功能类似于人脑。它一方面要控制机器人的运动，另一方面要与周边设备进行协调控制。

1.2.1　ABB 机器人控制柜

ABB 机器人控制柜如图 1-10 所示，内部由机器人系统所需部件和相关附加部件组成，包括主计算机、伺服驱动器、轴计算机板、安全面板、系统电源、配电板、电源模块、电容、接触器接口板、I/O 板等。

控制柜部分部件的功能见表 1-1。

表 1-1　控制柜部分部件的功能

序号	部件名称	功能描述
1	示教器线缆接口	用于机器人控制系统与示教器建立联系的接口，只有当示教器上线缆插头与其正确连接且控制柜上电完成后，才可以通过示教器操控机器人本体动作，若连接错误，开机后机器人会报错
2	动力电缆接口	机器人内部各轴电机供电线缆的接口，只有正确连接后，开机时才能给各轴伺服电机供电，否则机器人无法操作
3	编码器线缆接口	用于连接机器人本体各关节轴伺服编码器与机器人 IRC 控制系统，若未连接或连接不正确，此时各轴位置信息无法更新到机器人控制系统，上电后机器人无法操作。即使连接正确，重新上电后机器人的机械原点位置丢失，需对机器人执行零点校准操作
4	外接电源接口	IRC5 紧凑型控制柜为单项 220V 电源供电，需通过此接口给控制柜接入 220V 供电电源，以供机器人控制系统开机起动
5	模式选择旋钮	ABB 机器人主要有两种模式，即自动和手动。当选择自动档时，无法通过机器人示教器手动操作机器人，只能通过外部控制机器人程序运行或手动按下控制柜上的上电 / 复位按钮使电机使能，按下示教器程序运行按键自动执行机器人程序；当选择手动档时，可以通过示教器手动操作机器人，如机器人程序的编写、零点校准、参数设置、手动控制机器人等
6	上电 / 复位按钮	当急停状态被触发后，需按下此按钮才能将急停触发后状态清除，此时机器人才可被操作。当处于自动模式时，也可通过按下此按钮使伺服驱动器使能
7	制动闸释放按钮	当由于操作失误等不规范操作，导致机器人关节轴被卡住时，无法通过机器人示教器操作机器人动作，需按下制动闸释放按钮将伺服制动闸松开，手动移动机器人关节轴使其移开碰撞位置（此操作需要两个人配合）
8	控制器开关	用于关闭或起动机器人控制器

（续）

序号	部件名称	功能描述
9	急停按钮	当机器人运行出现错误或要发生碰撞时，可按下此按钮紧急停止机器人动作，主要起保护作用
10	USB	USB 接口
11	轴计算机板	机器人轴计算机板是控制机器人轴运动的主板，它负责整个系统的控制
12	安全控制板	安全控制板是保障机器人运行安全的重要组件。它能确保在紧急情况下能够迅速切断电源，防止事故发生
13	电容	用于机器人关闭电源后，保存数据后再断电，相当于延时断电功能
14	电源	给机器人各轴运动提供电源

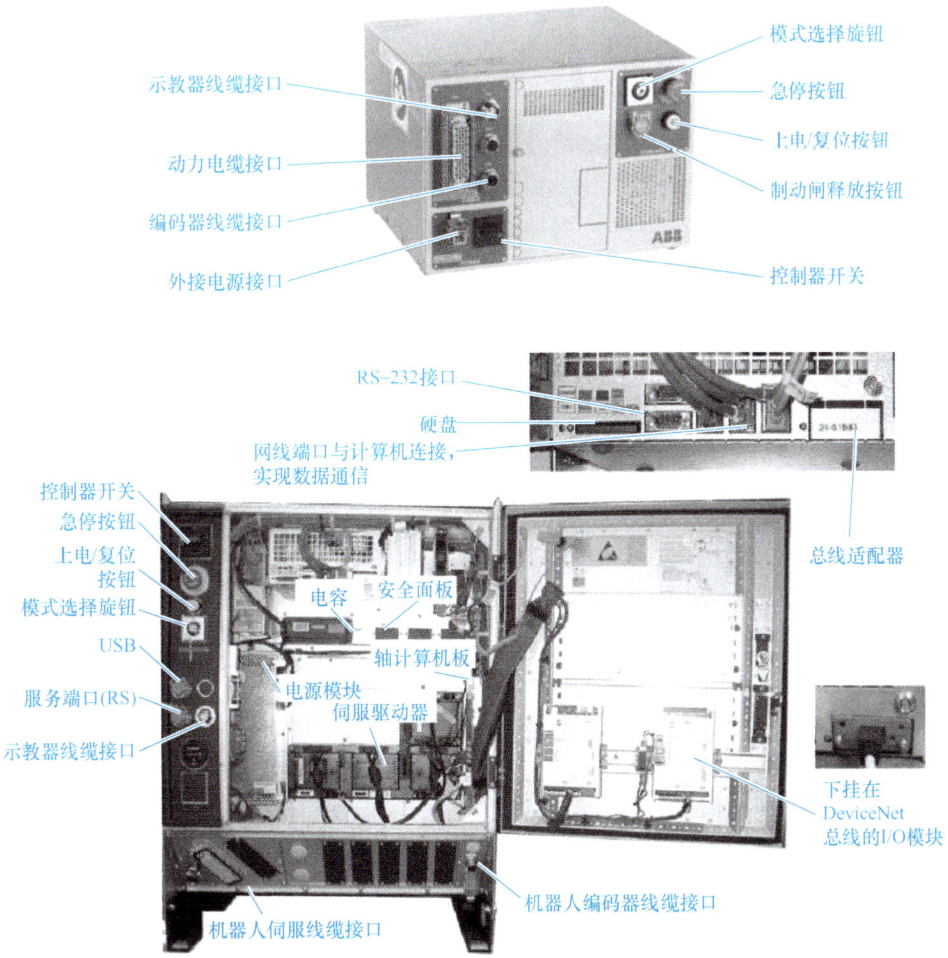

图 1-10　ABB 机器人控制柜

1.2.2 控制柜与本体的连接

采用模块化设计的 IRC5 控制柜是 ABB 公司推出的第 5 代机器人控制柜，由图 1-11 可知，控制柜与机器人本体之间由两条电缆连接，分别是动力电缆、编码器线缆。

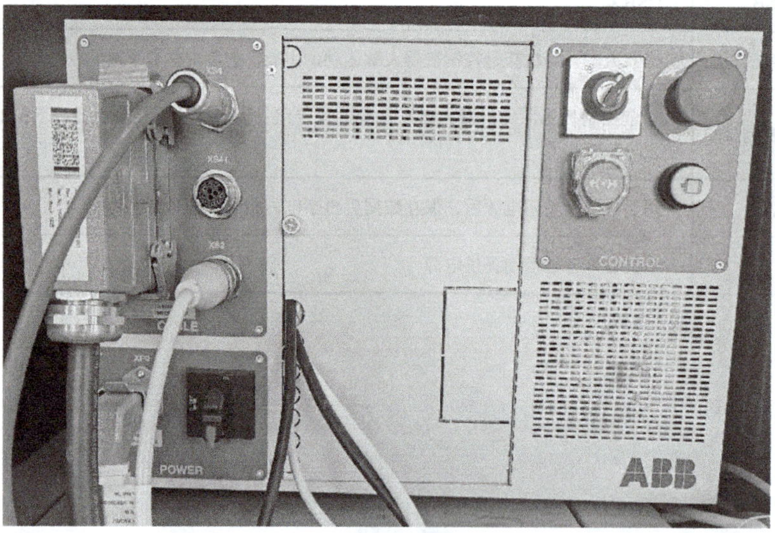

图 1-11 ABB IRC5 紧凑型控制柜接线实物图

（1）动力电缆的连接 动力电缆在控制柜与机器人本体的连接接头分别如图 1-12 和图 1-13 所示。

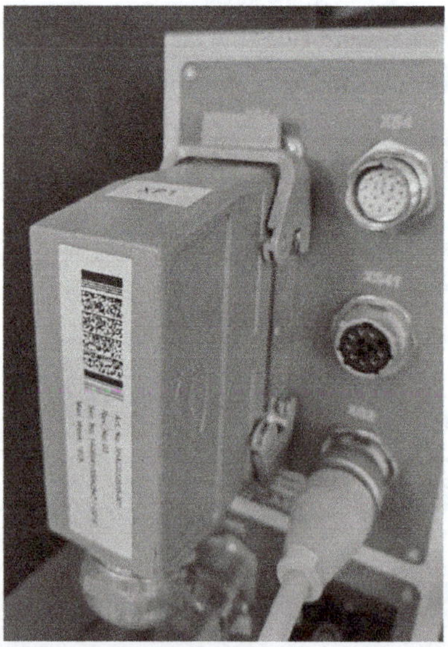

图 1-12 控制柜上的动力电缆接头

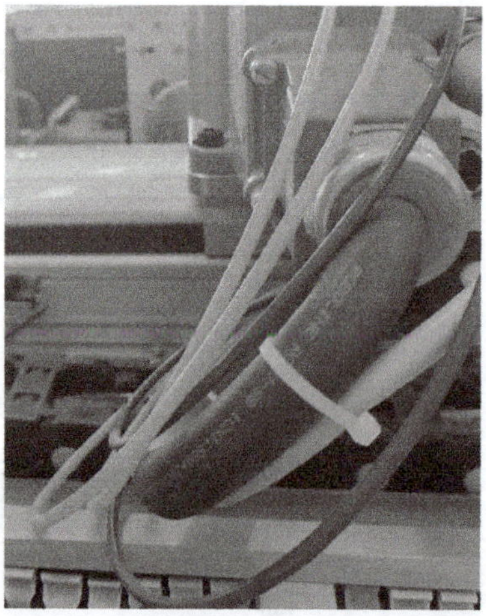

图 1-13 机器人本体上的动力电缆接头

（2）编码器线缆的连接　编码器线缆在控制柜与机器人本体的连接接头分别如图 1-14 和图 1-15 所示。

图 1-14　控制柜上的编码器线缆接头

图 1-15　机器人本体上的编码器线缆接头

控制柜上连接的还有电源电缆和示教器线缆，接头分别如图 1-16 和图 1-17 所示，可以用示教器来控制机器人。

图 1-16　控制柜上的电源电缆接头

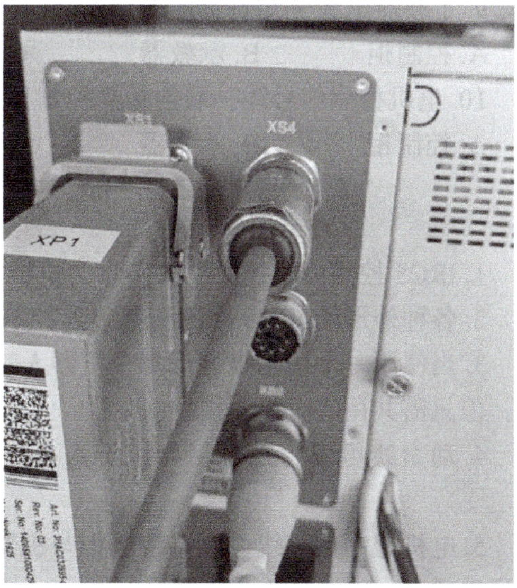

图 1-17　控制柜上的示教器线缆接头

任务习题

一、选择题

1. ABB IRB120 工业机器人本体底座处的接口不包括（　　）。

A. 压缩空气接口　　B. SMB 电缆接口

C. 电机动力电缆接口　　D. 示教器电缆接口

2. ABB IRC5 控制柜分为集成块式、紧凑式、一体式和（　　）4 种。

A. 立体式　　B. 悬挂式　　C. 分体式

3. ABB IRC5 控制柜上没有（　　）。

A. 急停按钮　　B. 复位开关　　C. 电机起动开关

4. ABB IRC5 控制柜上没有（　　）。

A. 动力线接口　　B. 杜邦线接口　　C. I/O 信号线接口

5. 将控制柜与交流电网连接时，需要使用（　　）。

A. 动力线　　B. I/O 信号线　　C. 控制柜电源电缆

6. 控制柜和机器人本体连接后，可进行机器人系统（　　）操作，以测试安装是否成功。

A. 开机　　B. 待机　　C. 关机

7. 气管一端直接连接到（　　）上，另一端连接到外围设备上。

A. 控制柜　　B. 示教器　　C. 机器人本体

8. I/0 信号线一端直接连接到（　　）上，另一端连接到外围设备上。

A. 控制柜　　B. 示教器　　C. 机器人本体

9. 示教器电缆一端直接连接到（　　）上，另一端已经固定在示教器上了。

A. 控制柜　　B. 示教器　　C. 机器人本体

10. 电机控制信号线一端连接到控制柜上，另一端连接到（　　）上。

A. 控制柜　　B. 示教器　　C. 机器人本体

二、判断题

1. IRC5 控制柜中控制模块包含为机器人电机供电的所有电源电子设备。（　　）

2. 各种外形的 IRC5 控制柜都包含控制和驱动两个模块。（　　）

3. 当使用一个控制柜运行多个机器人时，必须为每个附加的机器人添加额外的驱动模块，但只需共用一个控制模块。（　　）

4. 动力线可以将控制柜与机器人本体连接起来，为机器人本体上的电机提供动力。（　　）

5. 电机控制信号线可以将控制柜与机器人本体连接起来，实时监控机器人本体上的电机运动状态。（　　）

6. 示教器电缆可以将控制柜与示教器连接起来，为示教器供电的同时，完成两者之间的信号与数据的传输。（　　）

“项目 1　工业机器人基础认知”项目评价

项目 1　工业机器人基础认知				
任务	考核内容	配分	评分标准	得分
认识机器人	机器人性能指标	10 分	熟悉常见机器人性能指标	
	机器人选型	10 分	能够根据需求，正确选择机器人型号	
	机器人系统组成	20 分	能够掌握机器人的系统组成	
机器人接线	控制柜基本操作	20 分	能够正确操作工业机器人控制柜	
	控制柜与本体连接	20 分	能够实现控制柜与本体之间的电气连接	
安全操作	安全上机操作	10 分	符合上机实训操作要求	
完成质量	工艺或者操作熟练程度	5 分	“未完成”：不得分 “完成”：根据完成情况打分	
	工作效率或者完成任务速度	5 分		
自我评价				
小组互评				
老师评价				
总分				

项目 2

工业机器人安全操作

工业机器人是面向工业领域的多关节机械手或多自由度的机器装置，它能自动执行工作任务，是靠自身动力和控制能力来实现各种功能的一种机器。它可以接受人类指挥，也可以按照预先编写的程序运行，现代的工业机器人还可以根据人工智能技术制订的原则和纲领行动。

随着科技的不断发展，工业机器人在生产制造领域起到了至关重要的作用。工业机器人的投入使用不仅提高了生产效率，还有效减少了人力成本，但也带来了一定的安全风险。本项目将详细介绍工业机器人操作的技巧，提出安全注意事项，以确保工业机器人的安全可靠运行，通过正确配置示教器以完成日常编程与操作，并介绍如何手动操纵工业机器人运动。

学习目标

- 知识目标

掌握工业机器人基本操作规程。
掌握工业机器人开关机的操作方法。
认识工业机器人常见标识。
认识工业机器人示教器结构。
了解工业机器人的坐标系。
掌握工业机器人的不同运行模式和运行模式的选择依据。

- 技能目标

能严格遵守机器人安全操作规范操作机器人。
能进行备份系统、设置语言和时间等示教器基本操作。
能手动操作工业机器人进行单轴运动、线性运动和重定位运动。
能进行工业机器人手动 / 自动运行模式的切换、增量模式的开 / 关快捷切换。

- 素养目标

养成良好的劳动习惯和劳动素养。

树立正确的劳动观和职业态度。
培养安全、规范、标准、责任意识。

任务 2.1　工业机器人的安全起动

任务描述

工业机器人的安全起动是确保生产顺利进行和工作人员安全的重要环节。通过安全培训、操作前准备、安全操作、紧急情况处理、维护与保养以及设置安全防护装备等方面的措施，可以显著降低工业机器人操作过程中的安全风险。因此，各企业应高度重视工业机器人的安全起动工作，确保生产过程的稳定性和人员的安全。本任务主要描述工业机器人在安全起动过程中需要遵循的要求和流程，以确保生产过程的顺利进行和工作人员的安全。

2.1.1　工业机器人的使用要求

工业机器人是综合应用计算机、自动控制、自动检测及精密机械装置等高新技术的产物，是技术密集度及自动化程度很高的典型机电一体化加工设备。使用工业机器人的优越性是显而易见的，不仅精度高、产品质量稳定，而且自动化程度极高，可大大减轻工人的劳动强度，提高生产率。

特别值得一提的是，工业机器人可完成一般人工操作难以完成的精密工作，如激光切割、精密装配等，因此其在自动化生产中的地位显得越来越重要。但是，我们要清醒地认识到，能否达到以上所述的工业机器人优点，还要看操作者在生产中能不能恰当、正确地使用。

下面从操作者的角度来谈一下工业机器人使用中应注意的事项，以保证工业机器人的优越性得以充分发挥，降低工业机器人因不当操作而损坏的概率。

1. 遵循正确的操作规程

操作规程既是保证操作人员安全的重要措施之一，也是保证设备安全、产品质量等的重要措施。使用者在初次进行操作时，必须认真地阅读设备提供商提供的使用说明书，按照操作规程正确操作。

1）使用前确保机器人本体、控制柜、示教盒及各附件连接电缆的外观良好。

2）设备起动前确保机器人紧固于底座，底座紧固于地板。

3）机器人运动之前先确保控制柜及示教器上的急停按钮起作用。

4）遵守设备上的危险、警告、注意、强制、禁止标志。

5）任何人未经操作人员同意不得进入机器人工作范围。

6）有人员进入机器人工作范围时必须有操作人员陪伴，保证机器人处于停止且使能切断状态。

7）设备起动时依照正常的顺序对设备进行开机、关机。

8）设备起动前一定要确认机器人工作范围内无干涉。

9）机器人运行过程中，一旦有未经许可的人员靠近机器人，必须立即按下急停按钮，切断电源开关。

10）因工作需要，对设备进行相应的改造时，需联系设备供应商，做相应的确认。

11）设备运行过程中，出现任何异常，应停止工作，记录异常情况，并通知设备供应商，确认是否可继续工作。

12）工业机器人在第一次使用或长期没有使用时，应先慢速手动操作其各轴进行运动，如有需要，还要进行机械原点的校准。

2. 工业机器人安全注意事项

（1）关闭总电源　在进行机器人的安装、维护和保养时切记要将总电源关闭。带电作业可能会导致严重后果，如不慎遭高电压电击，可能会导致心跳停止、烧伤或其他人身伤害。

（2）与机器人保持足够安全距离　在调试与运行机器人时，它可能会执行一些意外的或不规范的运动，并且所有的运动都会产生很大的力量，从而严重伤害个人和/或损坏机器人工作范围内的任何设备，所以应时刻警惕与机器人保持足够的安全距离。

（3）静电放电危险　静电放电是电势不同的两个物体间的静电传导，可以通过直接接触传导，也可以通过感应电场传导。搬运部件或部件容器时，未接地的人员可能会传导大量的静电荷，这一放电过程可能会损坏敏感的电子设备。所以在此类情况下，要做好静电放电防护。

（4）紧急停止　紧急停止优先于任何其他机器人的控制操作，它会断开机器人电机的驱动电源，停止所有运转部件，并切断机器人系统控制且存在潜在危险的功能部件的电源。出现下列情况时请立即按下任意紧急停止按钮：

1）机器人运行中，工作区域内有工作人员。

2）机器人伤害了工作人员或损伤了机器设备。

（5）灭火　发生火灾时，请确保全体人员安全撤离后再进行灭火。应首先处理受伤人员。当电气设备（例如机器人或控制器）起火时，使用二氧化碳灭火器，切勿使用水或泡沫灭火器。

（6）工作中的安全　机器人运行速度慢，但是很重并且力度很大。运动中的停顿或停止都会产生危险。即使可以预测运动轨迹，但外部信号有可能改变操作，会在没有任何警告的情况下，产生预想不到的运动。因此，当进入保护空间时，务必遵循所有的安全条例。

1）如果在保护空间内有工作人员，请手动操作机器人系统。

2）当进入保护空间时，请准备好示教器，以便随时控制机器人。

3）注意旋转或运动的工具，例如旋转台、丝车转台、翻转手爪，确保在接近机器人之前，这些设备已经停止运动。

4）注意加热棒和机器人系统的高温表面，机器人的电机长期运行以后温度很高。

5）注意手指并确保夹好丝饼。如果手指打开，丝饼会脱落并导致人眼伤害。手指非常有力，如果不按照正确的方法操作，也会导致人员伤害。

6）注意液压、气压系统及带电部件，即使断电，这些电路上残余电量也很危险。

（7）示教器的安全　示教器是一种高品质的手持式终端，配备了高灵敏度的一流电子设备。为避免操作不当引起的故障或损害，请在操作时遵循以下说明：

1）小心操作。不要摔打、抛掷或重击示教器，以免导致破损或故障。不使用该设备时，将它挂到专门存放用的支架上，以防意外掉地上。

2）示教器的使用和存放应避免被人踩踏电缆。

3）切勿使用锋利的物体（例如螺钉旋具或笔尖）操作触摸屏，这样可能会使触摸屏受损。应用手指或触摸笔（位于带有USB端口的示教器的背面）去操作示教器触摸屏。

4）没有连接USB设备的时候务必盖上USB端口保护盖。如果端口暴露到灰尘中，那么它会中断或发生故障。

（8）手动模式下的安全　在手动减速模式下，机器人只能减速（250mm/s或更慢）操作（移动）。只要在安全保护空间之内工作，就应始终以手动速度进行操作。

手动模式下，机器人以程序预设速度移动。

手动全速模式应仅用于所有人员都位于安全保护空间之外时，而且操作人员必须经过特殊训练，熟知潜在危险。

（9）自动模式下的安全　自动模式用于生产中运行机器人程序。在自动模式下，常规模式停止（GS）机制、自动模式停止（AS）机制和上级停止（SS）机制都将处于活动状态。

1）GS机制，在任何操作模式下始终有效。

2）AS机制，仅在系统处于自动模式时有效。

3）SS机制，在任何操作模式下始终有效。

2.1.2　工业机器人常见标识

ABB工业机器人常见标识分为安全信号和安全标识两大类，其中，安全信号是为指明危险等级和危险类型，通过简要描述操作及维修人员未排除险情时会出现的情况，而设计出来的一组图标，可以指导操作及维修人员通过图标提示来确定防护级别；安全标识是单独或者成组粘贴在示教器及控制柜上，包含工业机器人重要信息的一组图标，可以为操作及维修人员在使用设备前提供必要的操作提示。

工业机器人常见标识见表2-1。

表 2-1　工业机器人常见标识

标识	说明	标识	说明
	危险		警告
	电击		小心
	静电		注意
	提示		产品手册
	拆卸前看手册		不能拆卸
	轴范围大		释放制动闸
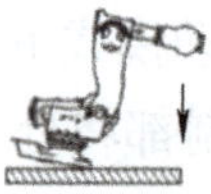	拧松螺栓有倾翻的风险	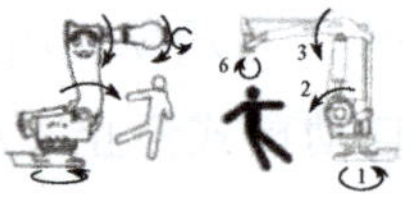	意外移动
	高温灼伤		挤压伤害
	润滑油		卷入危险
	润滑脂		机油
	当心伤手		移动部件危险

（续）

标识	说明	标识	说明
	防烫伤		储能
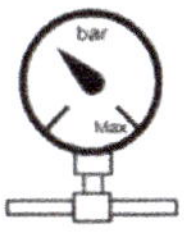	压力		手柄
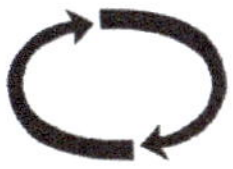	旋转装置危险		禁止踩踏

2.1.3　工业机器人的起动

工业机器人实际操作的第一步就是开机，开机前必须首先对工业机器人进行检查，检查设备是否都处于默认安全状态，确认机器人工作范围内、各个气缸行程范围内是否有杂物，工业机器人末端执行器及其他配套设备是否工作正常。

开机前需要检查控制柜及工业机器人本体的电缆、气管有无破损，接线是否有松动。对工业机器人进行编程、调试等工作时，须将工业机器人置于手动模式。

检查确认没有问题后，就可以开始起动工业机器人进行工作了。要开启工业机器人，只要将机器人控制柜上的控制器开关从 OFF 扭转到 ON 即可，具体步骤如下：

1）打开电气控制柜，向上拨动，闭合设备电源开关，如图 2-1 所示。

2）将控制器开关由 OFF 旋转至 ON 的位置，如图 2-2 所示。

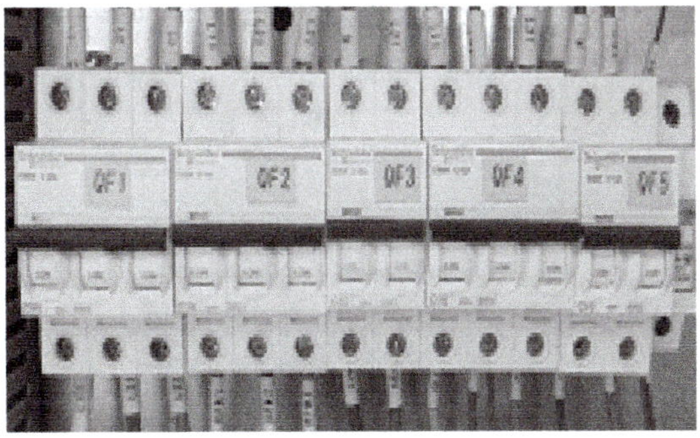

图 2-1　闭合设备电源开关

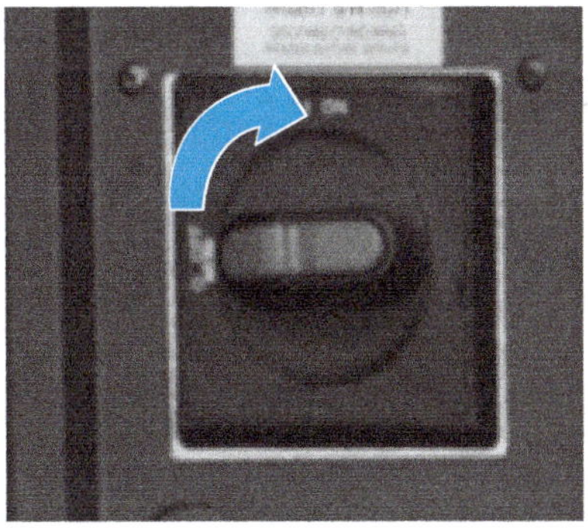

图 2-2　旋转控制器开关

在工业机器人起动之后，调试人员进入工业机器人工作区域时，必须随身携带示教器，以防他人误操作。

2.1.4 工业机器人工作模式的切换

工业机器人有两大工作模式，分别为手动模式与自动模式，通过模式选择旋钮的钥匙，可以实现工业机器人手动模式和自动模式的切换。工业机器人工作模式切换按钮如图 2-3 所示。

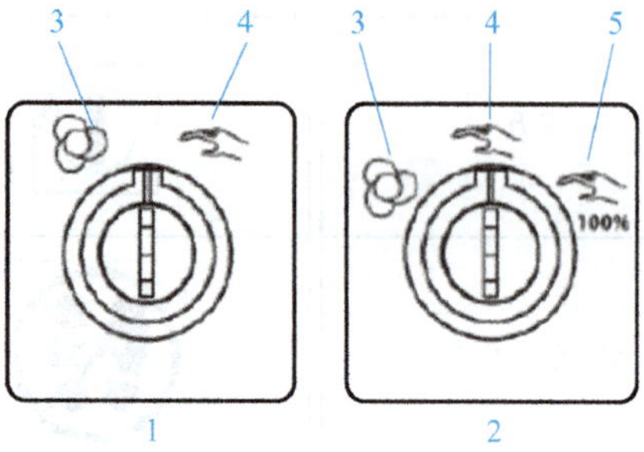

图 2-3 工业机器人工作模式切换按钮

1—双位置模式开关 2—三位置模式开关 3—自动模式 4—手动减速模式 5—手动全速模式

在自动模式下，启用装置的安全功能会停用，以便机器人在没有人工干预的情况下运行。自动模式是由 ABB 机器人的控制系统根据任务程序的操作模式，使用控制器上的 I/O 信号等来实现机器人的运行控制。自动模式下无法编辑程序和手动控制机器人运行，许多机器人的设置都被禁止。如要进行这些操作，必须切换到手动模式。

在手动模式下，机器人的移动处于人工控制状态，必须按下示教器的使能键来起动伺服电机，否则无法操作机器人。手动模式用于编程和程序调试。某些型号的 ABB 机器人有手动减速和手动全速两种手动模式。机器人手动减速模式下，机器人的运行速度最高只能达到 250mm/s；手动全速模式下，机器人将按照程序设置的运行速度进行移动。手动模式下，既可以单步运行例行程序，又可以连续运行例行程序，运行程序时需一直手动按下使能器按钮。

要切换到手动模式，只需要将机器人控制柜上的模式选择旋钮的钥匙，由图 2-4 所示的自动模式档位转到图 2-5 所示的手动模式档位即可。

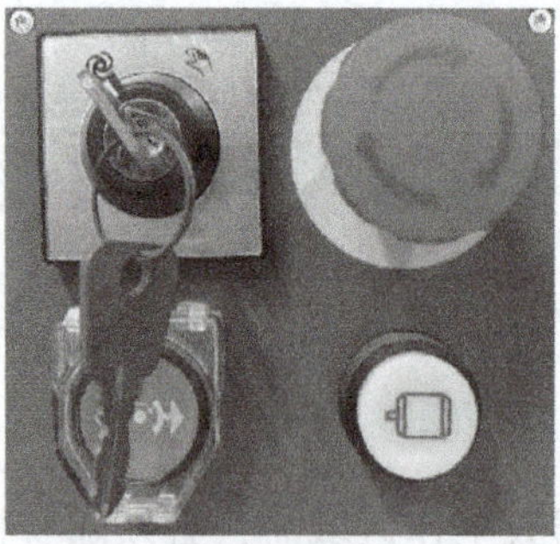

图 2-4 自动模式

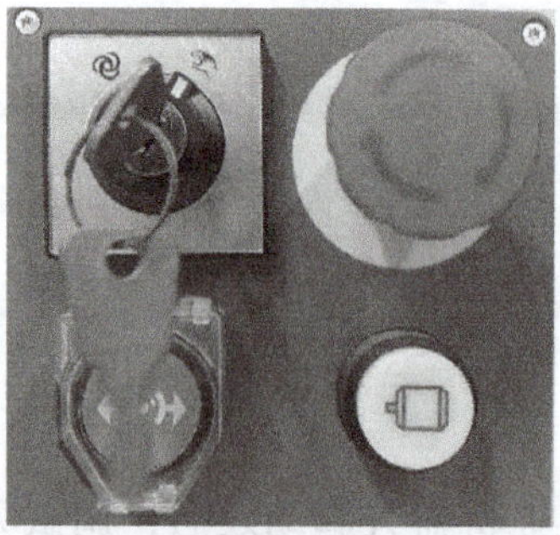

图 2-5 手动模式

任务习题

一、选择题

1. 正常联动生产时，机器人应该使用（　　）运行方式运行程序。

A. 手动单段　　B. 自动单段　　C. 手动连续　　D. 自动连续

2. 要自动运行调试机器人程序，需要先将机器人转到（　　）模式。

A. 手动　　B. 自动　　C. 示教　　D. 管理

3. ABB 机器人在自动模式下运行，（　　）处于无效状态。

A. 上电 / 复位按钮　　B. 单段运行按钮

C. 急停按钮　　D. 停止按钮

4. 以下（　　）标识表示按要求定期加注机油。

A. 
B. 
C. 
D. 

5. 以下（　　）标识表示按要求定期加注润滑油。

A. 
B. 
C. 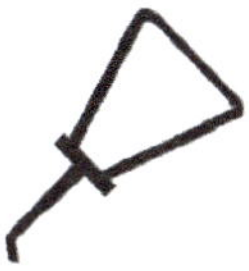
D. 

6. 以下（　　）标识表示按要求定期加注润滑脂。

A. 
B. 
C. 
D. 

7. 以下（　　）标识表示当心伤手，保持双手远离。

A. 
B. 
C. 
D. 

8. 以下（　　）标识表示移动部件危险，保持双手远离。

A. 
B. 
C. 
D. 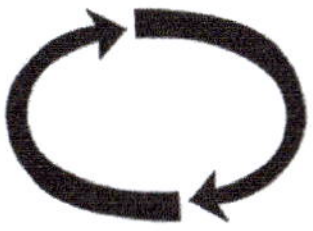

9. 以下（　　）标识表示防烫伤标识。

A.  B.  C.  D. 

10. 以下（　　）标识表示旋转装置危险，保持远离，禁止触摸。

A.  B.  C.  D. 

11. 以下（　　）为禁止踩踏的标识。

A.  B.  C.  D. 

12. 以下（　　）为禁止拆卸的标识。

A.  B.  C.  D. 

13. 下列标识用于警告（　　）。

A. 此部件为储能部件

B. 部件表面的高温存在可能导致灼伤的风险

C. 有人身被挤压伤害的风险

D. 警告此部件承受了压力

14. 操作工业机器人时，操作人员必须有意识地对自身安全进行保护，下列错误的做法是（　　）。

A. 戴安全帽　　B. 穿安全工作服　C. 穿安全鞋　　D. 带安全手套

15. 与示教作业人员一起进行作业的监护人员，处在机器人可动范围外时，（　　），可进行共同作业。

A. 不需要事先接受过专门的培训

B. 必须事先接受过专门的培训

C. 没有事先接受过专门的培训也可以

D. 以上都不正确

16. 在机器人的正面作业时，与机器人保持（　　）mm 以上的距离。

A. 100　　B. 150　　C. 200　　D. 250

17. 操作机器人时，以下哪项操作有误？（　　）

A. 确保操作者有足够后退空间

B. 不允许机器人运动空间内有其他人员

C. 保持正面观察机器人进行操作

D. 观察不到机器人时，叫他人帮忙观看指挥

18. 关于工业机器人安全注意的事项，以下说法错误的是（　　）。

A. 避免在工业机器人周围做出危险行为

B. 操作前确认紧急停止按钮功能正常

C. 调试机器人时屏蔽安全围栏功能

D. 不要随意按动开关或者按钮

19. 下列哪一项不符合工作中的安全注意事项？（　　）

A. 如果在保护空间内有工作人员，手动操纵机器人

B. 在机器人运行之前，注意液压、气压系统以及带电部件

C. 在断电之前，确保夹具未打开

D. 机器人运行较慢时，手可以进入工作范围

20. 操作工业机器人时，操作员需要注意的事项，以下说法错误的是（　　）。

A. 为操作方便，可先将示教器放在身边任意位置

B. 不要强制扳动、悬吊、骑坐在工业机器人上

C. 禁止倚靠在工业机器人或其他控制柜上

D. 机器人不工作或暂时停止时，应将制动开关恢复到原位

21. 在操作上下料机器人之前，为确保操作安全，需要注意（　　）。

① 检查电器控制箱内是否有水、油进入

② 检查供电电压是否符合要求

③ 前后安全门开关是否正常

④ 电机的旋转方向是否一致

A. ①②③　　B. ②③④　　C. ①③　　D. ①②③④

22. 图 2-6 所示线框中钥匙所设定的操作模式是（　　）。

图 2-6　题 22 图

A. 示教模式　　B. 自动模式　　C. 手动模式　　D. 远程模式

二、判断题

1. 调试工业机器人程序时，可以不经过手动模式下的程序调试过程直接进行自动模式下的程序调试。（　　）

2. 机器人处于自动模式时，不允许进入其运动所及的区域。（　　）

3. 当机器人出现碰撞等现象导致机器人卡死时，可根据制动闸释放标识符找到并按下制动闸释放按钮，释放机器人对应轴电机的制动闸。（　　）

4. 标识符表示卷入危险，请保持双手远离。（　　）

5. 安全标识应设在与安全有关的醒目地方，并使大家看见后，有足够的时间来注意它所表示的内容。（　　）

6. 储能部件警告标识一般会与不得拆卸标识一起使用，表示该储能部件不能拆卸。（　　）

7. 安装示教器线缆时，为避免机器人反复起停，不需要断电，直接插在控制柜上就可以。（　　）

8. 对机器人进行示教时，作为示教人员必须事先接受过专门的培训才行。（　　）

9. 当向机器人上安装工具时，务必先切断控制柜及所装工具上的电源并锁住其电源开关，同时要挂一个警示牌。（　　）

10. 工业机器人进行零点校准时，操作人员只需佩戴安全帽即可。（　　）

任务 2.2　配置 ABB 示教器

任务描述

示教器是工业机器人系统中重要的人机交互部件，可以提供人机交互界面，编写程序，示教机器人的工作轨迹及设置参数，是进行机器人的手动操作、程序编写、参数配置以及监控用的手持装置，如图 2-7 所示。用户可以使用示教器进行在线编程，也可以使用仿真软件进行离线编程。

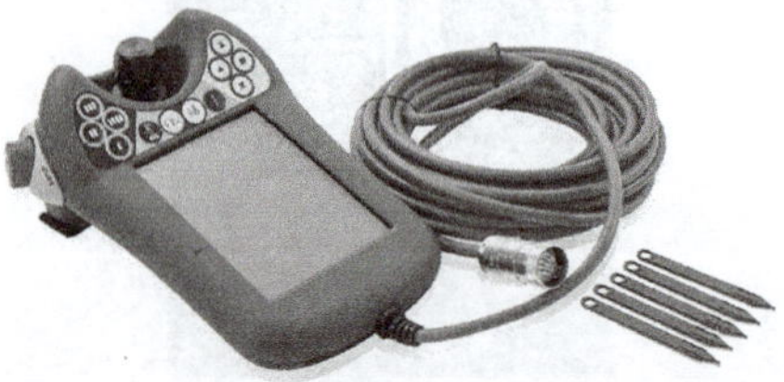

图 2-7　ABB 示教器

工业机器人的现场编程一般通过示教器操作实现，对操作单元的移动性能和手动性能的要求较高，但其显示功能一般不及数控系统，因此，机器人的操作单元以手持式为主，习惯上称之为示教器。

在电气控制柜中，示教器是用于工业机器人操作、编程及数据输入/显示的人机界面。为了方便使用，示教器一般为可移动式悬挂部件，其他控制部件通常统一安装在电气控制柜内。

传统的示教器由显示器和按键组成，操作者可通过按键直接输入命令操作。目前常用的示教器为菜单式，它由显示器和操作菜单键组成，操作者可通过操作菜单选择需要的操作。先进的示教器使用了与目前智能手机同样的触摸屏和图标界面，这种示教器的最大优点是可直接通过 WiFi 连接控制器和网络，从而省略了示教器和控制器间的连接电缆。智能手机型操作单元使用灵活方便，是适合网络环境下使用的新型操作单元。

2.2.1　示教器结构

目前，工业机器人的编程还没有统一的国际标准，因此示教器的设计与研究均由各厂家自行研制。图 2-8 所示为 ABB 示教器的结构，示教器结构说明见表 2-2。

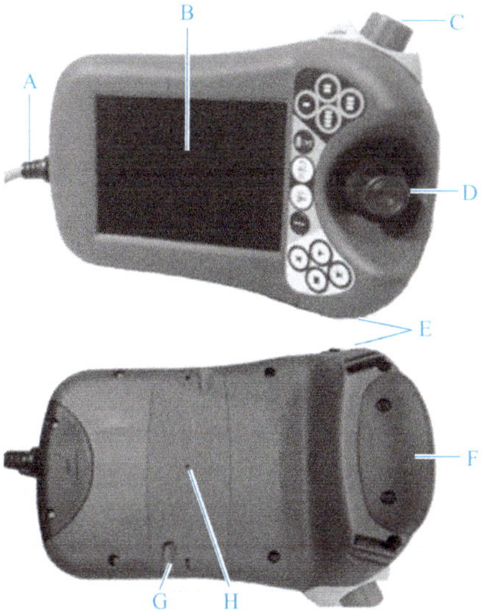

图 2-8　ABB 示教器的结构

表 2-2　示教器结构说明表

标号	说明
A	连接电缆
B	触摸屏，进行人机交互
C	急停按钮，当发生紧急情况时按下可起到安全保护作用
D	操纵杆，可以手动操纵机器人

（续）

标号	说明
E	USB 接口，将 USB 存储器连接到 USB 接口可以读取或保存文件
F	使能键，保证操纵人员人身安全
G	触摸笔，随示教器提供，放在示教器的后面
H	复位按钮，重置示教器

2.2.2 示教器相关介绍

示教器的功能键区共有 12 个按钮，绝大多数的操作都是在触摸屏上完成的，同时也保留了必要的按钮与操作装置。图 2-9 所示为示教器上的硬件按钮，示教器硬件按钮说明见表 2-3。

其中，自定义功能按钮，可用于配置常用功能；切换按钮用于操作机器人时快速改变坐标系等设置；程序运行控制按钮，用于手动操纵或自动运行时的程序启停等控制。

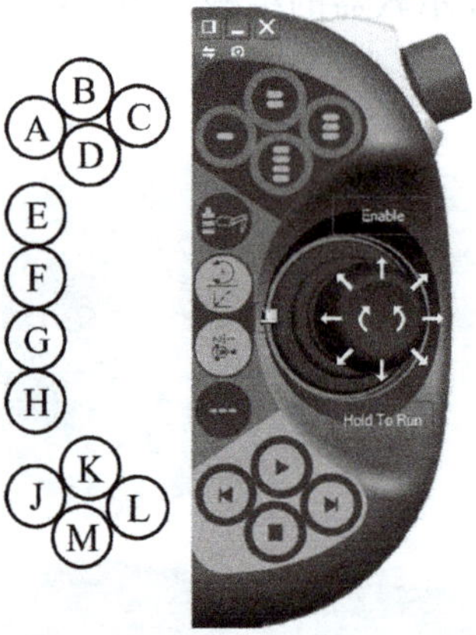

图 2-9 示教器的硬件按钮

表 2-3 示教器硬件按钮说明表

标号	说明
A ～ D	自定义功能按钮，1 ～ 4
E	切换机械单元
F	切换运动模式，重定向或线性
G	切换运动模式，轴 1 ～ 3 或轴 4 ～ 6
H	切换增量模式
J	步退按钮，按下此按钮，可使程序后退至上一条指令
K	起动按钮，开始执行程序
L	步进按钮，按下此按钮，可使程序前进至下一条指令
M	停止按钮，停止程序执行

1. 示教器的持握方法

使用示教器时要采用正确的持握姿势，防止示教器摔落或发生碰撞。持握方法是左手握示教器，将四指按在使能器按钮上，右手可进行屏幕和按钮操作，如图 2-10 所示。

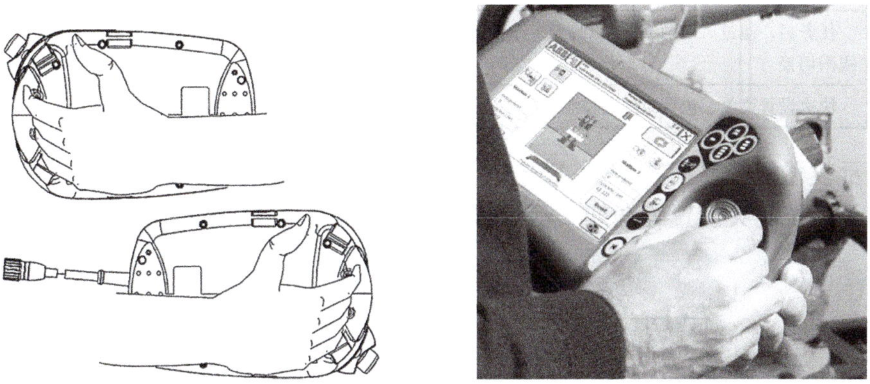

图 2-10　示教器的握姿

注意：示教器是按照人体工程学进行设计的，同时适合左手操作者操作，只要在屏幕中进行切换就能适应左手操作者的操作习惯。

2. 示教器的界面认识

（1）示教器主界面　示教器上电后的主界面如图 2-11 所示，示教器主界面说明见表 2-4。

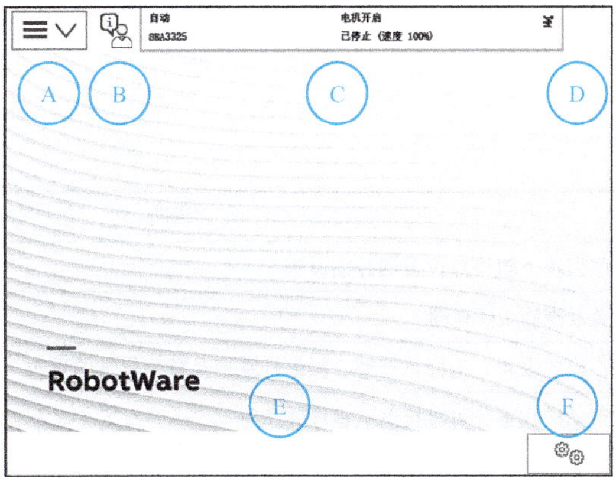

图 2-11　主界面

表 2-4　示教器主界面说明表

标号	说明
A	ABB 菜单
B	操作员窗口，显示来自机器人程序的消息，程序需要操作员做出某种响应以便继续时往往会出现此情况

（续）

标号	说明
C	状态栏，显示与系统状态有关的重要信息，如操作模式、电机开启 / 关闭、程序状态等
D	关闭按钮，点击此按钮将关闭当前打开的视图或应用程序
E	任务栏，通过 ABB 菜单可以打开多个视图，但一次只能操作一个。任务栏显示所有打开的视图，并可用于视图切换
F	快速设置菜单，包含对微动控制和程序执行进行的设置

（2）示教器操作界面　ABB 工业机器人示教器的操作界面包括机器人参数设置、机器人编程及系统相关设置等功能。示教器操作界面如图 2-12 所示，示教器操作界面说明见表 2-5。

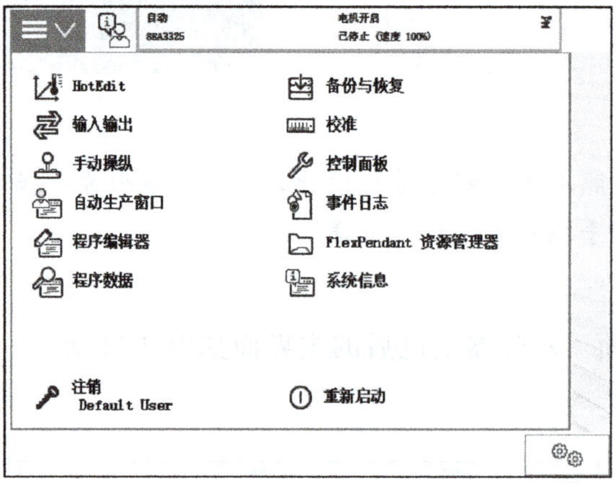

图 2-12　示教器操作界面

表 2-5　示教器操作界面说明表

名称	说明
HotEdit	程序模块下轨迹点位置的补偿设置
输入输出	设置及查看 I/O 视图
手动操纵	动作模式设置、坐标系选择、操纵杆锁定及载荷属性的更改
自动生产窗口	在自动模式下，可直接调试程序并运行
程序编辑器	建立程序模块及例行程序
程序数据	选择编程时所需程序数据
校准	进行转数计数器和电机校准
控制面板	进行示教器的相关设置
事件日志	查看当前系统出现的各种提示信息
FlexPendant 资源管理器	查看当前系统的系统文件
系统信息	查看控制器及当前系统的相关信息

（3）控制面板　ABB 工业机器人的控制面板可以对机器人和示教器进行相关功能设置，如图 2-13 所示，控制面板说明见表 2-6。

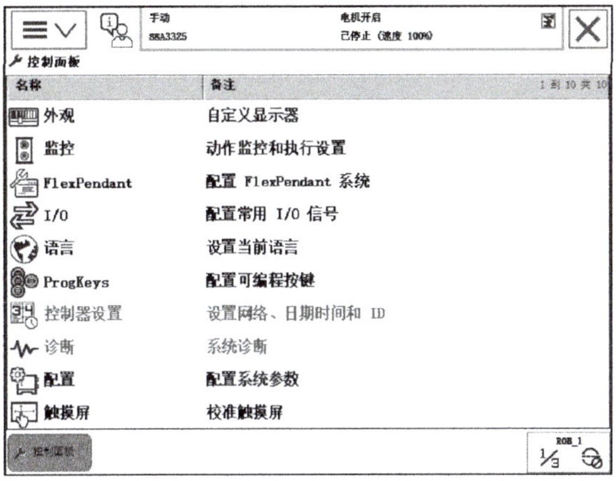

图 2-13　控制面板

表 2-6　控制面板说明表

名称	说明
外观	可自定义显示器的亮度和设置左、右手操作方式
监控	动作碰撞监控设置和执行设置
FlexPendant	示教器操作特性的设置
I/O	配置常用 I/O 信号，在输入输出选项中显示
语言	控制器当前语言的设置
ProgKeys	为指定输入输出信号配置快捷键
控制器设置	控制器日期和时间的设置
诊断	创建诊断文件
配置	系统参数配置
触摸屏	触摸屏重新校准

3. 使能器按钮的功能

使能器按钮位于示教器操纵杆的右侧，是为保证操作人员进行工业机器人操作时的人身安全而设置的。只有在按下使能器按钮，并保持“电机开启”状态时，才可以对机器人进行手动操作与程序调试。

使能器按钮的使用方法为：使能器按钮分为两档，在手动状态下第 1 档按下去，机器人将处于电机开启状态，如图 2-14 所示；第 2 档按下去，机器人会处于防护装置停止状态，如图 2-15 所示。

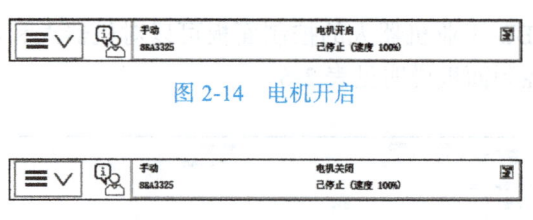

图 2-14　电机开启

图 2-15　电机关闭

使能器按钮设计的目的在于当发生危险时，人会本能地将使能器按钮松开或按紧，机器人则会马上停下来，保证安全。

4. 快速设置菜单的功能

快速设置菜单可以从触摸屏右下角打开，如图 2-16 所示。该菜单提供更加完整的设置内容。快速设置菜单包含对微动控制和程序执行进行的设置。快速设置菜单提供了比使用手动操纵视图更加快捷的方式，以实现在各个微动属性之间切换。菜单上的每个按钮显示当前选择的属性值或设置。在手动模式中，快速设置菜单按钮显示当前选择的机械单元、运动模式和增量大小。

（1）机械装置页面　快速设置菜单中的机械装置页面显示了当前的机械单元、工具坐标系、工件坐标系、操纵杆速率、坐标系选择、动作模式选择，如图 2-17 所示。

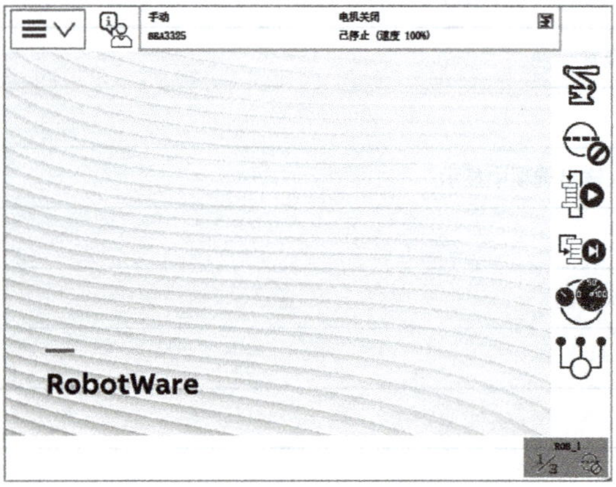

图 2-16　快速设置菜单

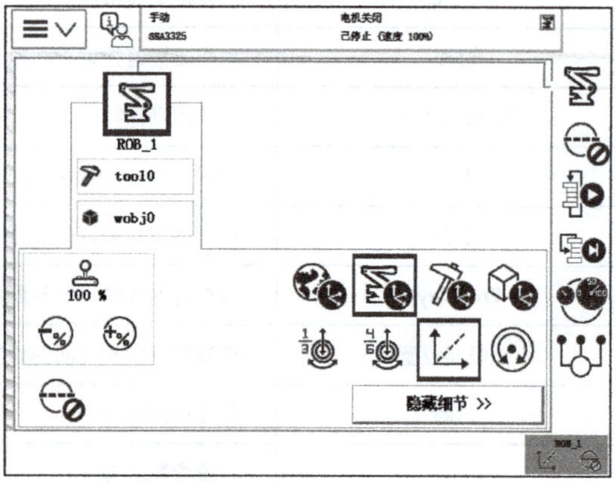

图 2-17　机械装置页面

（2）增量设置页面　快速设置菜单中的增量设置页面可选择手动操纵需要的增量，如图 2-18 所示。采用增量移动对机器人进行微幅调整，可更加精确地进行定位操作。操纵杆偏转一次，机器人就移动一步。如果操纵杆偏转持续 1s 或数秒钟，机器人就会持续移动（速率为每秒 10 步）。默认模式为无增量模式，此时当操纵杆偏转时，机器人将会持续移动，在无增量模式下操纵杆的操纵幅度与机器人的运动速度相关。幅度越大则机器人运动速度越快，幅度越小则机器人运动速度小。因此，在操作不熟悉的情况下，可以先使用增量模式进行运动。

（3）运行模式设置页面　快速设置菜单中的运行模式设置页面可以定义程序执行一次就停止，也可以定义程序持续循环运行，如图 2-19 所示。

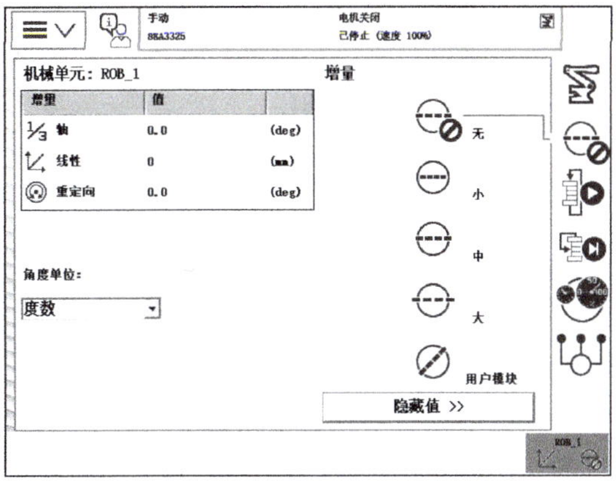

图 2-18　增量设置页面

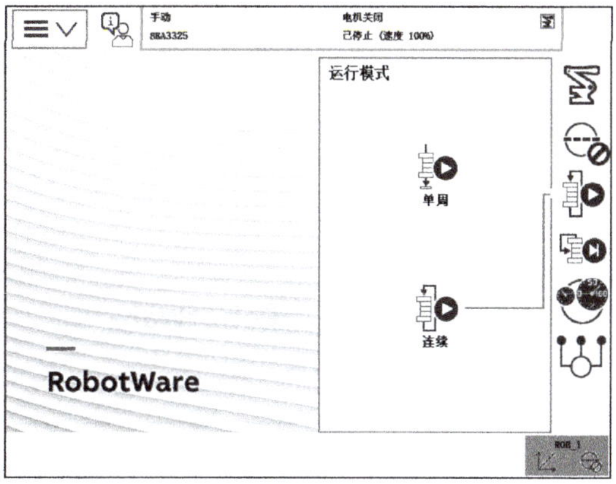

图 2-19　运行模式设置页面

（4）单步模式设置页面　快速设置菜单中的单步模式设置页面可以定义逐步执行程序的方式，如图 2-20 所示。“步进入”表示单步进入已调用的例行程序并逐步执行程序。“步进出”表示执行当前例行程序的其余部分，然后在例行程序中的下一指令处（即调用当前例行程序的位置）停止，此指令无法在 main 例行程序中使用。“跳过”表示一步执行调用的例行程序。“下一步行动”表示步进到下一条运动指令。

（5）速度设置页面　快速设置菜单中的速度设置页面适用于当前操作模式，如图 2-21 所示。若在自动模式下降低速度，则更改模式后该设置也仍然保留。

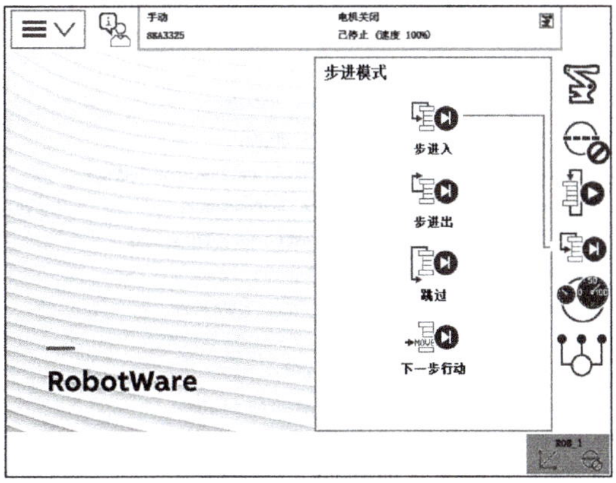

图 2-20　单步模式设置页面

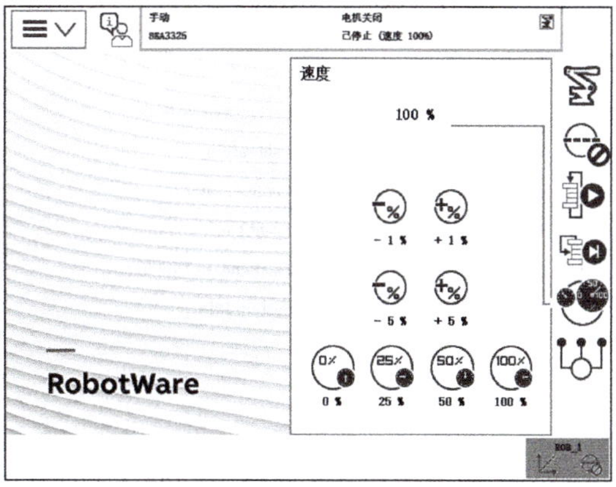

图 2-21　速度设置页面

（6）任务页面　在快速设置菜单中的任务页面，如果系统安装了 Multitasking 选项，则可以包含多个任务，否则仅可包含一个任务，如图 2-22 所示。默认情况下，只能启动 / 停止正常任务。

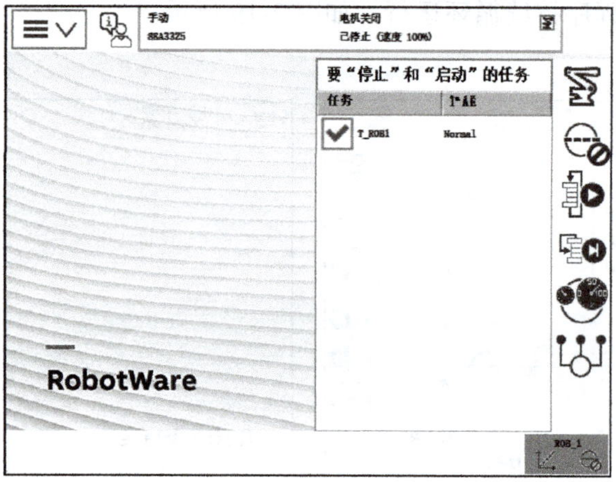

图 2-22　任务页面

2.2.3　示教器的基本设置

1. 设置示教器显示语言

示教器出厂默认设置的显示语言为英语，为了方便操作，可以将默认的显示语言设置为中文。具体操作步骤如下：

1）点击“ABB”按钮，在弹出的窗口中选择“Control Panel”（控制面板），如图 2-23 所示。

2）点击“Language”（语言），如图 2-24 所示。

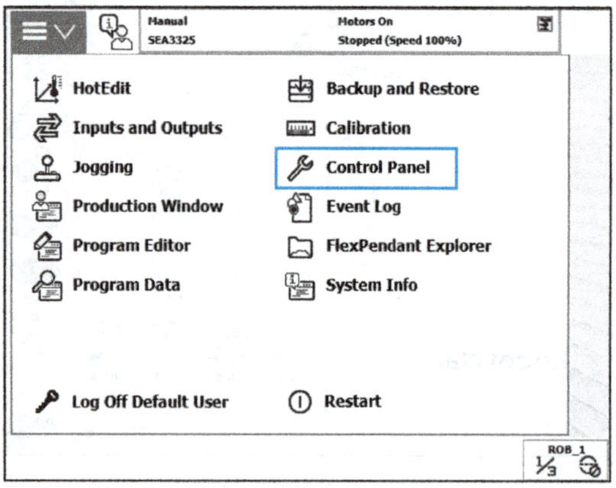

图 2-23　选择“Control Panel”

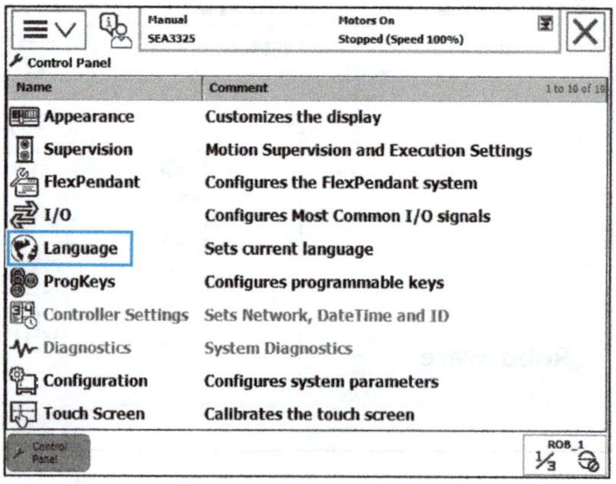

图 2-24　选择“Language”

3）选择“Chinese”（中文）并点击“OK”，如图 2-25 所示。

4）弹出是否重启对话框，点击“Yes”按钮后系统重启，如图 2-26 所示。

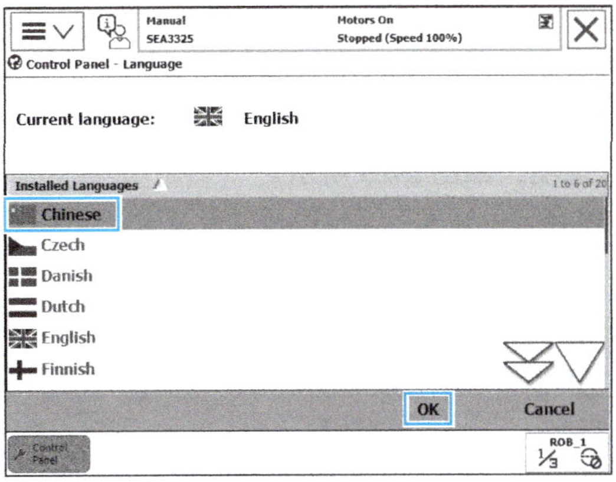

图 2-25　设置语言种类

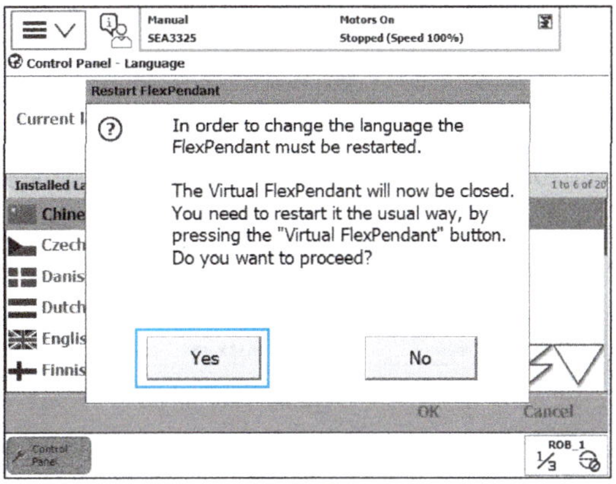

图 2-26　重启示教器

重启后，点击“ABB”按钮将看到示教器菜单已切换为中文界面。语言切换后，触摸屏按钮、菜单、对话框都将以新的语言显示，而机器人程序指令、变量、系统参数、I/O 信号不受影响。

2. 设置工业机器人系统时间

设置正确的工业机器人系统时间可以方便操作者或维修人员进行文件的管理和故障的查阅与管理，因此在进行各种操作之前应该尽快将工业机器人的系统时间设置为本时区时间。

具体操作步骤如下：

1）在示教器的触摸屏上，点击“ABB”按钮。

2）在弹出的主界面中选择“控制面板”，如图 2-27 所示。

3）进入“控制面板”界面后，选择“控制器设置”选项，如图 2-28 所示，进行时间和日期的修改。

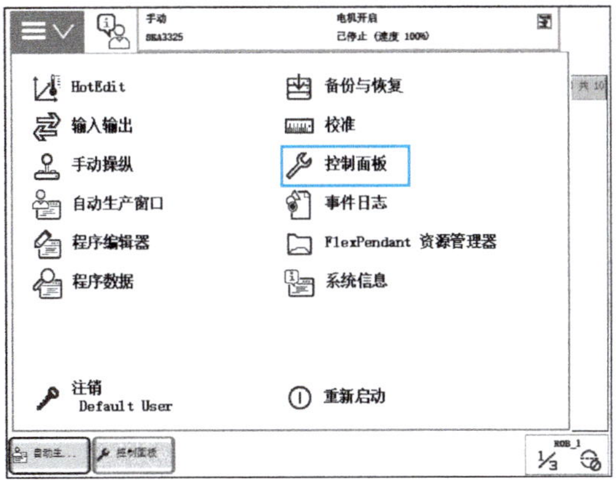

图 2-27　选择“控制面板”

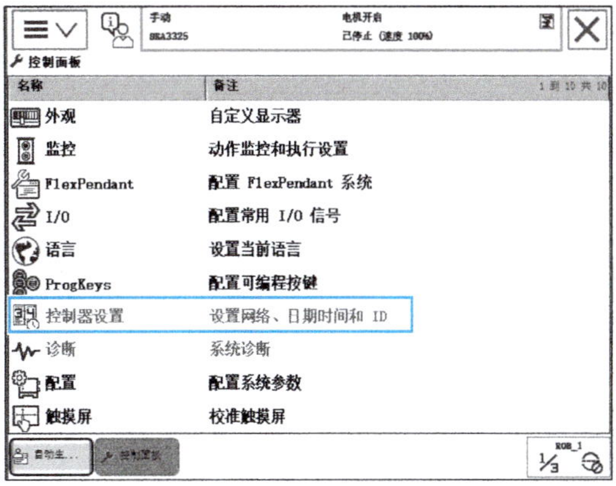

图 2-28　选择“控制器设置”

3. 设置示教器屏幕方向和亮度

示教器出厂默认的操作姿势为左手握持设备，右手进行操作。示教器屏幕的默认显示方向适合于右手操作者。左手操作者在使用示教器时，可以将示教器屏幕的方向旋转 180° 以方便操作。具体操作步骤如下：

1）点击“ABB”按钮，选择“控制面板”选项，如图 2-29 所示。

2）在弹出的界面中选择“外观”，如图 2-30 所示。

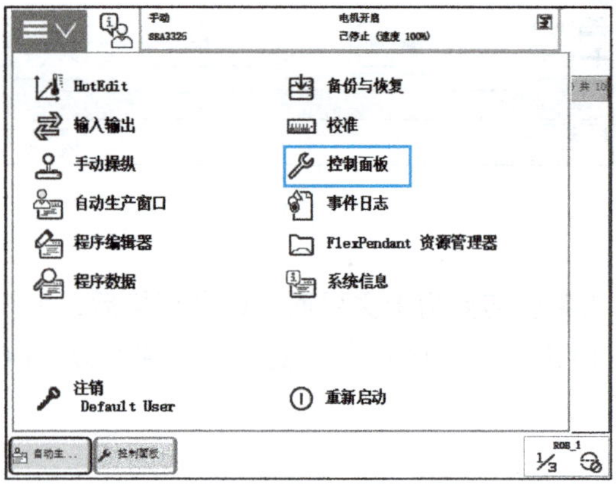

图 2-29 选择“控制面板”

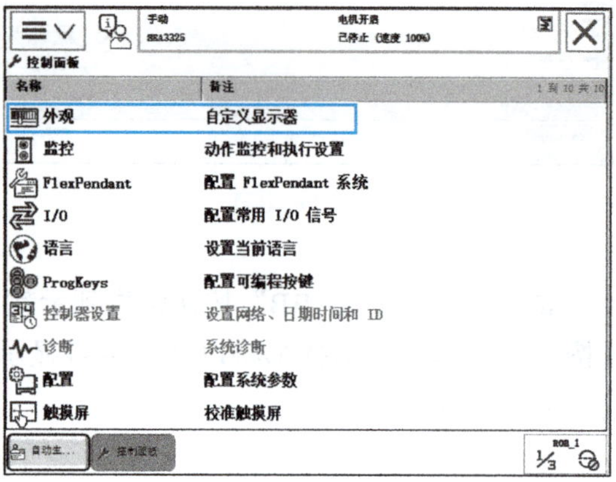

图 2-30 选择“外观”

3）进入外观设置界面后点击“向右旋转”，如图 2-31 所示。点击“OK”，即可完成屏幕方向的重新设置。

4）同样在该界面下，点击“+”或“–”可以对示教器屏幕亮度进行调整，如图 2-32 所示。

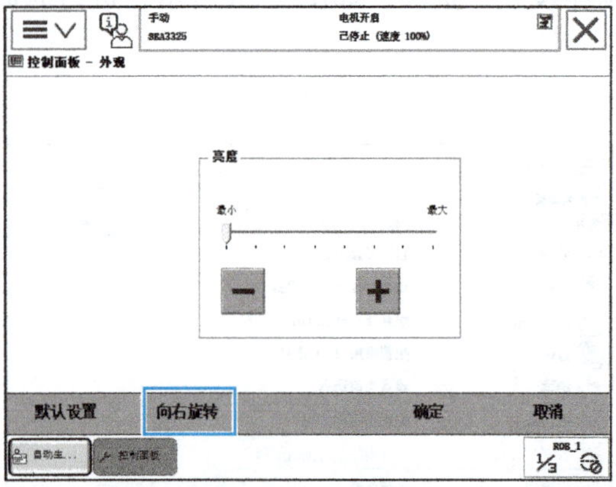

图 2-31 旋转界面

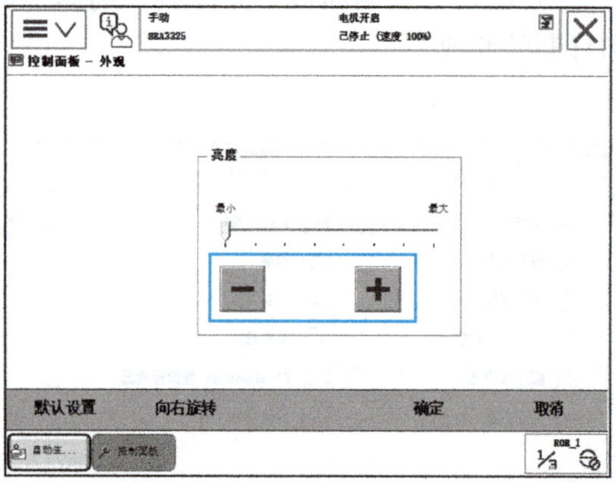

图 2-32 调整亮度

4. 数据的备份与恢复

（1）数据备份 对工业机器人的数据进行备份，可以在系统出现错乱或者重新安装系统以后，通过备份将机器人恢复到备份时的状态。数据备份的对象是所有正在系统内存运行的 RAPID 程序和系统参数。

数据备份的操作步骤如下：

1）在示教器“ABB”主界面中点击“备份与恢复”，如图 2-33 所示。

2）在“备份与恢复”界面中点击“备份当前系统 ...”，如图 2-34 所示。

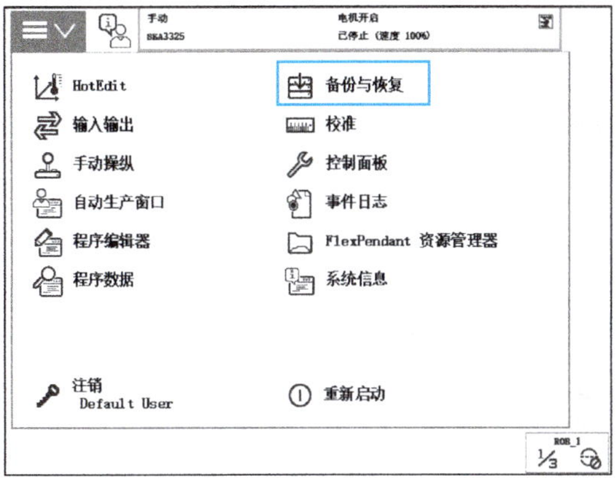

图 2-33　选择“备份与恢复”

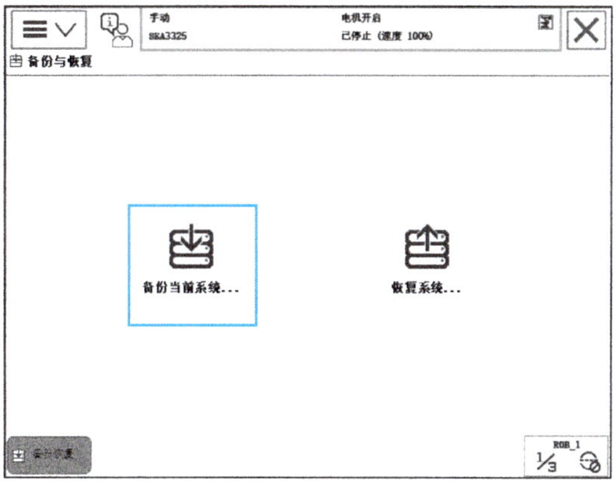

图 2-34　点击“备份当前系统 ...”

3）在图 2-35 所示的“备份当前系统”界面中，点击“ABC...”按钮，输入文件夹名称，如图 2-36 所示。

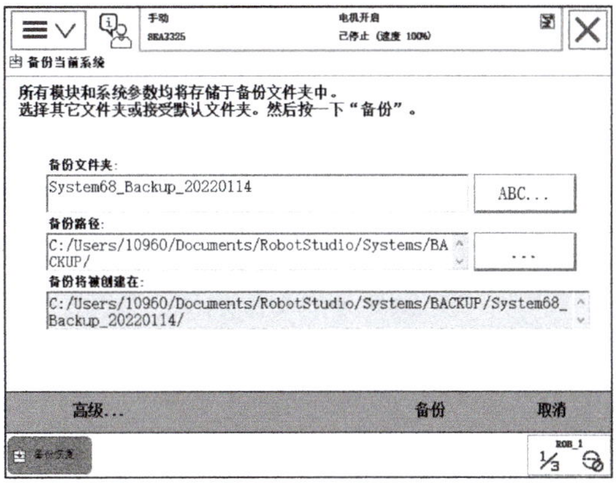

图 2-35　设置参数

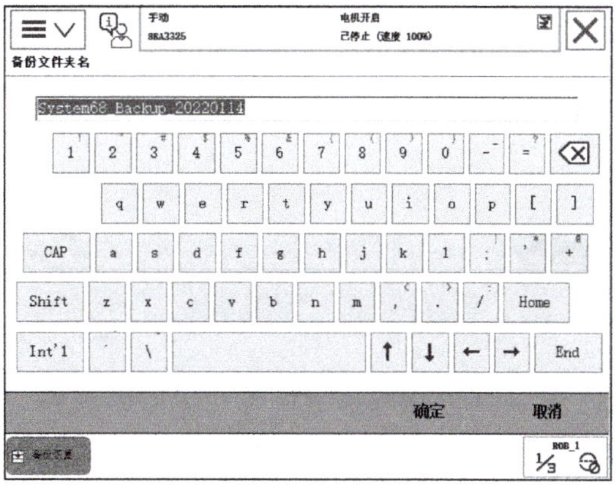

图 2-36　输入文件夹名称

4）再次点击图 2-35 中的“...”按钮进入备份路径选择界面，选择备份存放的位置后点击“确定”按钮，如图 2-37 所示。

5）在确认系统备份文件夹的名称和路径后，点击“备份”即可完成备份操作，如图 2-38 所示。

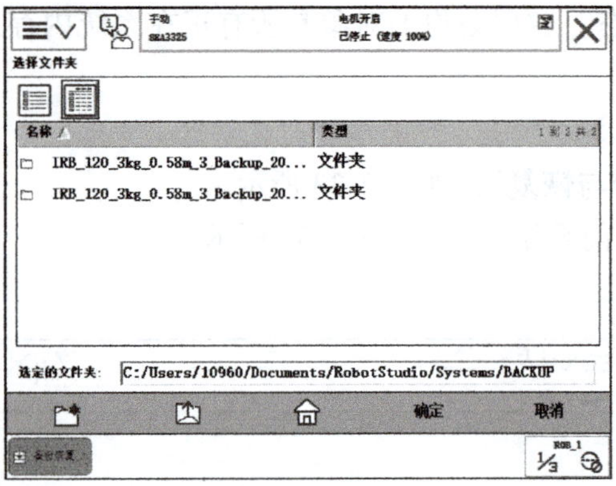

图 2-37　设置保存路径

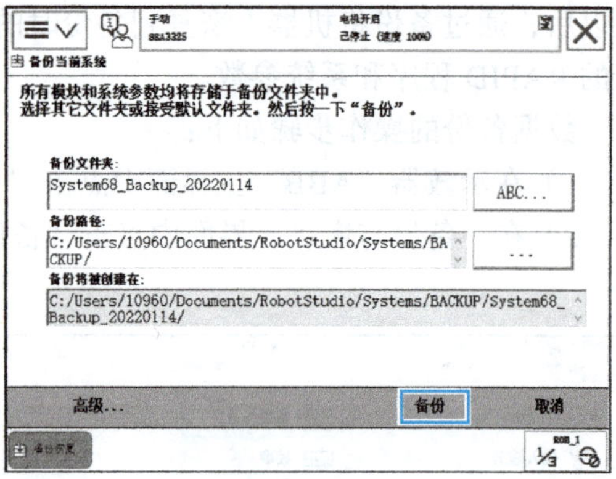

图 2-38　完成备份

（2）数据恢复　操作人员对于指令和参数的修改不满意或者程序系统已损坏，可以通过数据恢复功能在第一时间对系统进行恢复。

数据恢复的操作步骤如下：

1）在“备份与恢复”界面中点击“恢复系统 ...”，如图 2-39 所示。

2）点击“...”按钮进入“恢复系统”界面，选择确认系统恢复文件夹后，点击“恢复”即可完成数据恢复操作，如图 2-40 所示。

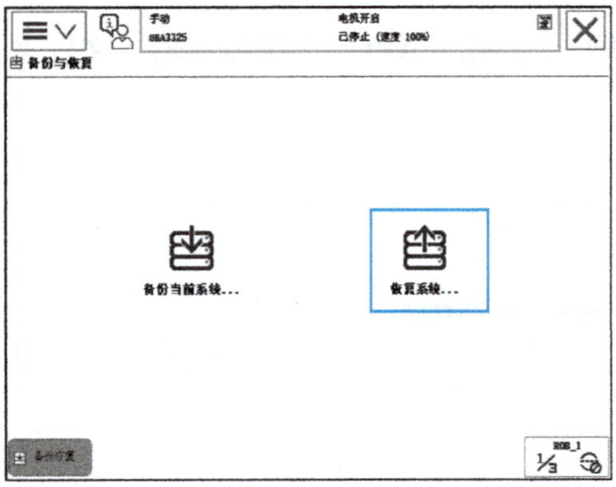

图 2-39　选择“恢复系统 ...”

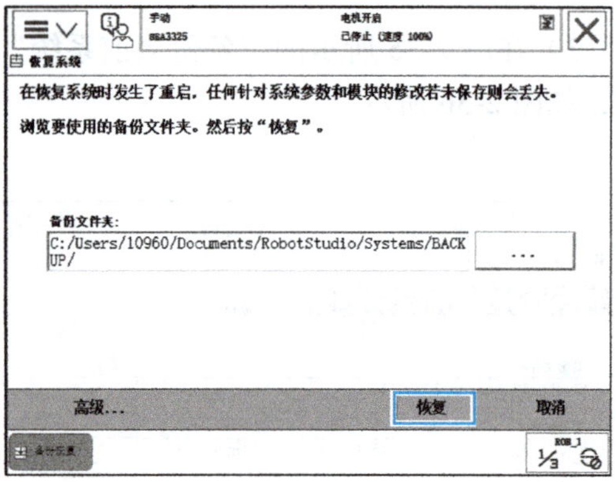

图 2-40　选择备份文件夹

5. 工业机器人常用信息和日志的查看

通过示教器界面上的状态栏可以对 ABB 工业机器人的常用信息和日志进行查看，如图 2-41 所示。

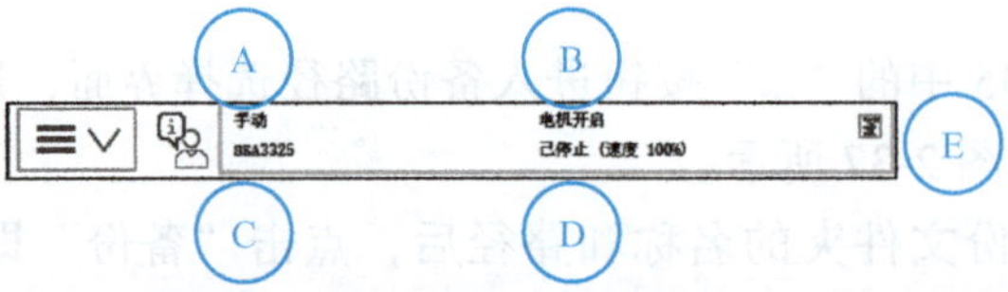

图 2-41　示教器状态栏

状态栏上显示的内容见表 2-7。

表 2-7　状态栏说明表

标号	说明
A	机器人的状态：手动、全速手动和自动
B	机器人的系统信息
C	电机状态
D	程序运行状态
E	当前机器人或外轴使用状态

点击窗口上的状态栏，可以查看工业机器人的事件日志，如图 2-42 所示。

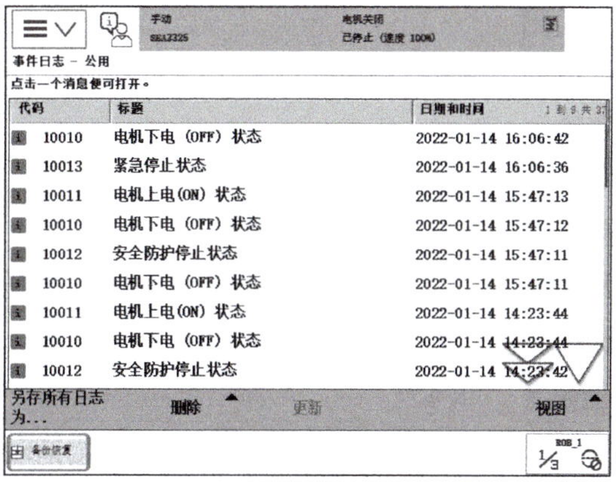

图 2-42　机器人事件日志

任务习题

一、选择题

1. 自动运行机器人程序，按下运行按钮，机器人会（　　）。

A. 停止运行程序　　B. 暂停运行程序

C. 运行一行程序　　D. 连续运行程序

2. 所示状态为（　　）。

A. 增量开启大档　　B. 增量开启中档

C. 增量开启小档　　D. 增量未开启

3. 所示状态为（　　）。

A. 增量开启大档　　　　　　　　B. 增量开启中档

C. 增量开启小档　　　　　　　　D. 增量未开启

4. ABB 工业机器人示教器中的增量模式包含的移动幅度选项，不包含（　　）。

A. 微小　　　B. 小　　　C. 大　　　D. 用户模块

5. 在增量模式下，摇杆每偏转一次，机器人就移动一步。如果操纵偏转持续 1s 或数秒钟，机器人就会持续移动，移动速率为每秒（　　）个步距。

A. 5　　　B. 10　　　C. 15　　　D. 20

6. 快捷按键的功能是（　　）。

A. 增量模式的打开与关闭

B. 线性运动与重定位运动的切换

C. 关节运动控制的选择

D. 外轴运动控制的选择

7. 快捷按键的功能是（　　）。

A. 增量模式的打开与关闭

B. 线性运动与重定位运动的切换

C. 关节运动控制的选择

D. 外轴运动控制的选择

8. 快捷按键的功能是（　　）。

A. 增量模式的打开与关闭　　　　B. 线性运动与重定位运动的切换

C. 关节运动控制的选择　　　　　D. 外轴运动控制的选择

9. 快捷按键的功能是（　　）。

A. 增量模式的打开与关闭　　　　B. 线性运动与重定位运动的切换

C. 关节运动控制的选择　　　　　D. 外轴运动控制的选择

10. 设置 ABB 工业机器人语言，需要点击示教器“主菜单”界面中的（　　）选项。

A. 控制面板　　　B. 手动操纵　　　C. 注销　　　D. 重新启动

11. ABB 工业机器人出厂时界面为英语，要更改为中文，选项选择顺序为（　　）。

A. Control Panel—Language—Chinese

B. Jogging—Language—Chinese

C. Control Panel—ProgKeys—Chinese

D. Jogging—ProgKeys—Chinese

12. 设置 ABB 工业机器人语言时，弹出图 2-43 所示对话框，是系统提示用户（　　）。

A. 语言更改失败，是否放弃

B. 确认是否更改语言

C. 需要重启系统才能更改，是否重启

D. 语言更改失败，是否重新尝试

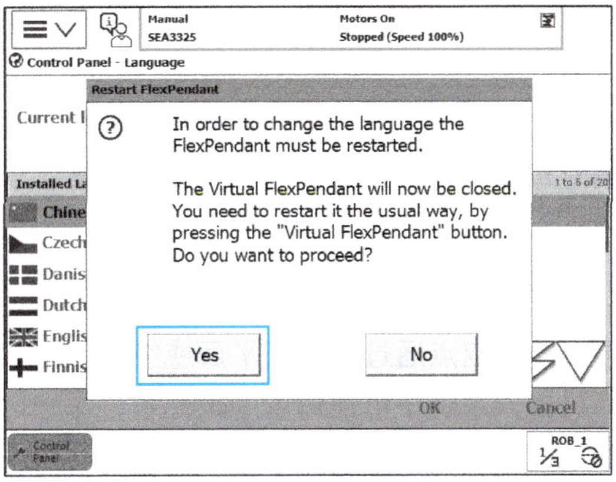
Manual
SEA3325
Motors On
Stopped (Speed 100%)
Control Panel - Language
Restart FlexPendant
In order to change the language the FlexPendant must be restarted.
The Virtual FlexPendant will now be closed. You need to restart it the usual way, by pressing the "Virtual FlexPendant" button. Do you want to proceed?
Czech
Dutch
Yes
No
OK
Cancel
ROB_1

图 2-43　题 12 图

13. 设置 ABB 工业机器人语言，需要在“控制面板”界面中点击（　　）选项。

A. 设置　　B. 语言　　C. 语言选择　　D. 手动设置

14. 设置 ABB 工业机器人日期和时间，需要点击示教器“主菜单”界面中的（　　）选项。

A. 控制面板　　B. 手动操纵　　C. 注销　　D. 重新启动

15. 设置 ABB 工业机器人日期和时间，需要在“控制面板”界面中点击（　　）选项。

A. 设置　　B. 日期和时间　　C. 日期设置　　D. 时间设置

二、判断题

1. 采用增量模式进行机器人各种运动，可对机器人进行微幅调整，但只能配合线性运动使用。（　　）

2. 增量模式除具有固定档位外，用户还可以自定义增量步距。（　　）

3. ABB 工业机器人示教器语言无法更改为中文语言，通常在英语语言环境中进行操作。（　　）

4. ABB 工业机器人系统中，时间和日期是在不同界面中进行设置的。一般先设置日期，再设置时间。（　　）

5. 为了方便文件的管理和故障的查阅，一般会将工业机器人系统的时间设置为本地时区的时间。（　　）

任务 2.3　认识机器人坐标系

任务描述

机器人坐标系是描述机器人系统中位置和姿态的坐标系统，对于机器人的运动控制和定位精度起着至关重要的作用。通过正确地理解和应用坐标系，可以实现机器人在不同任务和环境中的精确操作。

本任务旨在帮助学习者深入了解机器人坐标系的基本概念、类型、作用以及在实际应用中的操作方法，以提高对机器人运动控制和定位精度的理解。

2.3.1 工业机器人常用坐标系

坐标系从一个称为原点的固定点通过轴定义平面或空间，机器人目标和位置通过沿坐标系轴的测量来定位。在机器人系统中可使用若干坐标系，每一坐标系都适用于特定类型的控制或编程。

ABB 工业机器人的常用坐标系主要包括大地坐标系、基坐标系、工件坐标系和工具坐标系，如图 2-44 所示。

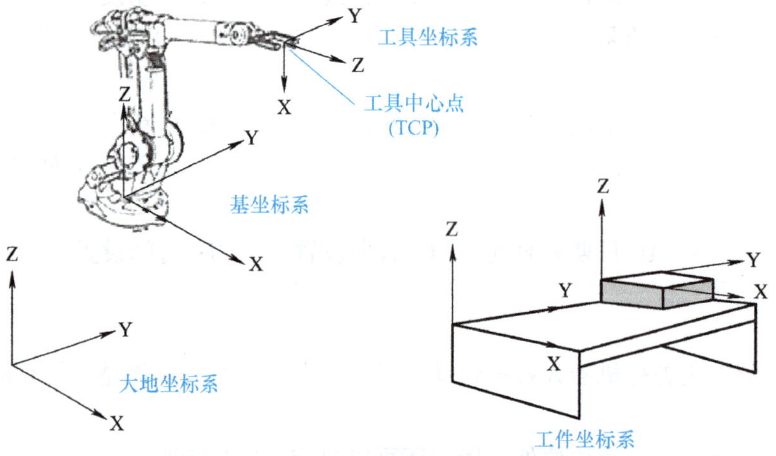

图 2-44　机器人系统各坐标系关系

1. 大地坐标系

大地坐标系一般定义在机器人安装面与第 1 转动轴交点处。大地坐标系由机器人系统自定义，每个机器人自带一个大地坐标系，机器人中其他坐标系均与大地坐标系直接或间接相关。

大地坐标系在工作单元或工作站中的固定位置有其相应的零点，这有助于处理若干个机器人协同工作或由外轴（如行走导轨）移动机器人的工作情况。如图 2-45 所示，两台机器人协同工作，A 坐标系为机器人 1 的基坐标系，C 坐标系为机器人 2 的基坐标系，B 为两台机器人的大地坐标系。两台机器人的基坐标系位置不同，但采用共同的大地坐标系，这样可使该工作单元的两台机器人有一个固定的零点。

在默认情况下，大地坐标系与基坐标系是一致的。

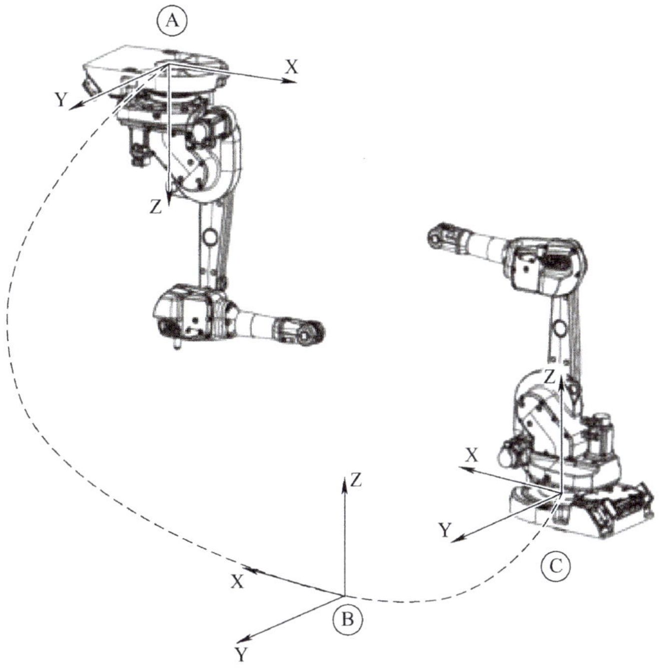

图 2-45　大地坐标系

2. 基坐标系

机器人的基坐标系位于机器人基座，是最便于机器人从一个位置移动到另一个位置的坐标系，因此，基坐标系是机器人其他坐标系的参照基础，是机器人示教与编程时经常使用的坐标系之一，如图 2-46 所示。在线性运动模式下，工业机器人默认使用基坐标系，操纵杆向前和向后使机器人沿 X 轴移动；操纵杆向两侧使机器人沿 Y 轴移动；旋转操纵杆使机器人沿 Z 轴移动。

3. 工件坐标系

工件坐标系是用户自定义的坐标系，其定义位置根据加工工件的实际情况进行确定，即定义工件相对于大地坐标系（或其他坐标系）的位置。因此，工件坐标系必须定义于两个框架：用户框架（与大地坐标系相关）和工件框架（与用户框架相关）。机器人可以拥有若干工件坐标系，或者表示不同工件，或者表示同一工件在不同位置的若干副本。

工件坐标系主要在机器人手动操纵和编程过程中使用，用户编程时就是在工件坐标系中创建目标和路径。这样带来很多优点：

1）重新定位工作站中的工件时，用户只需更改工件坐标系的位置，所有路径将即刻随之更新。

2）允许操作以外轴或传送导轨移动的工件，因为整个工件可连同其路径一起移动。

如图 2-47 所示，A 是机器人的大地坐标系，为了方便编程，给第一个工件建立了一个工件坐标系 B，并在这个工件坐标系 B 中进行轨迹编程。当工件到达位置 C 后，只需重新定义工件坐标系 C，并在程序中将工件坐标系由 B 改为 C 即可。

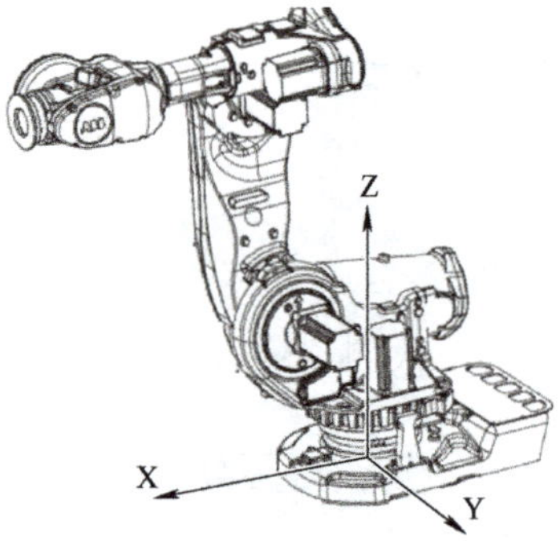

图 2-46　基坐标系

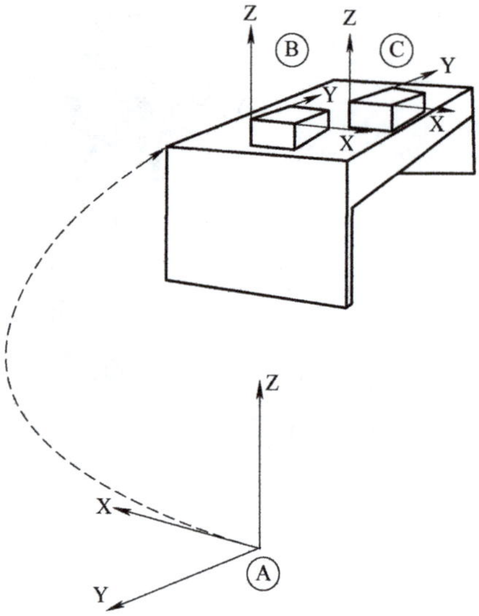

图 2-47　工件坐标系

4. 工具坐标系

工具坐标系是原点位于机器人末端的工具中心点处的坐标系。工具坐标系经常被缩写为 TCPF（Tool Center Point Frame），而工具坐标系中心缩写为 TCP（Tool Center Point）。

执行程序时，机器人就是将 TCP 移至编程位置。这意味着，如果用户要更改工具以及工具坐标系，机器人的移动将随之更改，以便新的 TCP 到达目标。因此，所有机器人在手腕处都有一个预定义工具坐标系，即机器人 6 轴法兰盘原点处的坐标系，该坐标系被称为 tool0。实际加工工作中，不同的工具需要建立不同的工具坐标系，新的工具坐标系是在预定义工具坐标系 tool0 上进行偏移得到的，如图 2-48 所示。微动控制机器人时，如果用户不想在移动时改变工具方向（例如移动锯条时不使其弯曲），工具坐标系就显得非常有用。

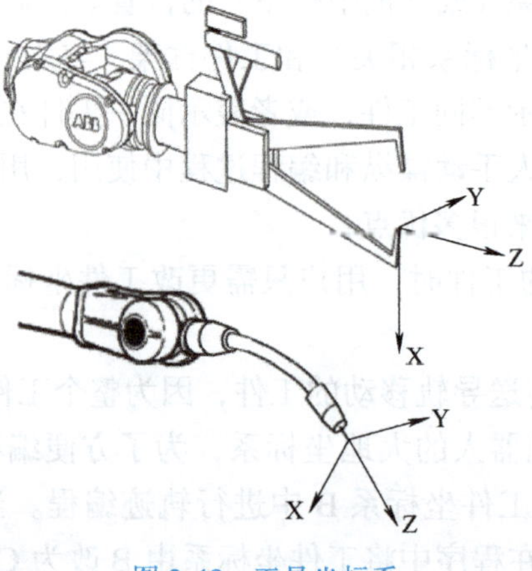

图 2-48　工具坐标系

2.3.2　工业机器人坐标系切换

工业机器人手动操作过程中坐标系切换步骤如下：

1）点击“ABB”按钮，点击“手动操纵”，如图 2-49 所示。

2）在“手动操纵”界面中点击“坐标系”，如图 2-50 所示，进入坐标系选择界面。

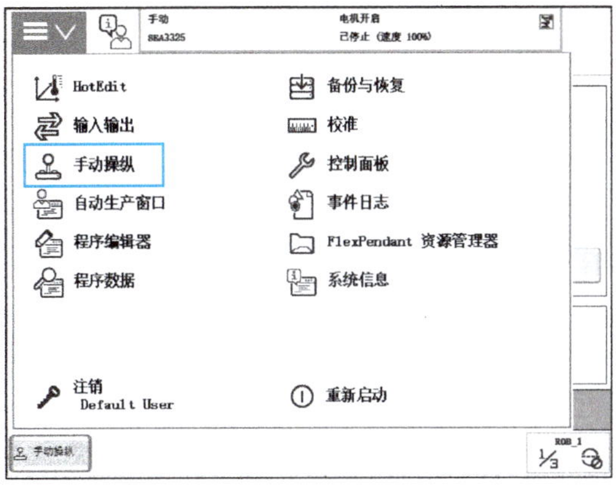

图 2-49　打开“手动操纵”界面

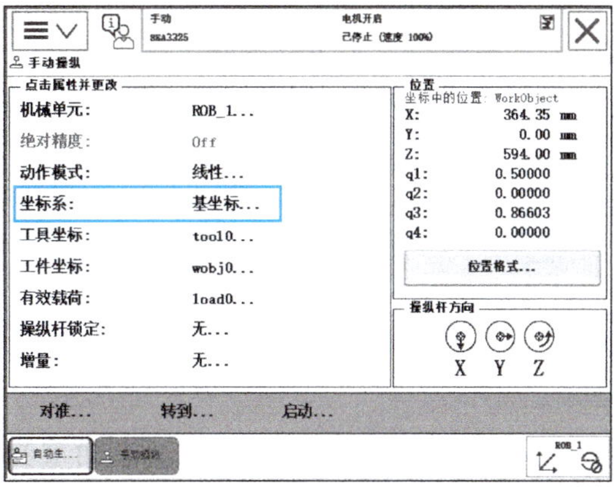

图 2-50　点击“坐标系”

3）选择需要的坐标系类型后，点击“确定”按钮即可完成坐标系切换的操作，如图 2-51 所示。

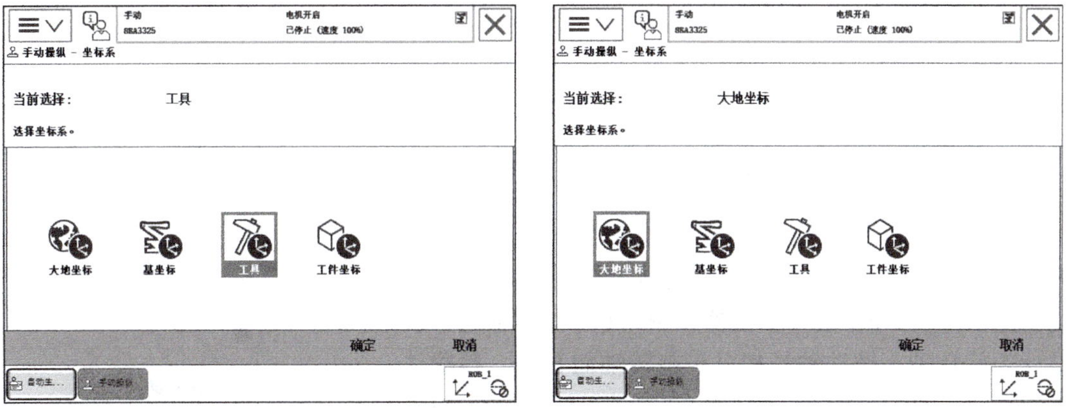

图 2-51　切换坐标系

任务习题

一、选择题

1. ABB 工业机器人系统中，坐标系种类不包括（　　）。

A. 基坐标系　　B. 圆柱坐标系　　C. 工件坐标系　　D. 工具坐标系

2. ABB 工业机器人中，安装在机器人末端的工具中心点所处的坐标系叫（　　）。

A. 工件坐标系　　B. 工具坐标系　　C. 大地坐标系　　D. 基坐标系

3. 工业机器人编程一般不需要考虑（　　）。

A. 基坐标　　B. 工件坐标　　C. 大地坐标　　D. 工具坐标

二、判断题

1. 工业机器人基坐标也叫工具坐标。（　　）

2. 机器人关节参考坐标系是用来表示机器人每一个独立关节运动的坐标系。（　　）

任务 2.4　手动操纵工业机器人

任务描述

手动操纵工业机器人是一项复杂而重要的任务，需要操作人员具备丰富的机器人操作经验和专业知识。手动操纵机器人运动一共有三种模式：单轴运动、线性运动和重定位运动。如何使用这三种模式手动操作机器人运动是本任务的主要内容。

2.4.1　工业机器人的动作模式

1. 单轴运动

6 轴工业机器人通过伺服电机分别驱动机器人本体上的 6 个关节轴的运动方式称为单轴运动。如图 2-52 所示，在单轴运动模式下，每次只有一个关节轴发生运动。

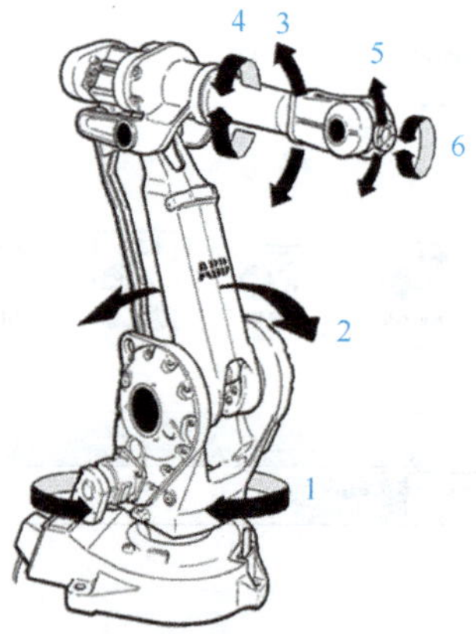

图 2-52　6 轴工业机器人 1 ～ 6 轴对应的关节示意图

关节轴按照运动特性和功能可分为旋转轴和摆动轴两大类，旋转轴是指可以 360° 旋转的轴，具有更大的旋转范围。在 ABB 的 6 轴机器人中，1、4、6 轴通常被设计为旋转轴。摆动轴是相对于旋转轴而言的，其摆动范围有限，通常只能在一定的角度内进行摆动。在 ABB 的 6 轴机器人中，2、3、5 轴通常被设计为摆动轴。这些摆动轴通过调整机械臂和手腕的高度、前后摆动以及手腕的上下摆动，来实现对末端执行器位置的精确控制。

单轴运动常用于机器人安装与调试或一些特别的场合中，使用单轴运动模式可以方便准确地控制工业机器人各关节轴单独运动。例如，在进行转数计数器更新时，可以用单轴运动的手动操纵；机器人出现机械限位和软件限位，也就是超出移动范围而停止时，可以利用单轴运动的手动操纵，将机器人移动到合适的位置，使用单轴运动进行粗略的定位和比较大幅度的移动会方便快捷很多。

单轴运动特点如下：

1）优点：由于运动时不考虑工具姿态，运动操作简单快捷，因此不会在运动中出现机械死点。

2）缺点：无法将 TCP 精确移动到目标位置。

2. 线性运动

工业机器人的线性运动是指安装在机器人第 6 轴法兰盘上工具的 TCP（工具坐标系中心点）在空间中做线性运动，如图 2-53 所示。线性运动时，选定的坐标系将直接决定工业机器人的运动方向，移动的幅度较小，适合较为精确的定位和移动。

线性运动特点如下：

1）优点：运动过程中，轨迹可控，工具姿态不改变。机器人反馈的是 TCP 在坐标系里的坐标值，方便操作员直观操作。

2）缺点：因为线性运动的轨迹是根据目标点坐标值的矩阵计算得到的，所以大范围移动时，控制系统可能会出现逆运算无解的情况。

3. 重定位运动

工业机器人的重定位运动是指机器人第 6 轴法兰盘上的工具 TCP 在空间中绕着工具坐标系旋转的运动，也可理解为机器人绕着工具 TCP 做姿态调整的运动，如图 2-54 所示。重定位运动手动操纵是全方位的移动和调整，适合于定点时的姿态调整。

重定位运动特点如下：

1）以 TCP 为参照。

2）TCP 位置不变。

3）工具坐标系的 X、Y、Z 轴方向以基坐标系的 X、Y、Z 轴方向进行旋转偏移。

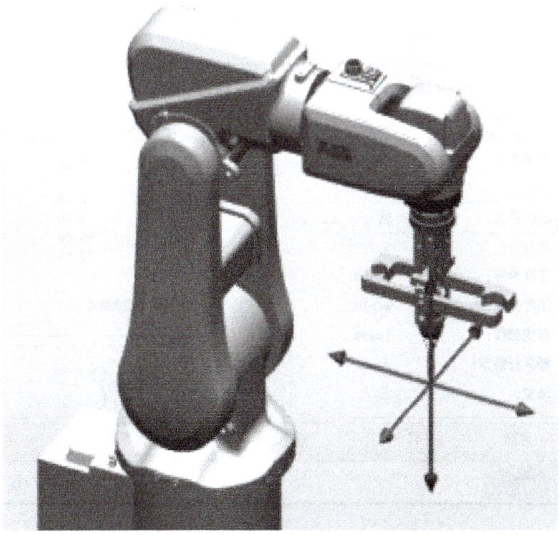

图 2-53　机器人线性运动

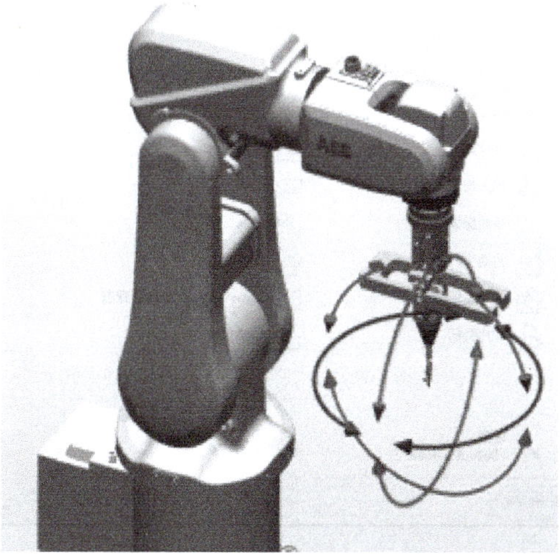

图 2-54　机器人重定位运动

2.4.2 动作模式的切换

1. 操纵前准备

在进行工业机器人手动操纵之前，需要做好以下准备工作。

1）确定机器人模式选择旋钮已切换为“手动限速模式”，如图 2-55 所示。

2）确定电机上电状态正常，且机器人状态已经切换为“手动”，如图 2-56 所示。

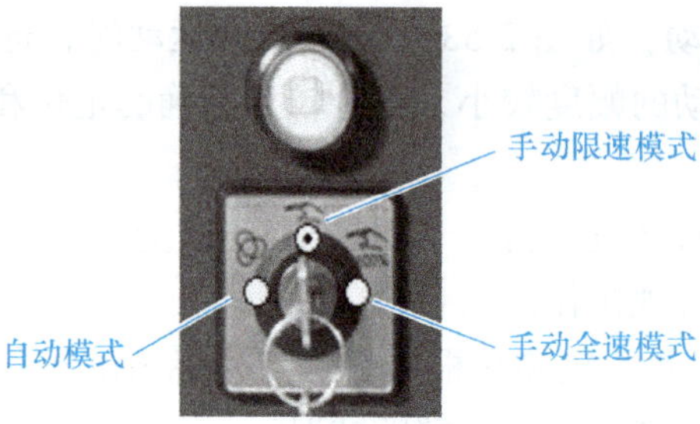

图 2-55　机器人状态钥匙位置

图 2-56　工业机器人手动状态

2. 动作模式选择

动作模式选择操作步骤如下：

1）依次点击“ABB”—“手动操纵”，如图 2-57 所示。

2）在“手动操纵”界面中点击“动作模式”，如图 2-58 所示。

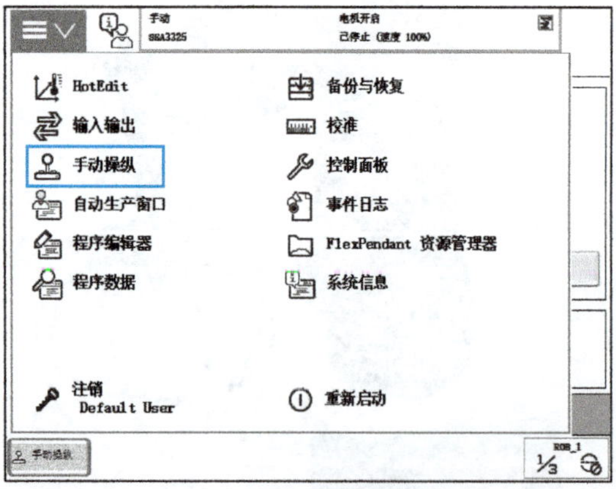

图 2-57　选择“手动操纵”

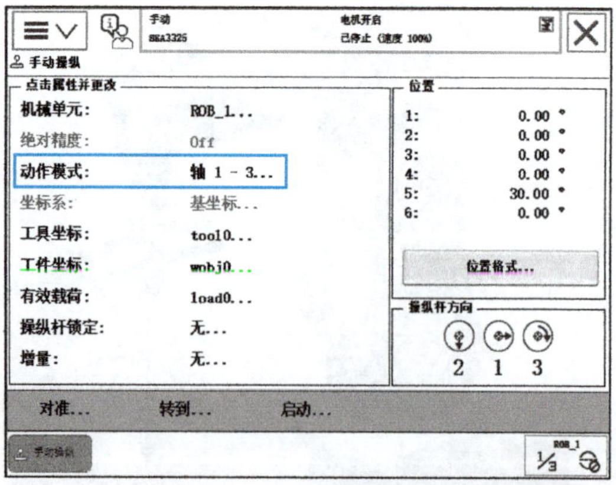

图 2-58　点击“动作模式”

3）弹出图 2-59 所示的“动作模式”选择界面，根据工业机器人的运动需求选择合适的动作模式后，点击“确定”按钮。

4）单轴运动模式选择。在“动作模式”界面中选择“轴 1 ～ 3”或者“轴 4 ～ 6”，可以分别实现轴 1 ～ 3 和轴 4 ～ 6 的单轴操纵。

5）线性运动模式选择。在“动作模式”界面中选择“线性”模式，点击“确定”按钮，如图 2-60 所示。

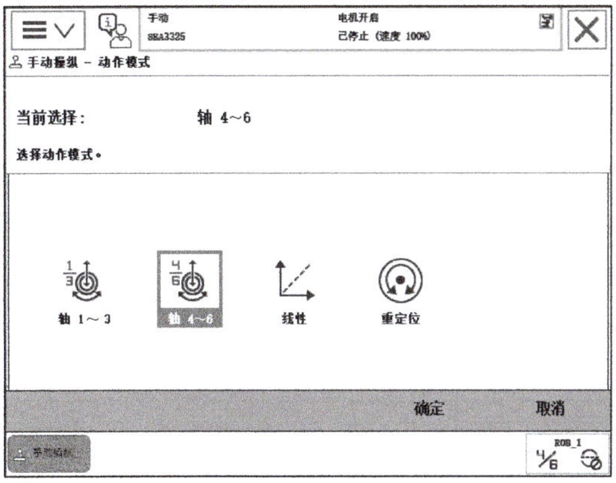

图 2-59　“动作模式”选择界面

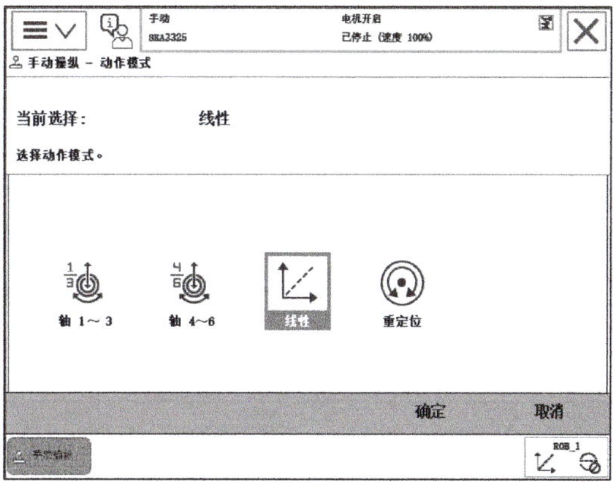

图 2-60　选择“线性”模式

6）在“手动操纵”界面中点击“工具坐标”，如图 2-61 所示，选择合适的工具坐标系后点击“确定”按钮，就可以实现以当前工具的 TCP，沿基坐标做线性运动的操作，如图 2-62 所示。

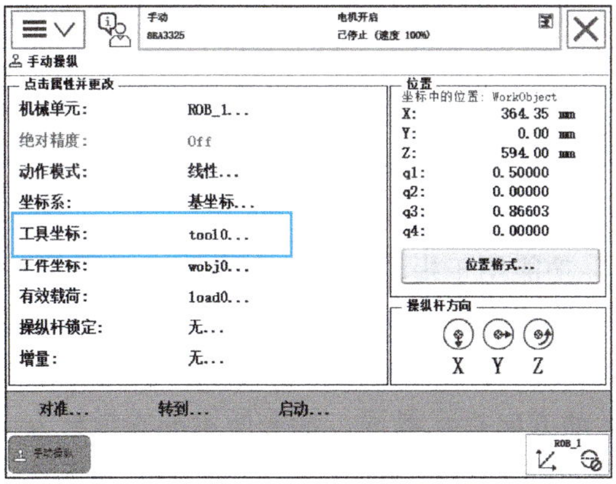

图 2-61　点击“工具坐标”

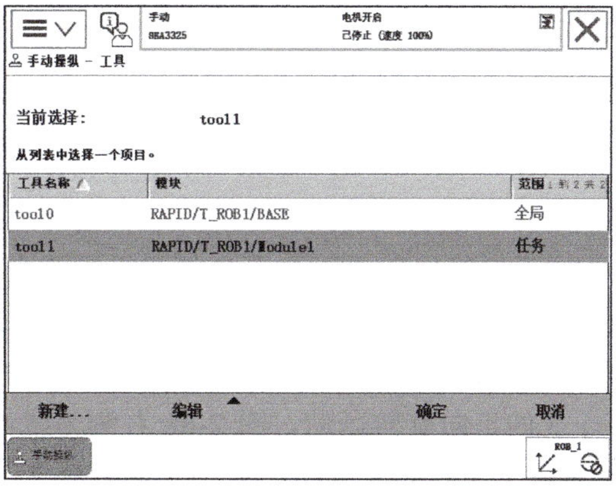

图 2-62　选择“工具坐标系”

7）重定位运动模式选择。在“动作模式”界面中选择“重定位”模式，点击“确定”按钮，如图 2-63 所示。在“手动操纵”界面中点击“坐标系”，在弹出的坐标系界面上选择“工具”后点击“确定”，如图 2-64 所示。

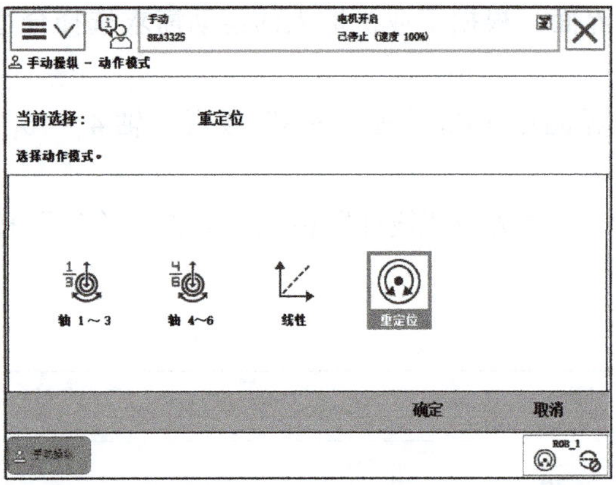

图 2-63　选择“重定位”模式

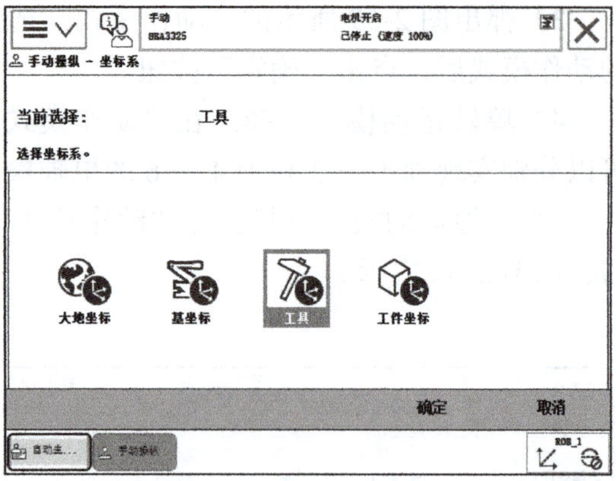

图 2-64　选择“工具”

8）在“手动操纵”界面中点击“工具坐标”，如图 2-65 所示，选择合适的工具坐标系后点击“确定”，如图 2-66 所示，手动操作操纵杆，可以观察该设置下的重定位模式运动。

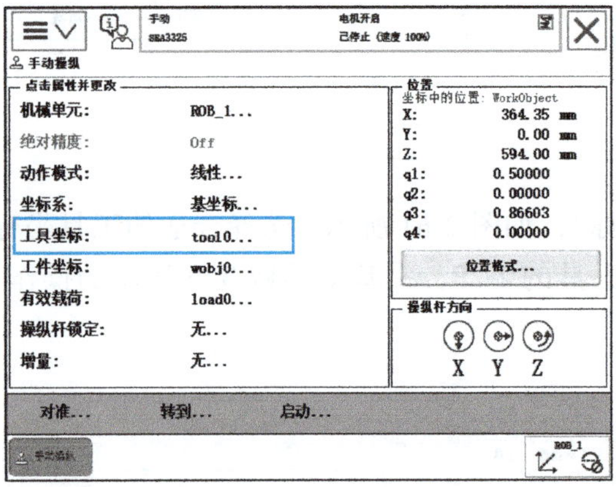

图 2-65　点击“工具坐标”

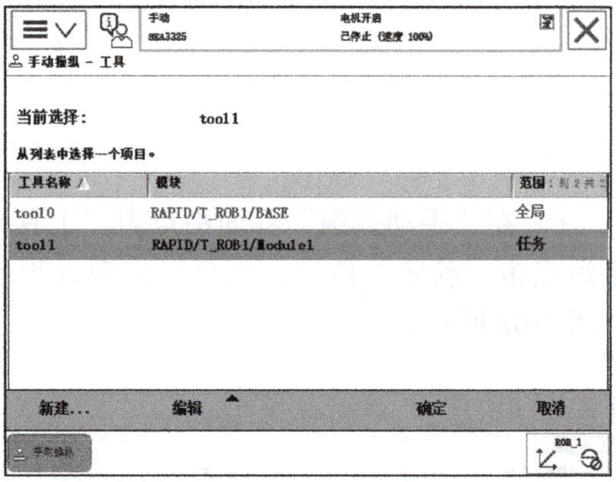

图 2-66　选择“工具坐标系”

3. 运动方向判断

“手动操纵”界面右下角的“操纵杆方向”功能用于提示操作者在当前运动模式下，操纵杆移动方向与机器人运动方向之间的对应关系。图 2-67 右侧为单轴运动方向指示界面，箭头所示的操纵杆操纵方向分别为单轴 1 ～ 3 动作模式下，实现工业机器人轴 1 ～ 3 的正向旋转运动。图 2-68 右侧为线性运动方向指示界面，箭头所示的操纵杆方向分别为线性运动模式下，实现工业机器人 TCP 沿选定坐标系的 X、Y、Z 轴正方向直线运动。

4. 动作模式快捷切换

手动操纵工业机器人时，可以通过示教器上的动作模式快捷切换按钮实现单轴、线性和重定位运动模式的切换，如图 2-69 所示。

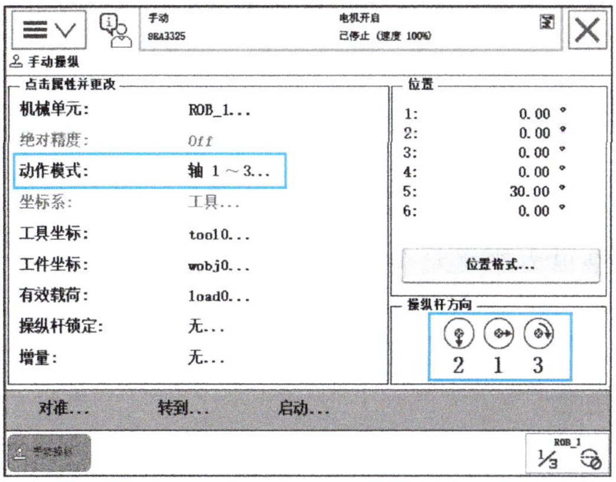

图 2-67　单轴运动操纵杆方向

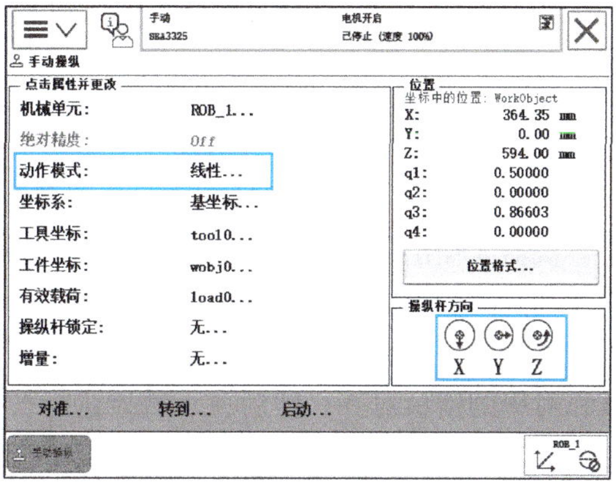

图 2-68　线性运动操纵杆方向

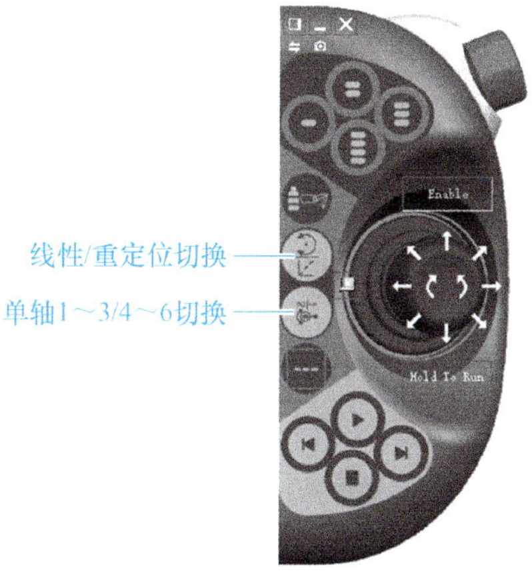

图 2-69　示教器动作模式快捷切换按钮

（1）操纵前准备　起动前检查：确定工业机器人处于手动限速状态；确定电机上电状态正常。

（2）动作模式选择

1）单轴运动模式选择。在单轴运动模式下分别选择轴 1 ～ 3、轴 4 ～ 6 的动作模式，然后在示教器上利用操纵杆按照操纵杆方向提示分别移动轴 1 ～ 6。

2）线性运动模式选择。在线性运动模式下选择自建工具坐标系 tool1 或者默认工具坐标系 tool0，然后在示教器上利用操纵杆按照操纵杆方向提示分别沿 X、Y、Z 轴移动。

3）重定位运动模式选择。在重定位运动模式下首先将坐标系选择为工具坐标系，然后选择工具坐标系 tool1 或者默认工具坐标系 tool0，最后在示教器上利用操纵杆按照操纵杆方向提示分别沿 X、Y、Z 轴移动。

（3）动作模式快捷切换实现　利用示教器上动作模式快捷切换按钮进行单轴 1 ～ 3、单轴 4 ～ 6，线性和重定位运动模式切换，并操纵工业机器人运动。

2.4.3 转数计数器更新操作

工业机器人的转数计数器用独立的电池供电，以记录各个轴的数据。如果示教器提示电池没电，或者在断电情况下机器人手臂位置移动了，这时候需要对转数计数器进行更新，否则机器人运行位置会不准。

ABB 机器人 6 个关节轴都有一个机械原点的位置，机械原点是各关节轴运动的基准。工业机器人在出厂时，对各关节轴的机械原点进行了设置，对应着工业机器人本体上 6 个关节轴的同步标记，并将信息数据存储在本体串行测量板上，数据需供电才能保存，掉电后数据会丢失。转数计数器的更新就是将机器人的各个轴停到机械原点，把各轴上的刻度线和对应的槽口对齐，然后在示教器进行校准更新。

通常出现以下情况时，需要对机械原点的位置进行转数计数器更新操作。

1）更换伺服电机转数计数器电池后。

2）当转数计数器发生故障，修复后。

3）转数计数器与测量板之间断开过。

4）断电后，机器人关节轴发生了位移。

5）当系统报警提示“10036 转数计数器未更新”时。

手动操纵 ABB 工业机器人各关节轴运动到机械原点刻度位置的顺序是 4—5—6—1—2—3。

图 2-70 为 IRB120 型号 ABB 机器人 6 个轴都在机械原点的姿态图。

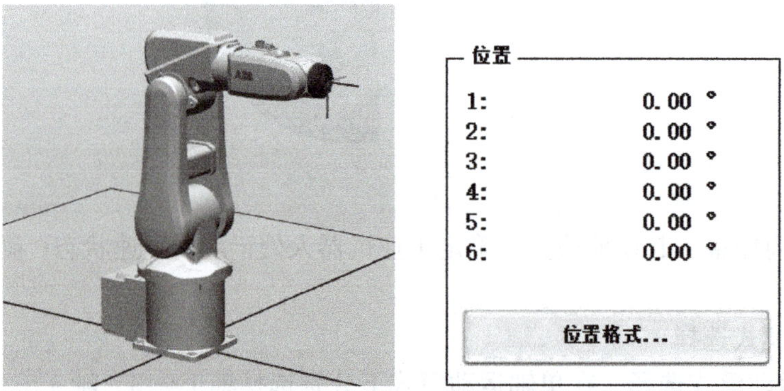

图 2-70 IRB120 型号 ABB 机器人 6 轴机械原点的姿态图

图 2-71 至图 2-76 分别展示了 IRB120 型号 ABB 机器人 6 个轴的机械原点刻度位置。校准时需要将每个轴旋转到机械原点刻度位置。其他型号机器人的机械原点刻度位置请参考设备随机说明书。

接下来，我们以 ABB 的 IRB120 型机器人为例，介绍转数计数器更新操作步骤。在手动操纵菜单中，采用单轴运动模式，将关节轴按 4—5—6—1—2—3 的顺序运动到机械原点的刻度位置。

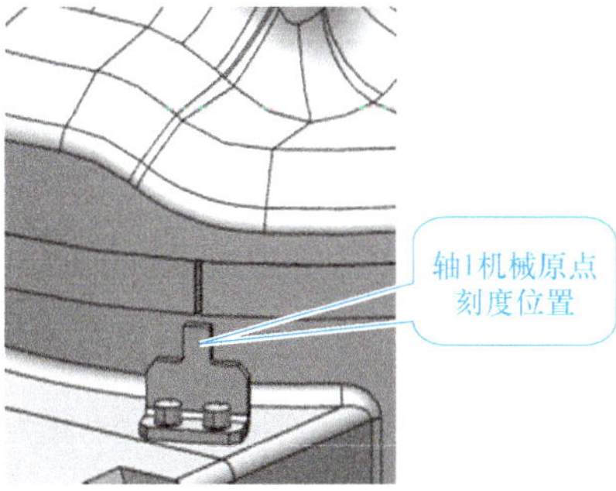

图 2-71　轴 1 机械原点刻度位置

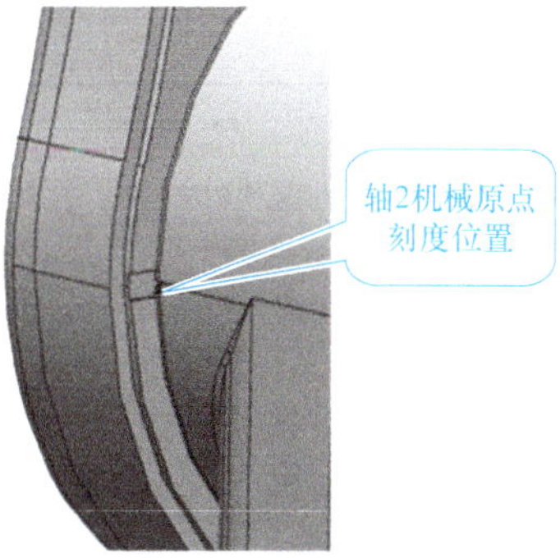

图 2-72　轴 2 机械原点刻度位置

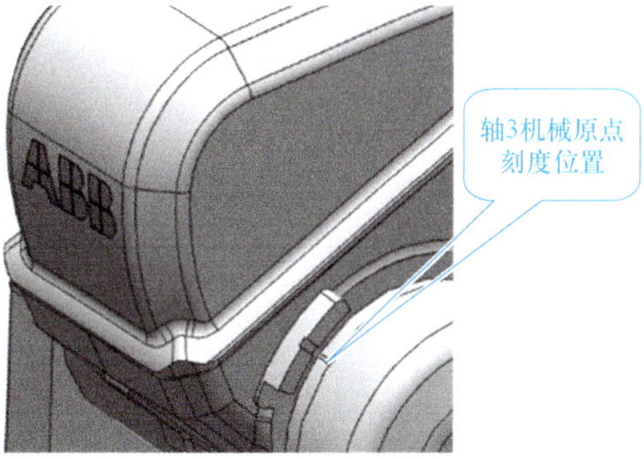

图 2-73　轴 3 机械原点刻度位置

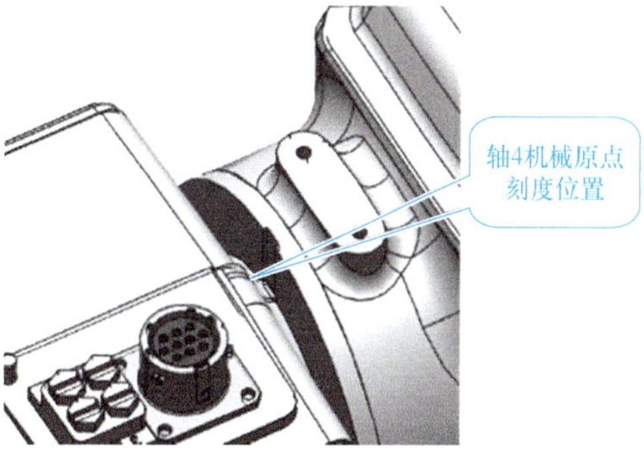

图 2-74　轴 4 机械原点刻度位置

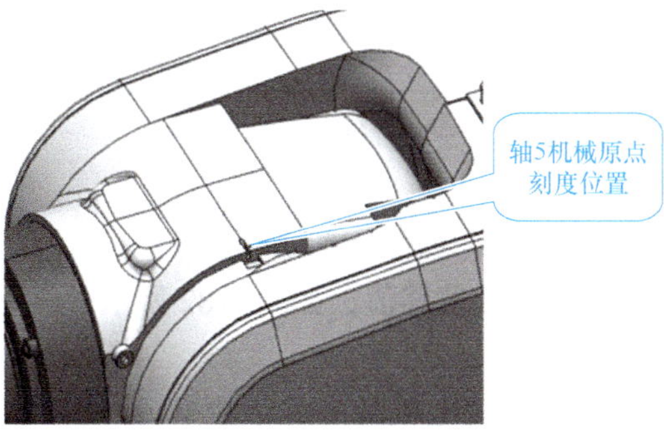

图 2-75　轴 5 机械原点刻度位置

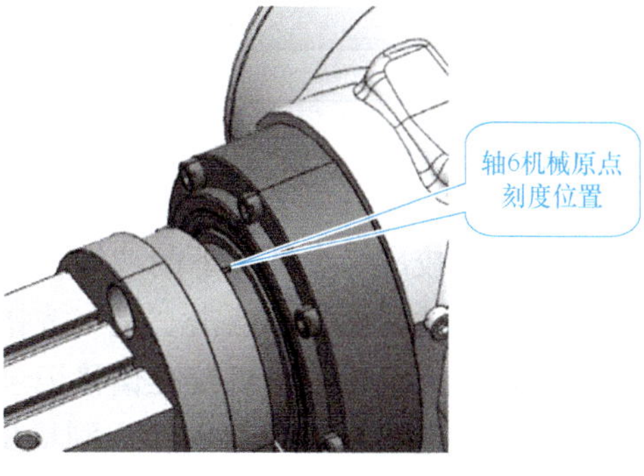

图 2-76　轴 6 机械原点刻度位置

1）点击“校准”，如图 2-77 所示。

2）点击“ROB_1”，如图 2-78 所示。

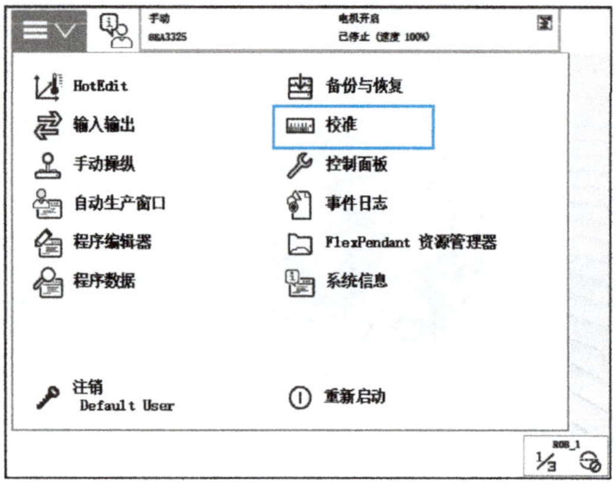

图 2-77　选择“校准”

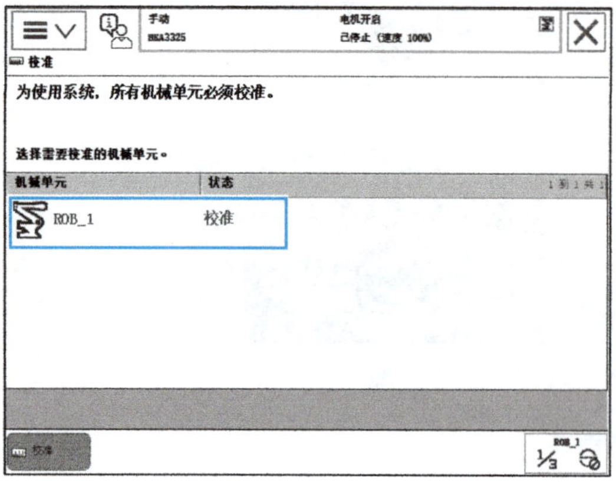

图 2-78　选择“ROB_1”

3）选择“手动方法（高级）”，如图 2-79 所示。

4）然后点击“校准　参数”，如图 2-80 所示。

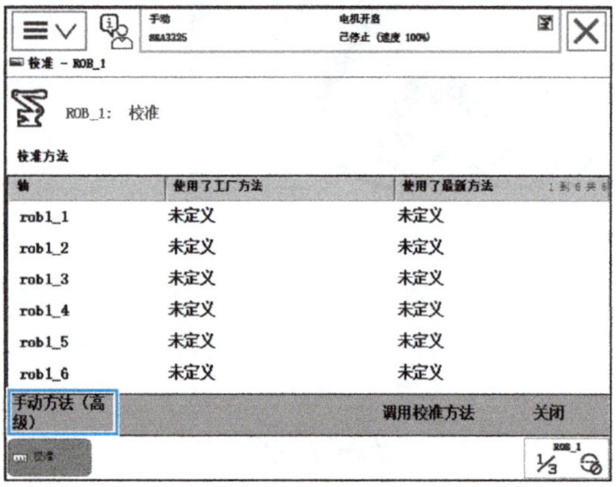

图 2-79　选择“手动方法（高级）”

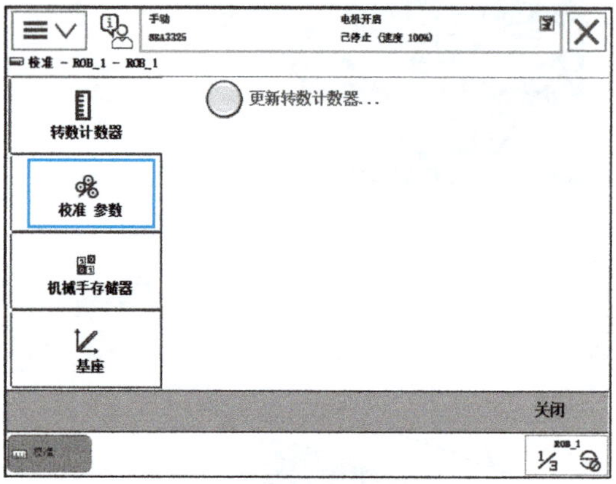

图 2-80　选择“校准　参数”

5）选择“校准　参数”下的“编辑电机校准偏移 ...”，如图 2-81 所示。

6）在弹出的对话框中点击“是”按钮，确认更改校准偏移值，如图 2-82 所示。

7）将机器人本体上电机校准偏移记录下来，见表 2-8。

8）在编辑电机校准偏移中输入刚从机器人本体记录的电机校准偏移数据，如图 2-83 所示。

9）全部输入完成后，点击“确定”按钮，如图 2-84 所示，如果示教器中显示的数值与机器人本体上的标签数值一致，则无需修改，直接点击“取消”按钮退出。

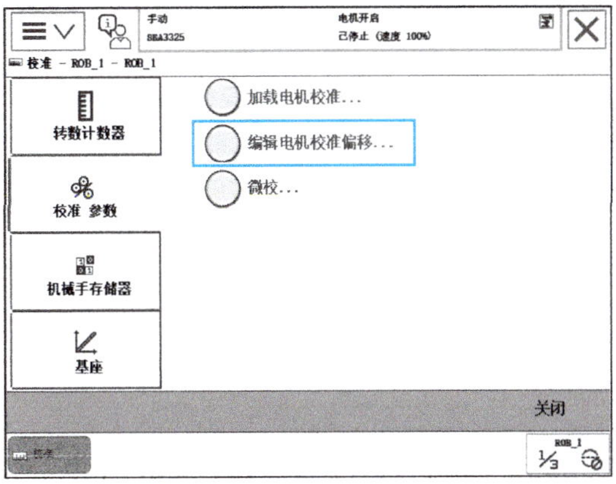

图 2-81　选择“编辑电机校准偏移 ...”

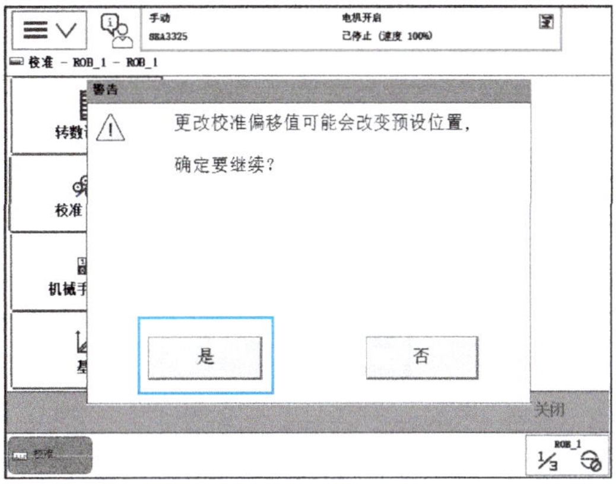

图 2-82　确认更改

表 2-8　机器人本体上电机校准偏移（120-514141）

轴	转数计数器数值
1	1.6777
2	4.7476
3	2.6869
4	1.7922
5	5.5062
6	5.6052

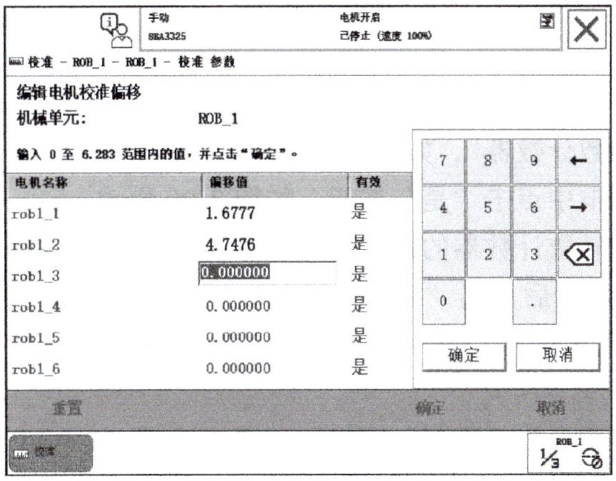

图 2-83　输入校准偏移数据

10）在弹出的对话框中点击“是”按钮，完成控制器重启，如图 2-85 所示。

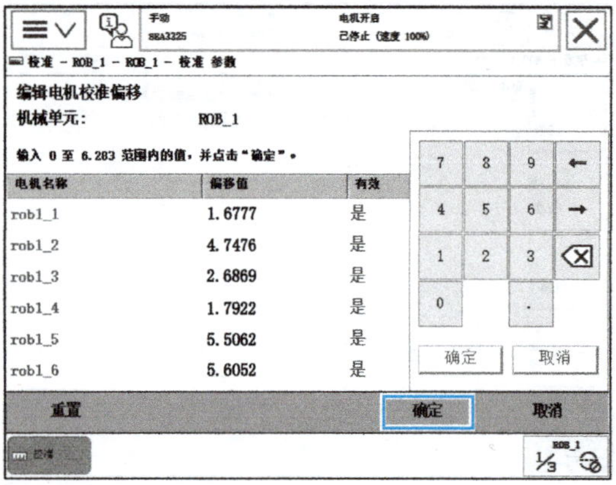

图 2-84　偏移量校准完成

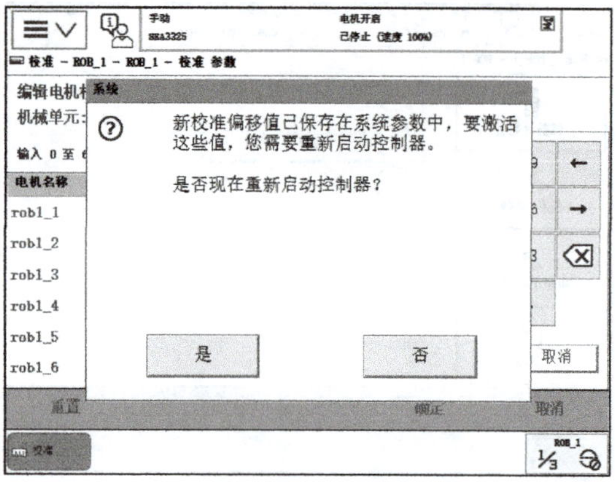

图 2-85　确认重启控制器

11）重启控制器后，在 ABB 操作界面中点击“校准”，如图 2-86 所示。

12）点击“ROB_1”，如图 2-87 所示。

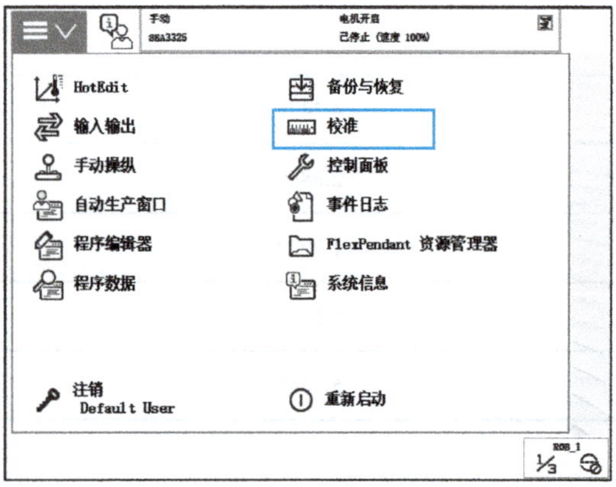

图 2-86　选择“校准”

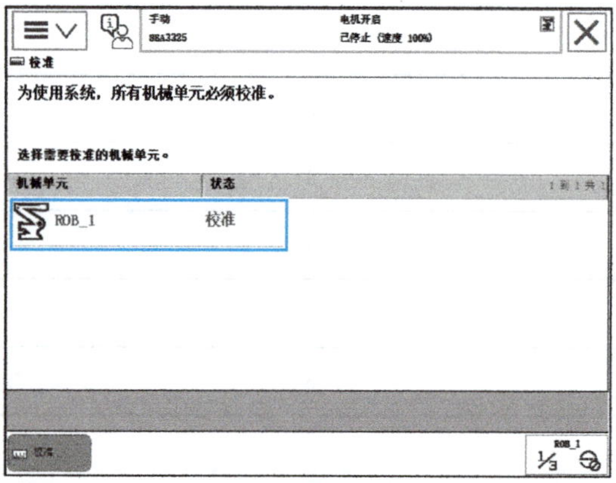

图 2-87　选择“ROB_1”

13）点击“手动方法（高级）”，如图 2-88 所示。

14）点击“更新转数计数器”，如图 2-89 所示。

15）在弹出的对话框中点击“是”按钮，如图 2-90 所示。

16）勾选所要更新转数计数器的机械单元名称，如图 2-91 所示

17）点击“全选”，然后点击“更新”（如果机器人由于安装位置的关系，无法 6 个轴同时到达机械原点刻度位置，则可以逐一对关节轴进行转数计数器更新），如图 2-92 所示。

18）在弹出的窗口中点击“更新”按钮，如图 2-93 所示。

19）等待系统完成更新工作，如图 2-94 所示。

20）当显示“转数计数器更新已成功完成。”时，点击“确定”更新完毕，如图 2-95 所示。

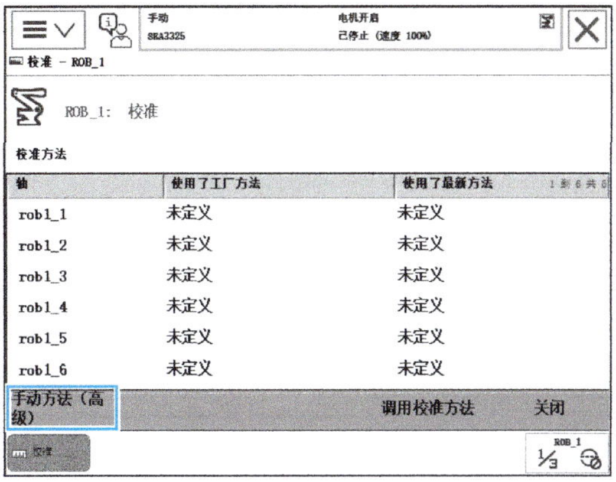

图 2-88　选择“手动方法（高级）”

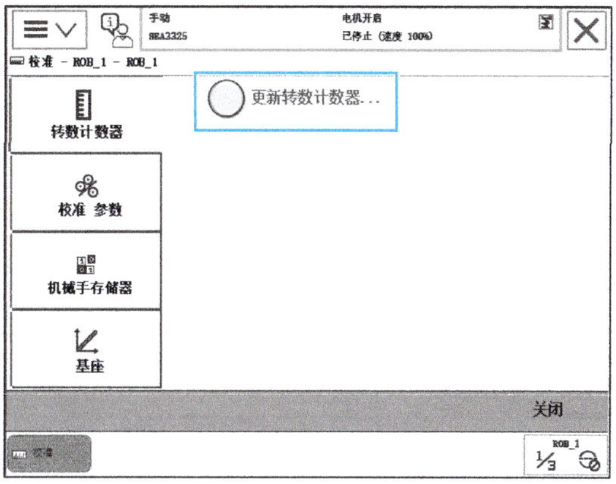

图 2-89　选择“更新转数计数器”

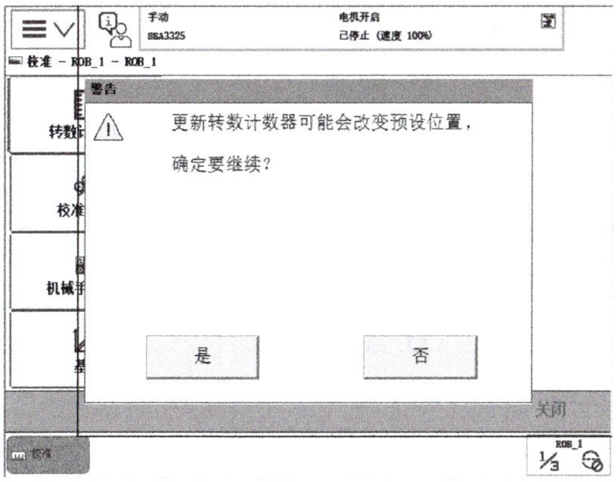

图 2-90　确定更新

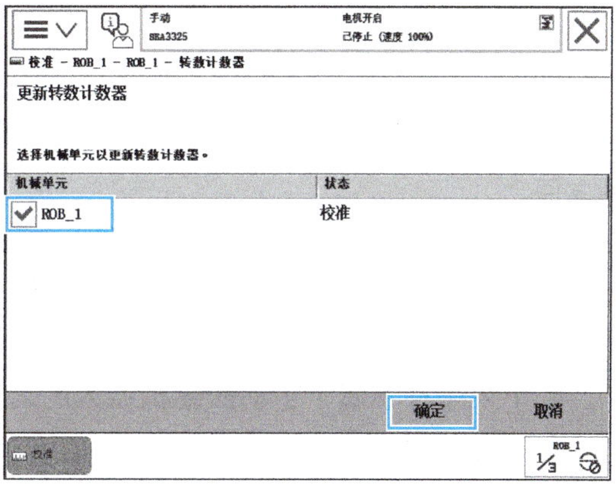

图 2-91　勾选机械单元名称

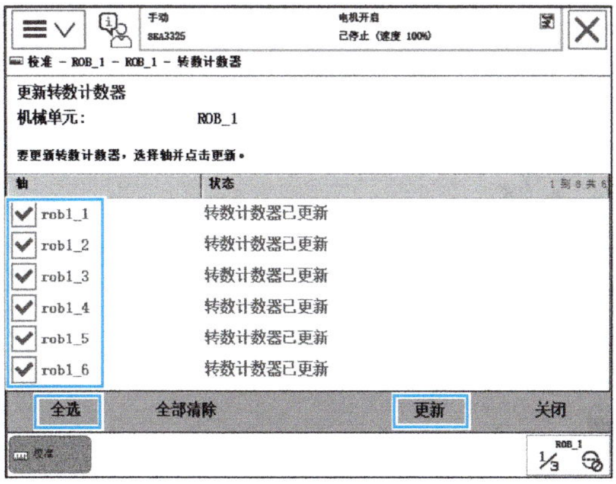

图 2-92　更新转数计数器

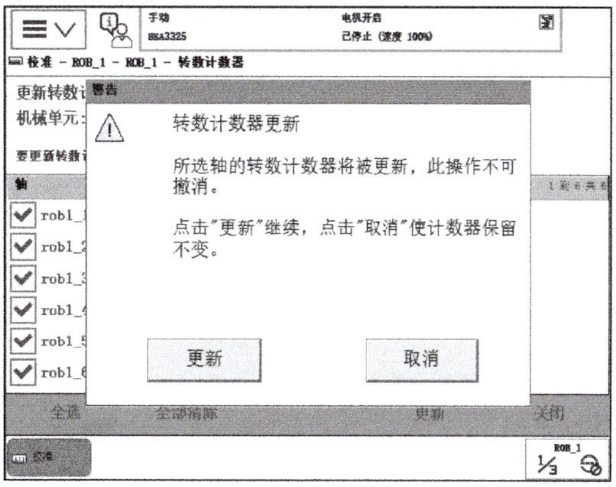

图 2-93　确认更新

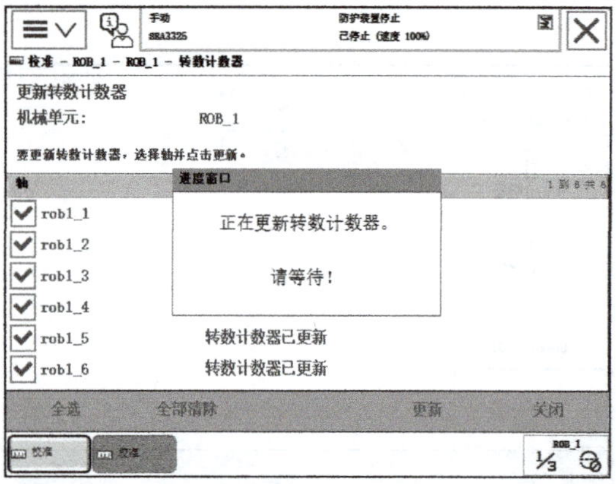

图 2-94　更新等待

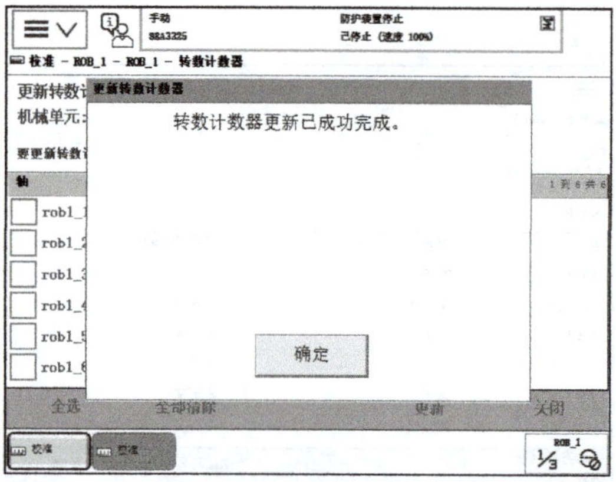

图 2-95　更新完成

任务习题

1. 下列哪种不属于 ABB IRB120 工业机器人的运动方式？（　　）

A. 轴 1 ～ 3　　B. 轴 4 ～ 6　　C. 线性　　D. 圆弧

2. 调试点位时，发现手爪平面与工件平面之间不平行，需要调整平行时，用（　　）最方便。

A. 关节运动　　B. 重定位运动　　C. 线性运动　　D. 弧形运动

3. 控制机器人 TCP 沿着 X、Y、Z 轴旋转的运动属于（　　）。

A. 单轴运动　　B. 重定位运动　　C. 绝对运动　　D. 线性运动

4. 下列哪种不属于手动操纵机器人的运动方式？（　　）

A. 单轴运动　　B. 线性运动　　C. 绝对运动　　D. 重定位运动

5. 手动操作 ABB IRB120 工业机器人时，对 1 轴进行旋转，运动模式需要选择（　　）。

A. 线性　　B. 重定位　　C. 轴 4 ～ 6　　D. 轴 1 ～ 3

6. 图 2-96 中所示运动方向 A 是指（　　）。

A. 2 轴正向　　B. 2 轴负向　　C. 5 轴正向　　D. 5 轴负向

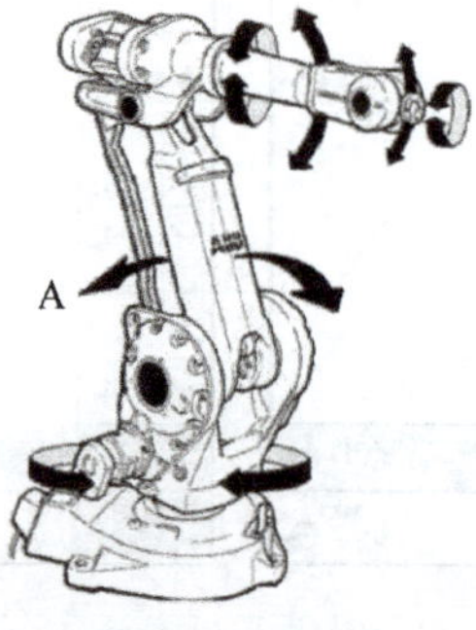

图 2-96　题 6 图

7. 工业机器人进行关节运动时，分为旋转轴和摆动轴两大类。下面哪些轴属于摆动轴？（　　）

A. 1、2、3　　B. 4、5、6

C. 2、3、5　　D. 2、4、6

8. ABB 机器人在 4 ～ 6 轴关节动作模式下，操纵工业机器人单轴运动，向下摆动操纵杆，则机器人如何运动？（　　）

A. 5 轴正向旋转　　B. 5 轴负向旋转

C. 4 轴正向旋转　　D. 4 轴负向旋转

9. 图 2-97 所示工业机器人为线性运动，坐标选择基坐标，则 A 方向是（　　）。

A. X 轴正向　　B. X 轴负向　　C. Y 轴正向　　D. Y 轴负向

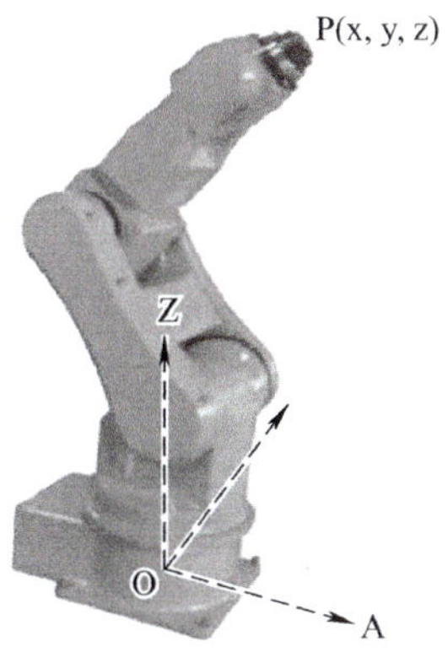

图 2-97　题 9 图

10. 机器人线性运动是在直角坐标系中进行的，从机器人尾部向前看，Y 轴方向一般如何判断？（　　）

A. 向前　　B. 向右　　C. 向上　　D. 右手法则确定

11. 控制机器人 TCP 沿着 Z 轴正方向移动，需要使用（　　）。

A. 关节运动　　B. 重定位运动　　C. 线性运动　　D. 弧形运动

12. 水平安装的工业机器人，参考基坐标系方向进行线性运动。若逆时针旋转操纵杆，则机器人如何运动？（　　）

A. 向上移动　　B. 向下移动

C. 朝机器人正前方移动　　D. 朝机器人后方移动

13. 重定位运动是保持（　　）的位置不变，绕着轴转动。

A. PTP　　B. CTP　　C. TCP　　D. PC

14. 重定位运动有（　　）个方向的转动。

A. 1　　B. 2　　C. 3　　D. 4

15. 图 2-98 所显示的运动方式为（　　）。

A. 关节运动　　B. 重定位运动　　C. 线性运动　　D. 弧形运动

图 2-98　题 15 图

16. ABB 机器人在重定位动作模式下，向左摆动操纵杆，则机器人如何运动？（　　）

A. 绕着 X 轴负向旋转　　B. 绕着 X 轴正向旋转

C. 绕着 Y 轴负向旋转　　D. 绕着 Y 轴正向旋转

17. 零点校准时，为了校准方便，让机器人各关节轴运动到机械原点刻度位置的顺序应为（　　）。

A. 1—2—3—4—5—6　　B. 4—2—3—1—5—6

C. 3—4—5—1—2—6　　D. 4—5—6—1—2—3

二、判断题

1. 机器人在直角坐标系下的运动是单轴运动。（　　）

2. 关节运动时，机器人不以 TCP 为参照，运动轨迹中机器人末端工具的姿态与位置不可以控制。（　　）

3. 关节运动由于不考虑工具姿态，运动操作简单快捷，不会在运动中出现机械死点，并且能将 TCP 精确移动到目标位置。（　　）

4. 关节运动时，示教器操纵杆的偏转方向决定工业机器人的运动方向。（　　）

5. 线性运动过程中轨迹可控，工具姿态不会改变，因此方便操作员的直观操作。（　　）

6. 线性运动过程中，选定的直角坐标系不同，机器人的运行方向也能保持一致。（　　）

7. 重定位运动可以理解为机器人绕着工具 TCP 做姿态调整的运动。（　　）

8. 重定位运动时，工业机器人的 TCP 会随着操纵杆的偏转方向移动。（　　）

9. ABB 工业机器人示教器设置了各种运动控制的快捷按键，能快速方便地切换运动方式。（　　）

"项目 2　工业机器人安全操作"项目评价

项目 2　工业机器人安全操作				
任务	考核内容	配分	评分标准	得分
机器人开关机	起动机器人	10 分	能够正确起动工业机器人	
	关闭机器人	10 分	能够正确关闭工业机器人	
示教器配置	配置语言	20 分	能够正确配置机器人语言为中文	
	配置时间	10 分	能够配置系统时间	

（续）

项目 2　工业机器人安全操作				
任务	考核内容	配分	评分标准	得分
手动操纵机器人	操纵机器人完成轴运动	10 分	能够熟练操纵机器人进行 1 ～ 6 轴的正反向运动	
	操纵机器人完成线性运动	10 分	能够熟练操纵机器人进行 X、Y、Z 正反向的线性运动	
	操纵机器人完成重定位运动	10 分	能够熟练操纵机器人进行 X、Y、Z 正反向的重定位运动	
安全操作	安全上机操作	10 分	符合上机实训操作要求	
完成质量	工艺或者操作熟练程度	5 分	“未完成”：不得分 “完成”：根据完成情况打分	
	工作效率或者完成任务速度	5 分		
自我评价				
小组互评				
老师评价				
总分				

项目 3

工业机器人编程环境创建

在工业自动化领域，机器人编程已经成为一项至关重要的任务。而工件数据、工具数据和有效载荷数据是 ABB 机器人的三大重要数据。它们共同构成了机器人作业的基础，确保了机器人能够精确地完成任务。

学习目标

- 知识目标

掌握工具数据的创建操作及工具数据中参数组的定义、测量与输入方法。
掌握工件数据的创建操作及工件数据中参数组的定义。
掌握工业机器人有效载荷创建方法。
了解常用的程序数据类型与定义。
掌握数据存储类型的定义与适用范围。

- 技能目标

能按需创建与定义工业机器人工具坐标系和工件坐标系。
能够创建工业机器人的有效载荷数据。
能够根据需要创建程序数据，并选择合适的存储类型。
能够掌握程序模块及例行程序的建立方法。

- 素养目标

养成爱岗敬业、严谨专注、精益求精的工匠精神。
养成久久为功、善作善成，尽力把每项工作做到尽善尽美的钻研精神。

任务 3.1 管理工具坐标系

任务描述

工具坐标系是工业机器人用于描述末端执行器位置和姿态的重要坐标系。通过为不同的工具建立不同的工具坐标系，并标定这些坐标系，可以方便操作者灵活地调整机器人末端执行器的姿态，更加精确地控制机器人的运动轨迹。

工业机器人在出厂时都有一个默认的工具坐标系 tool0，位置在法兰中心，但工业机器人实际运动中往往会在法兰中心安装吸盘、焊枪、气缸等工具。此时若工业机器人运动中心依然在法兰中心，会造成很大的不便，因此根据实际情况去示教需要的工具坐标系就显得尤为必要。

本任务旨在详细介绍管理工具坐标系的过程，包括工具坐标系的定义、操作、标定及注意事项。通过规范的操作和正确的标定方法，确保工业机器人在执行各类作业时能够准确使用工具坐标系，从而提高生产效率和作业精度。

3.1.1　了解工具数据 tooldata

工具数据 tooldata 用于描述安装在机器人第 6 轴上的工具的 TCP、质量、重心等参数。tooldata 会影响机器人的控制算法、速度与加速度监控、转矩监控、碰撞监控和能量监控等，因此机器人的工具数据需要正确设置。

工业机器人是通过在末端安装不同的工具完成各种作业任务的，一般不同的机器人应配置不同的工具，例如弧焊机器人使用弧焊枪作为工具，而用于搬运板材的机器人就会使用吸盘式的夹具作为工具，每一种工具所对应的工具数据 tooldata 都各不相同。

3.1.2　TCP 的设置原理

所有机器人在手腕处都有一个预定义工具坐标系，该坐标系被称为 tool0，这样就能将一个或多个新工具坐标系定义为 tool0 的偏移值。

默认工具（tool0）的工具中心点位于机器人安装法兰的中心，图 3-1 中标注的点就是原始的 TCP 点。当执行程序时，机器人将 TCP 移至编程位置，这意味着，如果要更改工具及工具坐标系，机器人的移动将随之更改，以便新的 TCP 到达目标，弧焊机器人的 TCP 如图 3-2 所示。

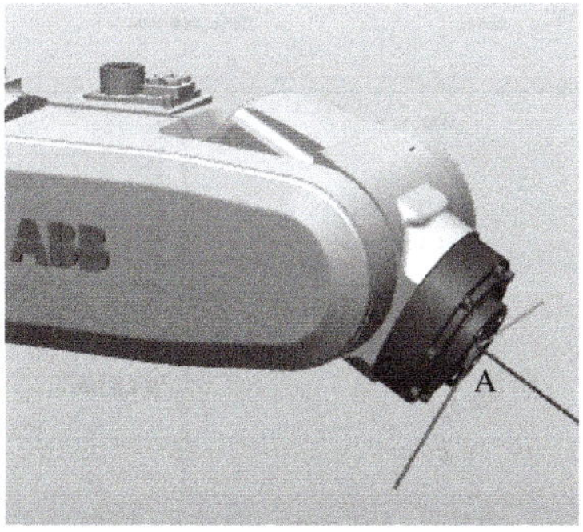

图 3-1　机器人安装法兰的中心

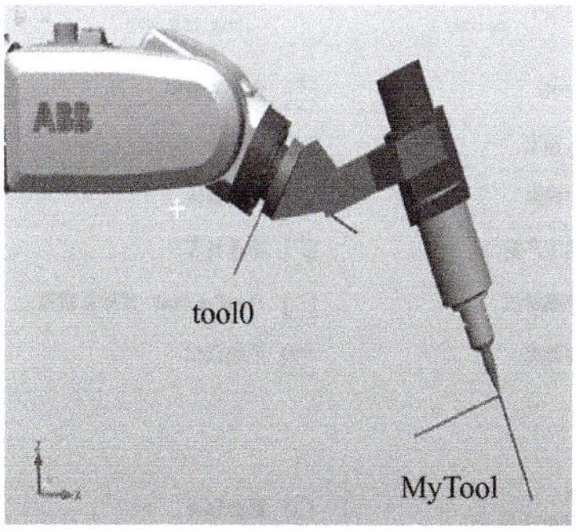

图 3-2　弧焊机器人的 TCP

工具坐标系的设置包括 N（N≥3）点法（又称为 TCP 法），TCP 和 Z 法，TCP 和 Z、

X 法。表 3-1 是三种工具坐标系定义对比具体说明。

表 3-1 三种工具坐标系定义对比

坐标系定义方法	原点	坐标系方向	主要场合
N（N≥3）点法（默认方向）	变化	不变	工具坐标方向与 tool0 方向一致
TCP 和 Z 法	变化	Z 轴方向改变	在工具坐标 Z 轴方向与 tool0 的 Z 轴方向不一致时使用
TCP 和 Z、X 法	变化	Z 轴和 X 轴方向改变	需要更改 Z 轴和 X 轴方向时使用

在机器人工作范围内找一个非常精确的固定点作为参考点，同时在工具上确定一个参考点（最好是工具的中心点）。用上一项目中介绍的手动操纵机器人的方法去移动工具上的参考点，以 N 种以上不同的机器人姿态尽可能与固定点靠近。机器人通过不同位置点的位置数据计算求得 TCP 的数据，然后 TCP 的数据就保存在 tooldata 这个工具数据中被程序进行调用。

TCP 取点数量的区别如下：

1）N（N≥3）点法。不改变 tool0 的坐标方向，机器人通过 N 种不同的姿态与参考点接触，得出多组解，通过计算得出当前 TCP 与机器人安装法兰中心点（tool0）的相应位置，在获取 N 个点的姿态位置时，其姿态位置相差越大，最终获取的 TCP 精度越高。

2）TCP 和 Z 法。在 N 点法基础上，通过 Z 点与参考点连线以改变 tool0 的 Z 方向。

3）TCP 和 Z、X 法。同样是在 N 点法基础上，通过 X 点与参考点连线以改变 tool0 的 X 方向，Z 点与参考点连线以改变 tool0 的 Z 方向。这种标定方法精度最高，因此在焊接应用中最为常用。

3.1.3 弧焊机器人 TCP 设置方法

1）在 ABB 菜单中选择“手动操纵”，如图 3-3 所示。

2）在“手动操纵”界面内选择“工具坐标”，如图 3-4 所示。

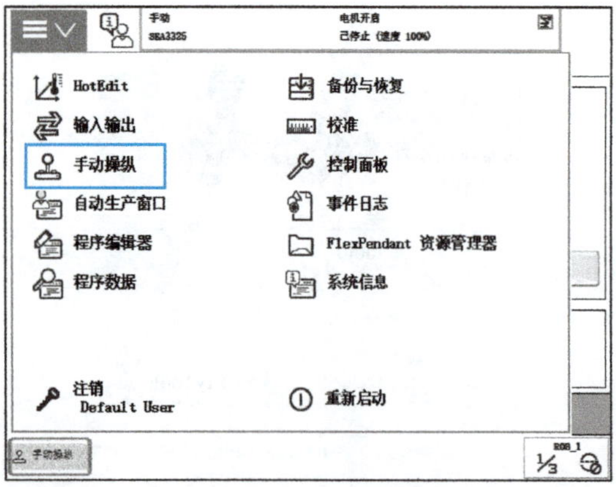

图 3-3 打开“手动操纵”界面

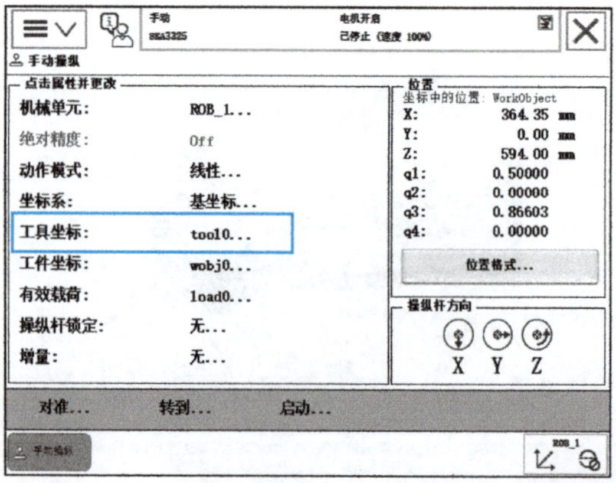

图 3-4 选择“工具坐标”

3）点击左下角“新建 ...”，如图 3-5 所示。

4）对工具数据声明进行设置后，点击“确定”，如图 3-6 所示。

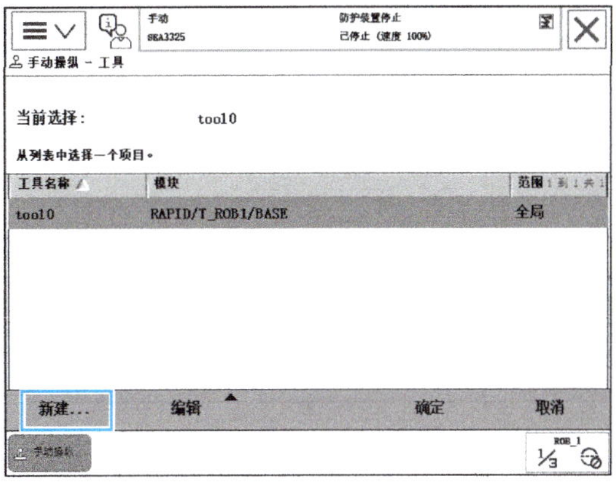

图 3-5　新建工具坐标

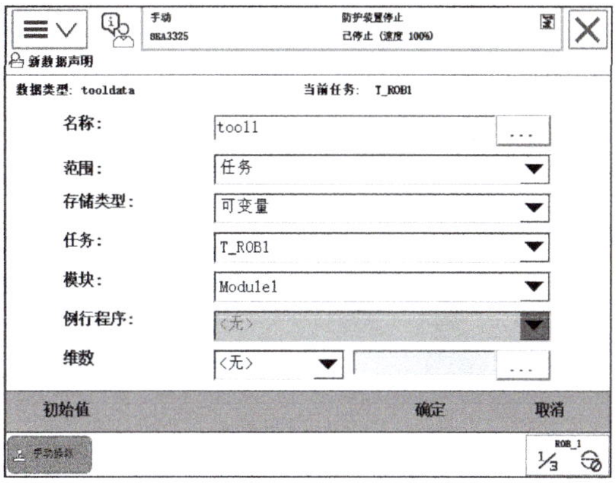

图 3-6　设置声明

5）选中新建的 tool1 后，点击“编辑”菜单中的“定义 ...”选项，如图 3-7 所示。

6）选择“TCP 和 Z，X”，使用“TCP 和 Z、X 法，基础点数 N=4”来设置 TCP，如图 3-8 所示。

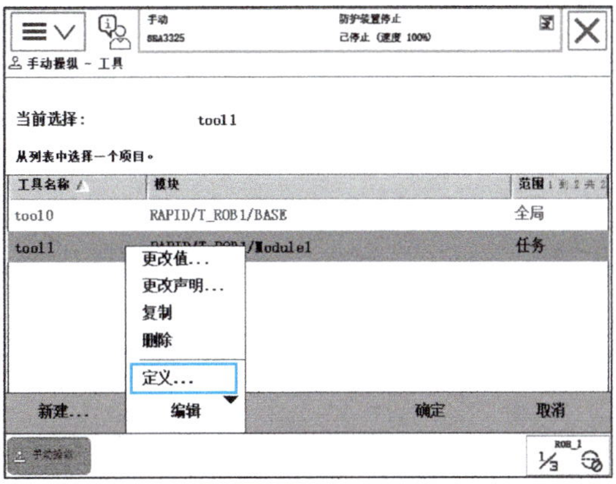

图 3-7　定义工具坐标

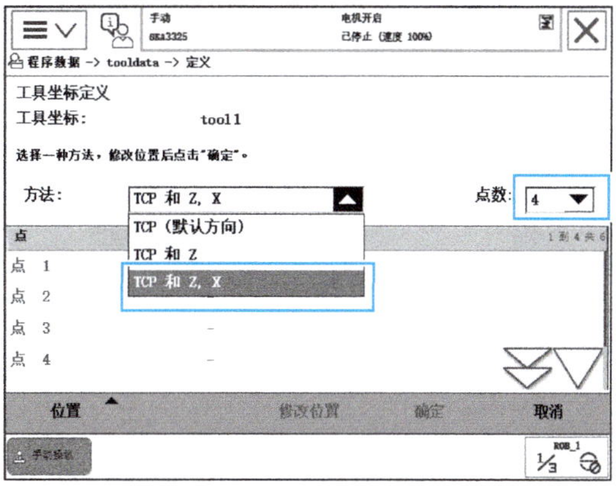

图 3-8　选择“TCP 和 Z，X”

7）通过示教器选择合适的手动操纵模式，按下使能键，操作操纵杆使工业机器人的工具参考点靠上固定点，将图 3-9 所示的机器人姿态作为第 1 个点。选择“点 1”，点击“修改位置”，将点 1 位置记录为当前点位置，如图 3-10 所示。

8）改变工具参考点姿态，靠近固定点，如图 3-11 所示，工具点位置确定好后，切换到工具坐标定义界面，点击“修改位置”，将“点 2”位置记录下来，如图 3-12 所示。

9）工具参考点变换姿态靠上固定点，如图 3-13 所示，再次切换到“工具坐标定义”界面，点击“修改位置”，将“点 3”位置记录下来，如图 3-14 所示。

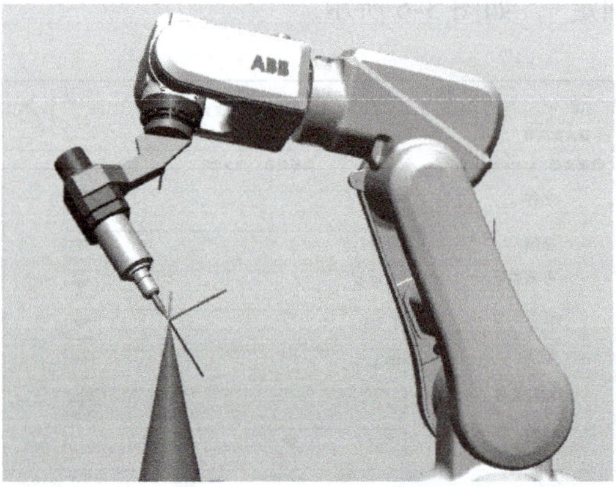

图 3-9　第 1 个姿态点

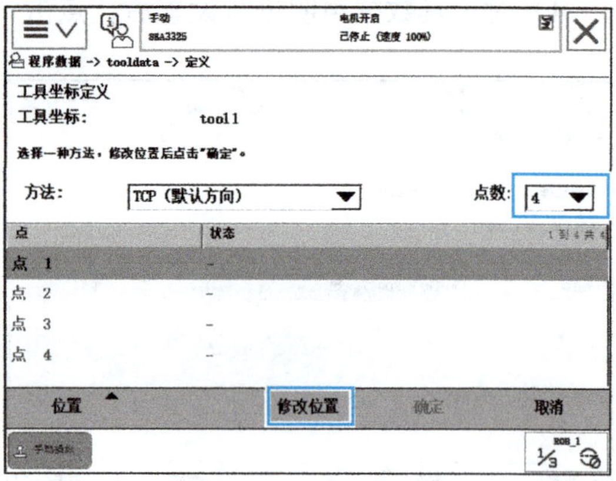

图 3-10　记录点 1 数据

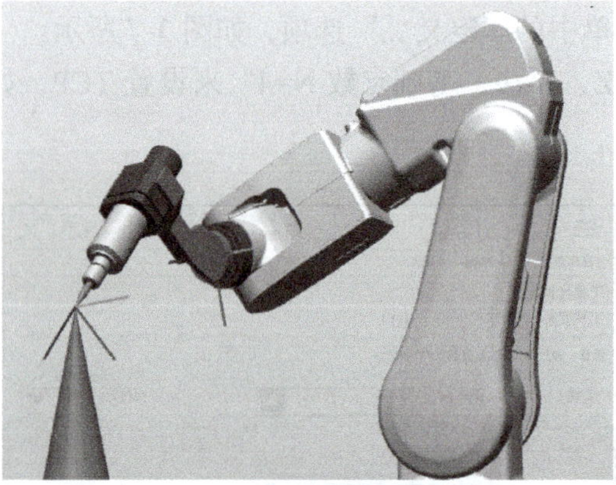

图 3-11　第 2 个姿态点

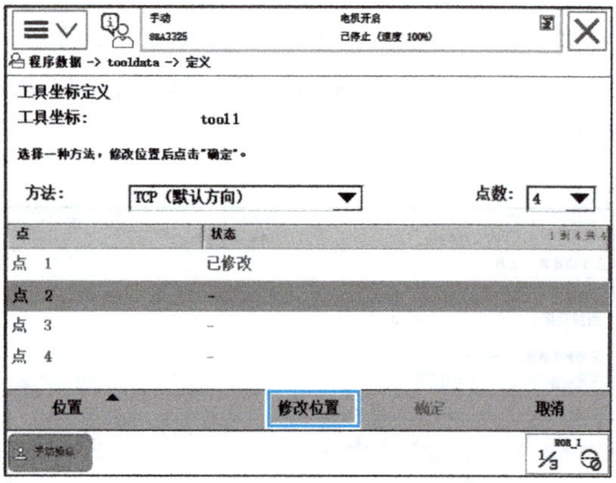

图 3-12　记录点 2 数据

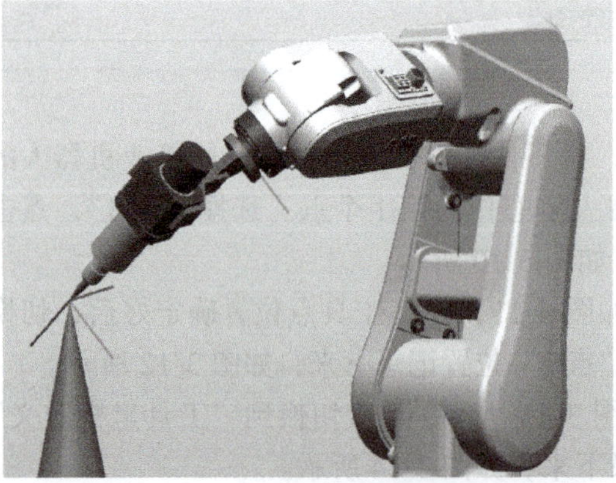

图 3-13　第 3 个姿态点

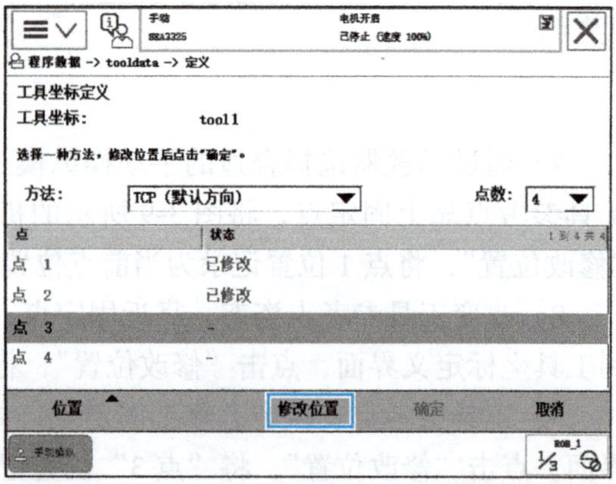

图 3-14　记录点 3 数据

10）调整机器人以图 3-15 所示的垂直姿态靠近固定点，将此工具点位置作为第 4 个点，切换到“工具坐标定义”界面，选择“点 4”，点击“修改位置”，将点 4 位置记录为当前点位置，如图 3-16 所示。

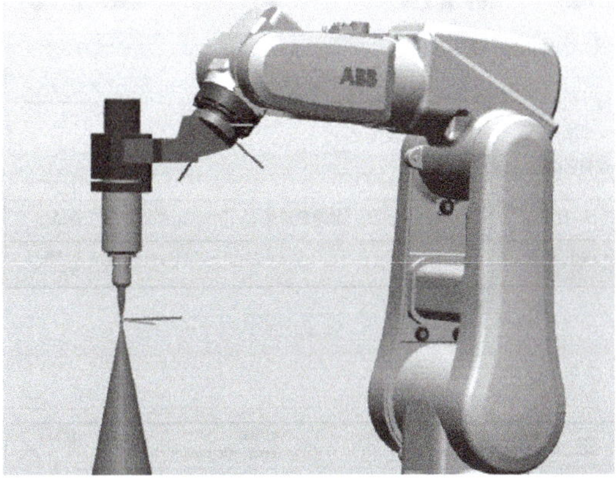

图 3-15　第 4 个姿态点

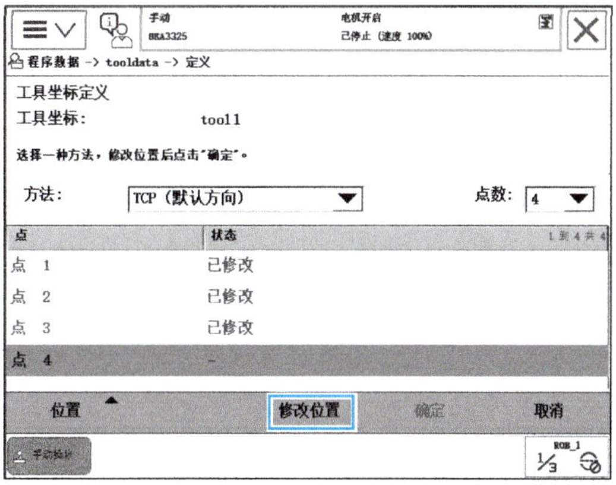

图 3-16　记录点 4 数据

11）操控机器人使工具参考点以点 4 的姿态从固定点移动到 TCP 的 X 正方向，如图 3-17 所示，以此姿态作为“延伸器点 X”，点击“修改位置”完成修改，如图 3-18 所示。

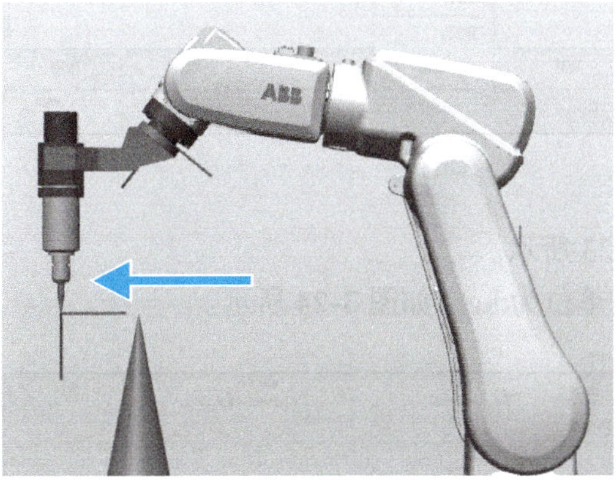

图 3-17　X 正方向移动姿态点

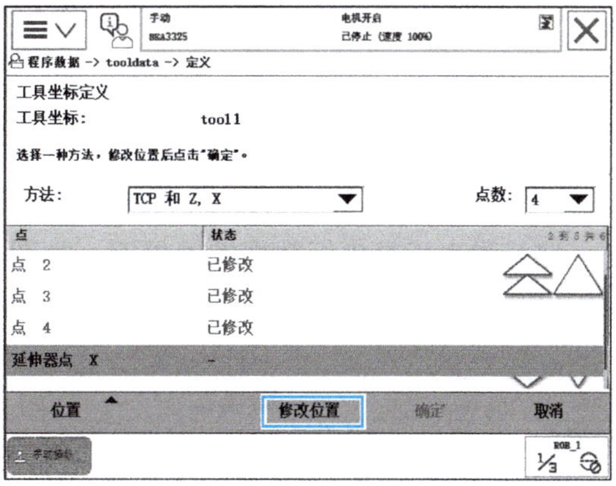

图 3-18　记录延伸器点 X 数据

12）继续操控机器人使工具参考点再次以点 4 的姿态从固定点移动到 TCP 的 Z 正方向，如图 3-19 所示，以此姿态作为“延伸器点 Z”，点击“修改位置”完成修改，再点击“确定”完成设置，如图 3-20 所示。

13）弹出误差确认界面，数值越小越好，但也要以实际验证效果为准，如图 3-21 所示。

14）回到上一级菜单，再次选中 tool1，然后打开编辑菜单选择“更改值 ...”，如图 3-22 所示。

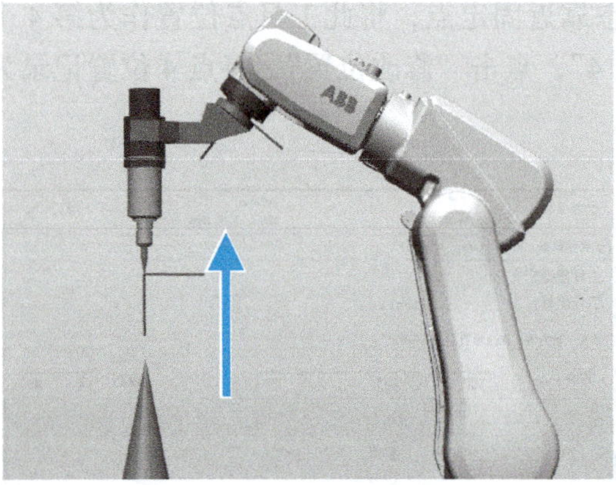

图 3-19　Z 正方向移动姿态点

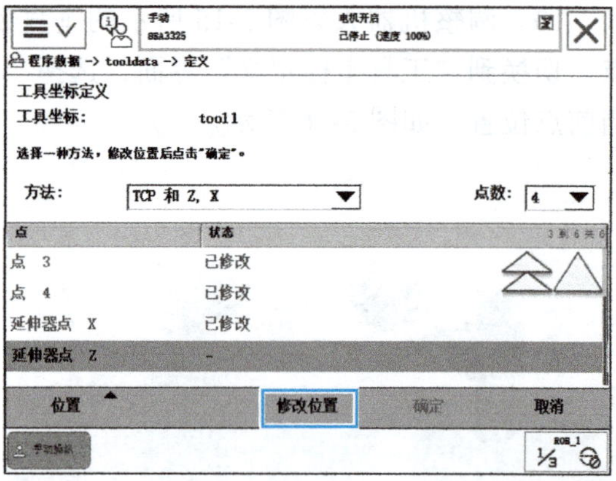

图 3-20　记录延伸器点 Z 数据

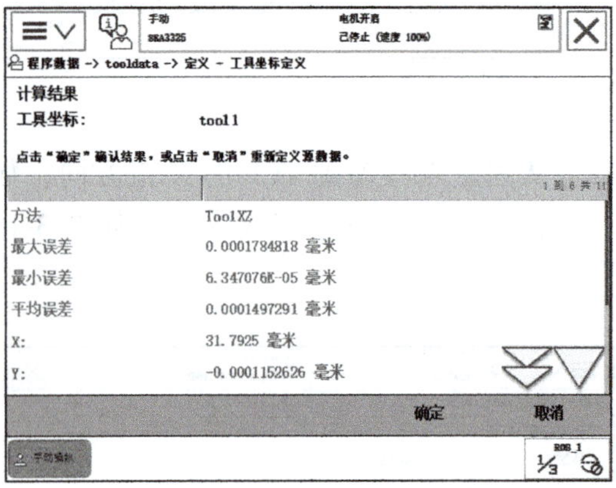

图 3-21　确认误差值

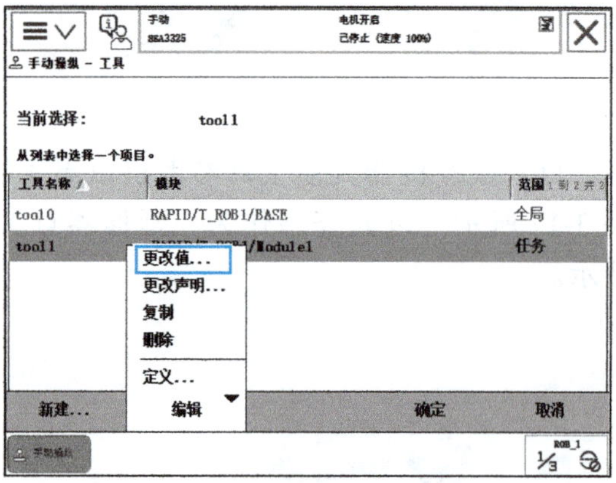

图 3-22　选择“更改值 ...”

15）弹出工具坐标数据编辑界面，如图 3-23 所示。

16）根据实际情况设置工具的质量 mass，单位为 kg，如图 3-24 所示。

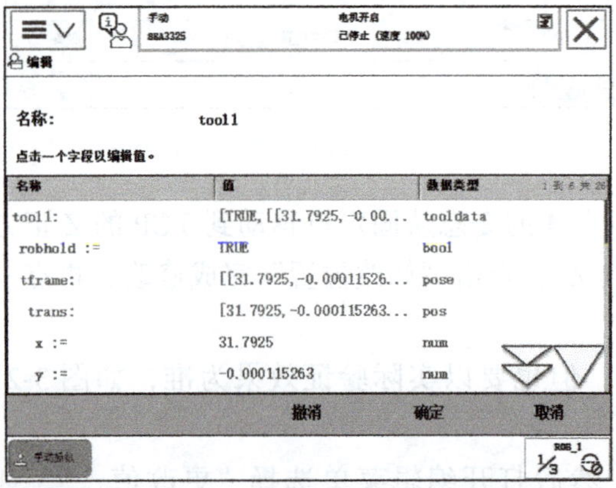

图 3-23　工具坐标数据编辑界面

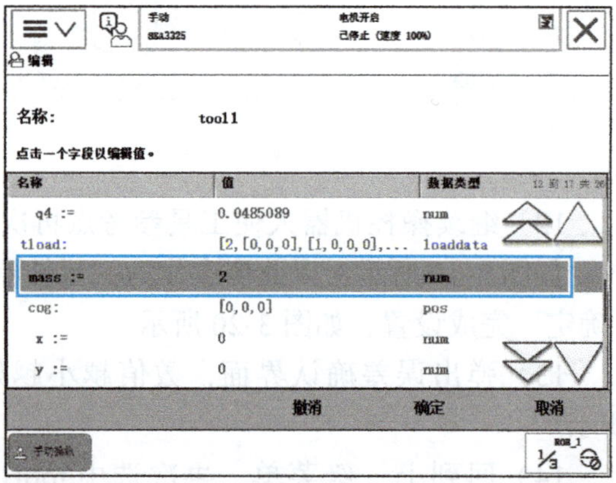

图 3-24　设置工具的质量 mass

17）根据选用工具的实际情况进行重心位置数据的设置，在图 3-25 界面中，输入数据，单位为 mm，然后点击“确定”，如图 3-26 所示。

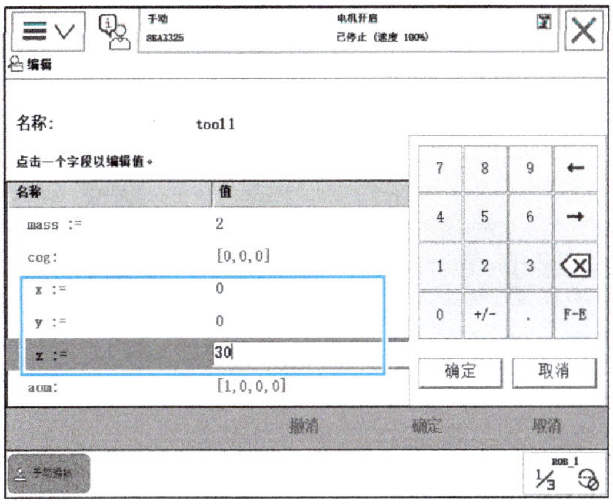

图 3-25　输入重心位置数据

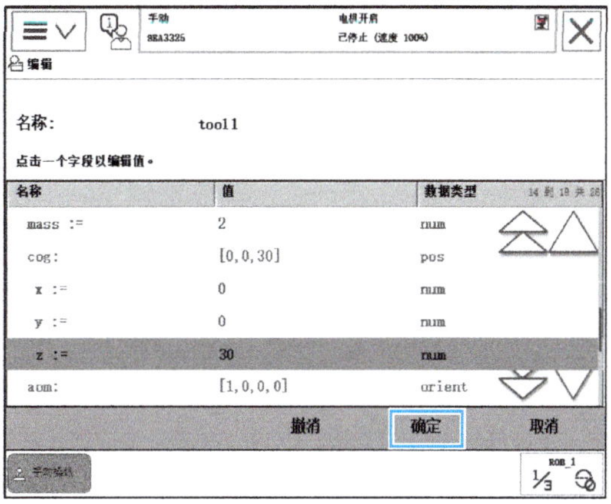

图 3-26　设置完成

18）选中 tool1，点击“确定”，如图 3-27 所示。

19）动作模式选定为“重定位”，坐标系统选定为“工具”，工具坐标选定为“tool1”，如图 3-28 所示。

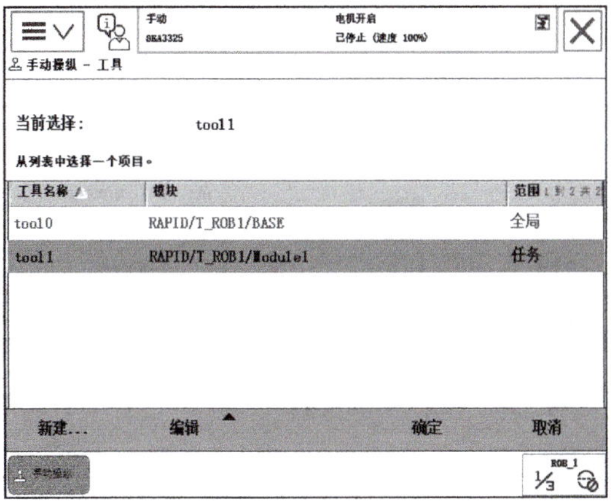

图 3-27　选择新建工具坐标

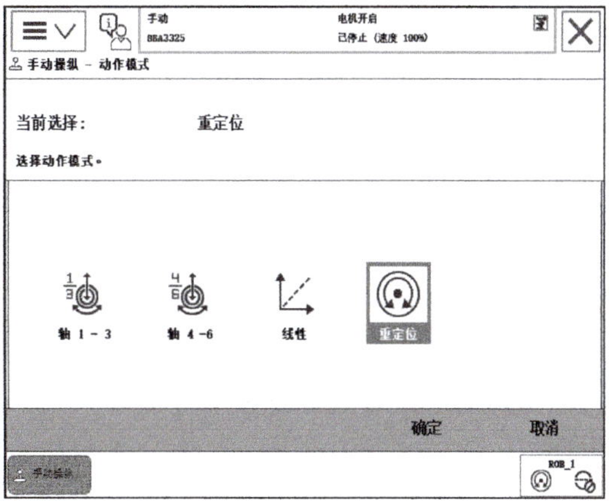

图 3-28　选择重定位运动模式

20）使用操纵杆使工具参考点靠上固定点，然后在重定位模式下手动操纵机器人。如果 TCP 设置精确，可以看到工具参考点与固定点始终保持接触，而工业机器人工具会根据重定位操作改变姿态，如图 3-29 所示。

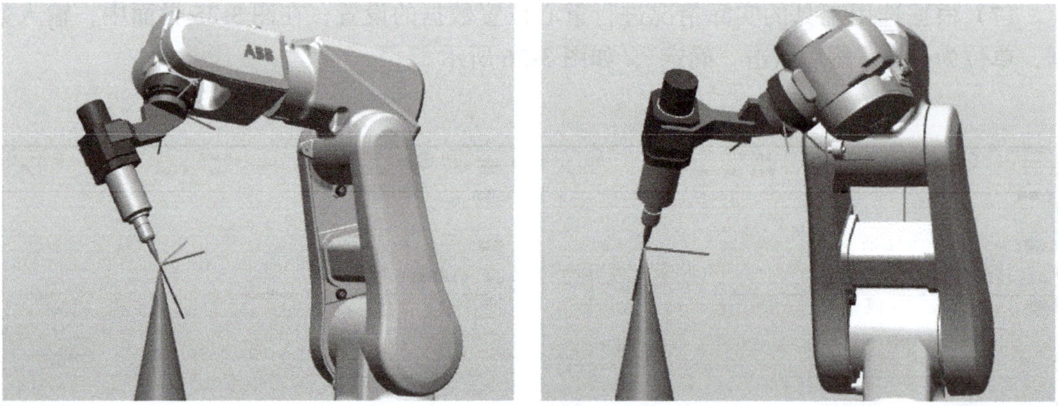

图 3-29　验证新建工具坐标

3.1.4　搬运机器人 TCP 设置方法

以搬运薄板的真空吸盘夹具为例，质量是 10kg，重心在默认 tool0 的 X 正方向偏移 40mm，Z 正方向偏移 100mm；TCP 点设定在吸盘的接触面上，在默认 tool0 的 X 正方向偏移 100mm，Z 正方向偏移 180mm。

设置步骤如下：

1）在 ABB 菜单中选择“手动操纵”，如图 3-30 所示。

2）在“手动操纵”界面内选择“工具坐标”，如图 3-31 所示。

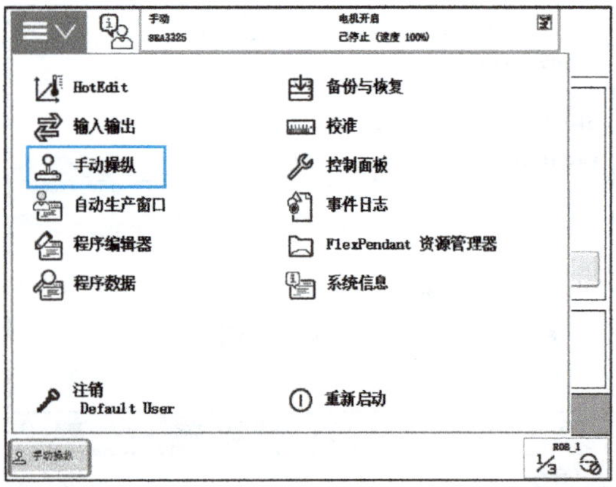

图 3-30　选择“手动操纵”

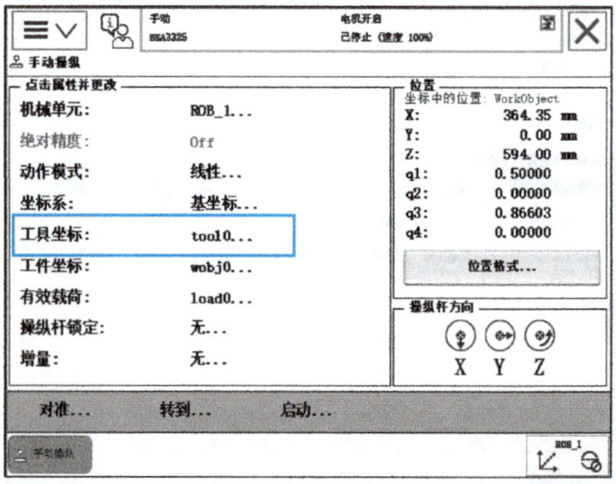

图 3-31　选择“工具坐标”

3）点击左下角的“新建 ...”，如图 3-32 所示。

4）根据需要设置新建工具坐标数据的声明，点击“初始值”设置新建坐标数据，如图 3-33 所示。

5）TCP 点设置在吸盘的接触面上，在默认 tool0 的 X 正方向偏移 100mm，Z 正方向偏移 180mm，设置对应的数值，如图 3-34 所示。

6）此工具质量是 10kg，因此将“mass”值设置为 10，如图 3-35 所示。

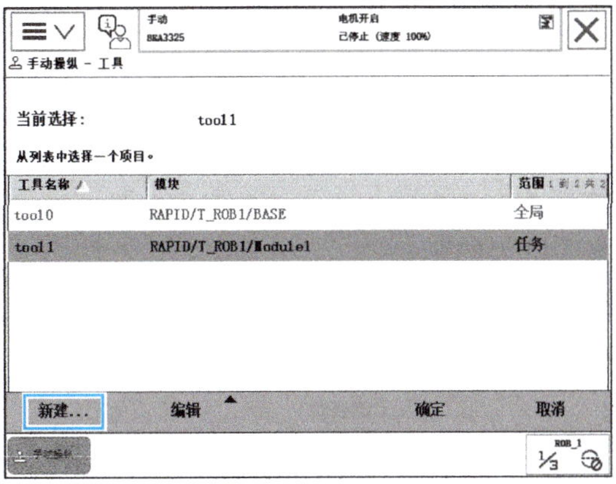

图 3-32　新建工具坐标

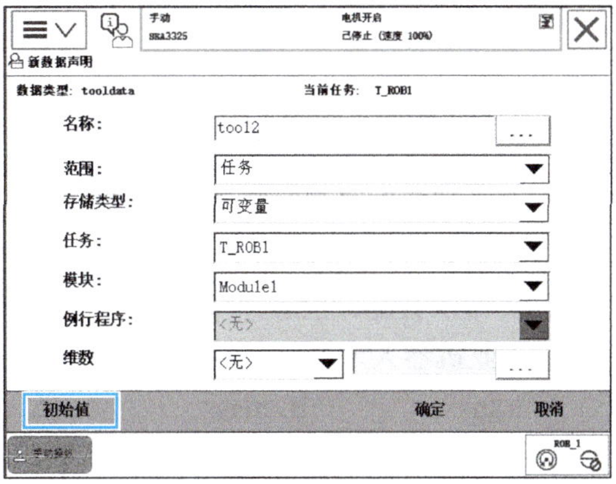

图 3-33　点击“初始值”

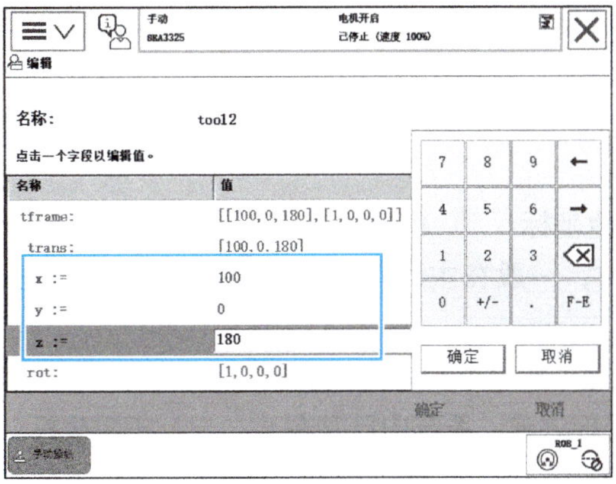

图 3-34　输入偏移数据

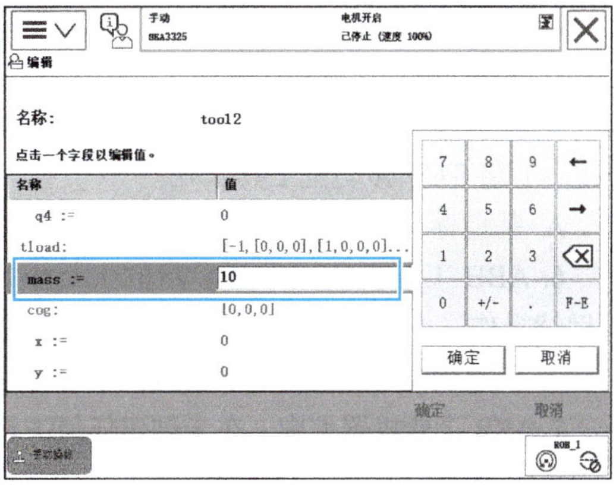

图 3-35　设置工具的质量 mass

7）工具中心在默认 tool0 的 X 正方向偏移 40mm，Z 正方向偏移 100mm，然后点击“确定”，设置完成，如图 3-36 所示。

8）选中 tool2，点击“确定”，如图 3-37 所示。

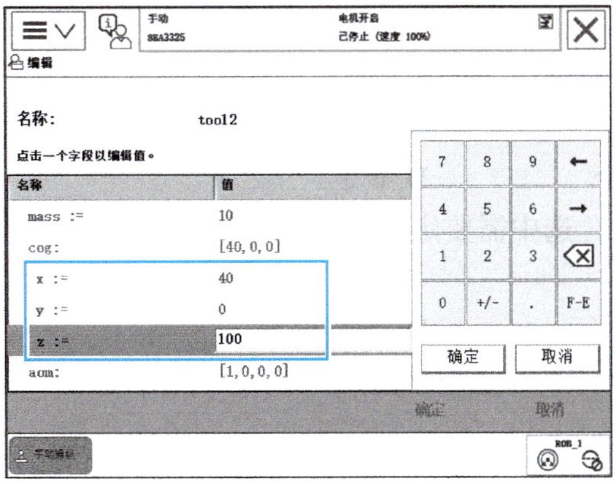

图 3-36　输入工具中心偏移数据

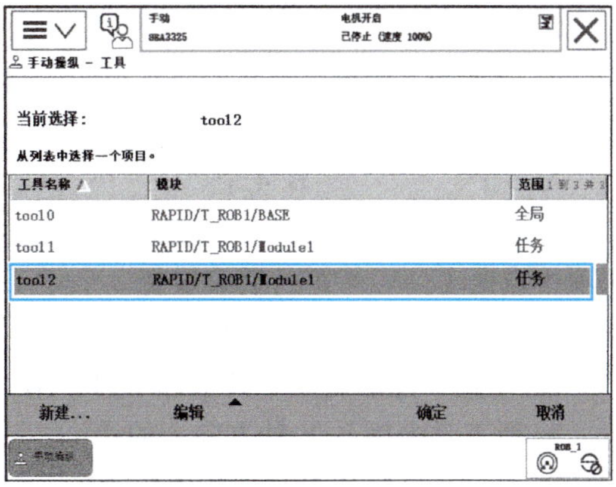

图 3-37　完成设置

任务习题

一、选择题

1. 工业机器人出场时默认的工具坐标原点位于（　　）。

A. 机器人底座的中心　　B. 机器人法兰的中心

C. 机器人底座最前方　　D. 机器人第 1 轴的中心

2. 工业机器人末端执行器的质量数据保存在工具数据的（　　）参数里。

A. trans　　B. mass　　C. cog　　D. center

3. tooldata 数据的中文意思为（　　）。

A. 数值数据　　B. 姿态数据　　C. 工具数据　　D. 中断数据

4. 工业机器人中的 TCP 指的是（　　）。

A. 工具中心点　　B. 机械坐标中心点

C. 大地坐标中心点　　D. 工件中心点

5. 由于执行运动程序时，机器人均是将 TCP 移至目标位置。为控制方便，常创建（　　）将 TCP 移动至工具末端。

A. 基坐标　　B. 工件坐标　　C. 大地坐标　　D. 工具坐标

6. ABB 工业机器人中创建新的工具坐标时，一般在主菜单中点击（　　）选项后进行后续操作。

A. 控制面板　　B. 手动操纵　　C. 注销　　D. 重新启动

7. ABB 工业机器人中，在未创建任何工具坐标之前，系统中已存在（　　）工具坐标。

A. tool0　　B. tool1　　C. wobj0　　D. wobj1

8. ABB 工业机器人系统中创建的工具坐标，下列（　　）工具坐标无法删除。

A. tool0　　B. tool1　　C. wobj0　　D. wobj1

9. 关于工具坐标系的定义，以下说法错误的是（　　）。

A. 4 点法不改变 tool0 的坐标方向

B. 5 点法改变 tool0 的 X 方向

C. 6 点法改变 tool0 的 X 和 Z 方向

D. 有三种方法进行定义，可根据需求自由选择

10. 定义一个工具坐标系，至少需要几个点？（　　）

A. 3 个　　B. 4 个　　C. 5 个　　D. 6 个

11. 在 ABB 工业机器人中定义工具坐标系，选中需要定义的工具坐标系，在“编辑”选项中点击（　　）进行后续设置。

A. 更改值　　B. 更改声明　　C. 定义　　D. 重新设置

12. 采用 5 点法定义工具坐标系时，第 5 个点的位置应该是（　　）。

A. 新工具坐标系 X 轴方向上的点

B. 新工具坐标系 Y 轴方向上的点

C. 新工具坐标系 Z 轴方向上的点

D. 与参考点触碰的任意一个点

13. ABB 工业机器人调用例行程序测量所得的数值存储在哪些参数内？（　　）

A. trans　　B. mass　　C. cog　　D. center

14. ABB 工业机器人工具数据中，TCP 点的位置偏移量值保存在（　　）参数里。

A. trans　　B. mass　　C. cog　　D. center

15. 在 ABB 工业机器人中修改工具坐标系参数，选中需要定义的工具坐标系，在“编辑”选项中点击（　　）进行后续设置。

A. 更改值　　B. 更改声明　　C. 定义　　D. 重新设置

16. 某一工具，其质量为 20kg，重心位置在默认 tool0 的 Z 正方向偏移 200mm，TCP 点在默认 tool0 的 Z 正方向偏移 350mm，下列参数填写正确的有（　　）。

A. trans 值填写为（0，0，200）

B. mass 值填写为（20）

C. cog 值填写为（0，0，200）

D. trans 值填写为（0，0，350）

17. 某一工具，重心位置在默认 tool0 的 X 正方向偏移 50mm，Z 正方向偏移 100mm。TCP 点在默认 tool0 的 X 正方向偏移 50mm，Z 正方向偏移 220mm，下列参数填写正确的有（　　）。

A. trans 值填写为（50，0，220）

B. mass 值填写为（50）

C. cog 值填写为（50，0，100）

D. center 值填写为（50，0，100）

二、判断题

1. ABB 工业机器人中，工具坐标系英文缩写为 TCPF，其原点被称为 TCP。（　　）

2. 机器人工具参考坐标系用来描述机器人末端执行器相对于固定在末端执行器上的坐标系的运动。（　　）

3. 用户可以通过更改 tool0 的数值来改变机器人默认的 TCP。（　　）

4. 用户创建新工具坐标后，必须先手动将 mass 的值更改为正值，否则无法运行。（　　）

5. 在获取工具数据时，工业机器人 4 个点位姿态位置相差越小，最终获取的 TCP 精度越高。（　　）

6. 工具数据在定义时，无论采用何种方法，均可确定新工具坐标系 TCP 位置和工具坐标方向。（　　）

7. ABB 机器人新建的工具坐标，质量值为 -1，必须修改为正值后才能调用例行程序测量工具重心。（　　）

8. 对于真空吸盘、夹爪等工具，如果在安装前已经测量或计算出三个重要参数值，可通过直接输入参数值的方式进行工具坐标数据的修改。 (　　)

9. ABB 机器人新建的工具坐标，cog 的值全为 0，在要求不高的情况下不影响机器人程序的运行。 (　　)

任务 3.2 管理工件坐标系

任务描述

工件坐标系是工业机器人编程时，用于描述工件在机器人工作空间内位置和姿态的参考坐标系。它允许操作者以工件为基准进行编程，而不是直接基于机器人基坐标系或工具坐标系。工件坐标系的设置能够简化机器人编程过程，并使得机器人能够适应不同位置或姿态的工件，充分利用工件坐标系能让编程达到事半功倍的效果。

如图 3-38 所示，机器人加工工件 1，轨迹编程已经编好，另外有工件 2，轨迹不需要重复编程，只要把工件坐标系 1 改为工件坐标系 2 即可。

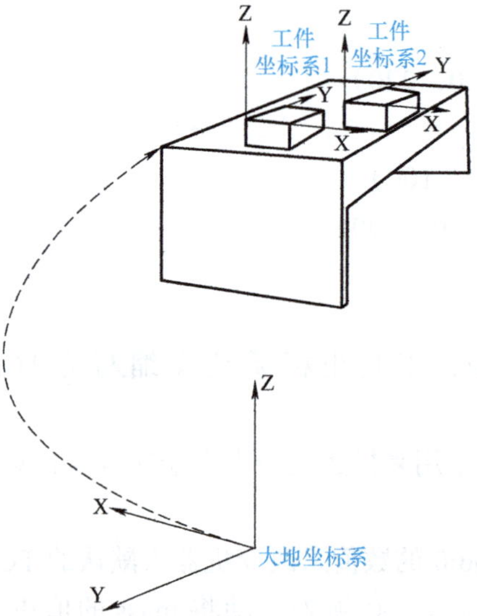

图 3-38　工件坐标系

3.2.1　认识工件数据 wobjdata

工件数据 wobjdata 用于描述在机械臂焊接、移动等过程中的工件特性。如果在定位指令中定义工件，则位置将基于工件的坐标。创建的工件数据可以在机械臂装置改变后，迅速被程序重新调用，还可对工件附着过程中的变化进行补偿。如果使用固定工具或协调外轴，则必须定义工件，因为路径和速率随后将与工件而非 TCP 相关。

工件坐标对应工件，它定义工件相对于大地坐标（或其他坐标）的位置，其目的是使机器人的手动运行以及编程设置的位置均以该坐标系为参照。机器人可以拥有若干工件坐标系，或者表示不同工件，或者表示同一工件在不同位置的若干副本。机器人在出厂时有一个预定义的工件坐标系 wobj0，默认与大地坐标系一致。对机器人进行编程时就是在工件坐标中创建目标和路径，这带来很多优点。

1）重新定位工作站中的工件时，只需要更改工件坐标的位置，所有路径将即刻随之更新。

2）允许操作以外轴或传送导轨移动的工件，因为整个工件可连同其路径一起移动。

如图 3-39 所示，如果在工件坐标 B 中对对象 A 进行了轨迹编程，当工件坐标的位置变化成工件坐标 D 后，只需在机器人系统中重新定义工件坐标 D，则机器人的轨迹就自动更新到 C，不需要再次进行轨迹编程。因 A 相对于 B，C 相对于 D 的关系是一样，并没有因为整体偏移而发生变化。

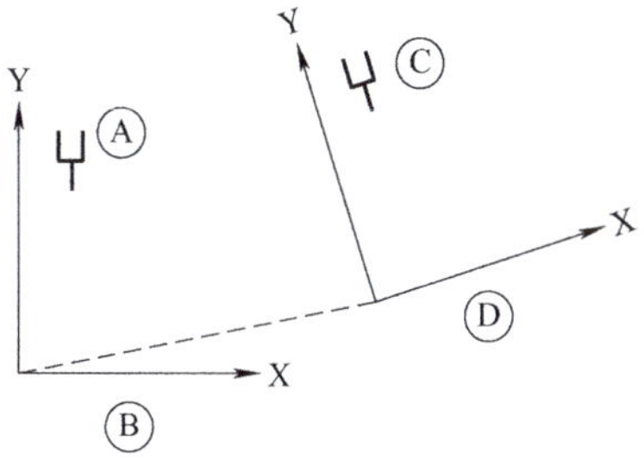

图 3-39　工件坐标偏移示意图

3.2.2　工件坐标系的设置原理

工件坐标系通常采用 3 点法设置。只需在对象表面位置或者工件边缘角位置上，定义三个点位置，来创建一个工件坐标系。如图 3-40 所示，其设置原理如下：X1 点确定工件坐标的原点，X2 点确定工件坐标 X 正方向，Y1 确定工件坐标 Y 正方向。工件坐标符合右手定则，如图 3-41 所示。

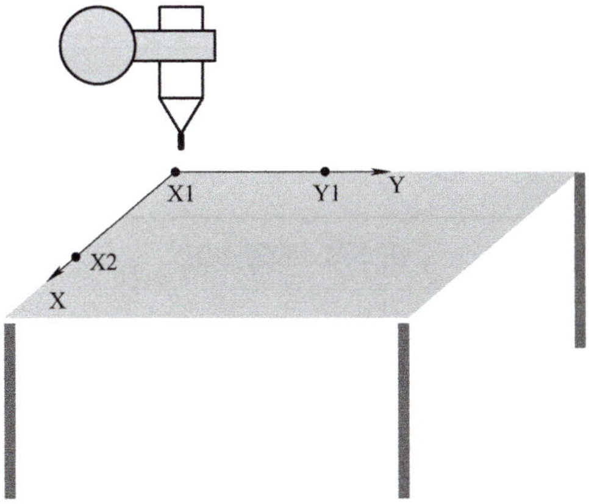

图 3-40　工件坐标系建立

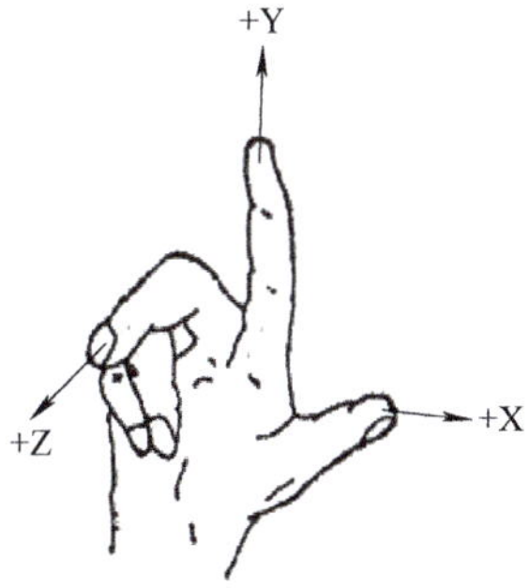

图 3-41　右手定则

3.2.3　工件坐标系的设置方法

建立工件坐标系的操作步骤如下：

1）在 ABB 菜单中选择“手动操纵”，如图 3-42 所示。

2）在“手动操纵”界面内选择“工件坐标”，如图 3-43 所示。

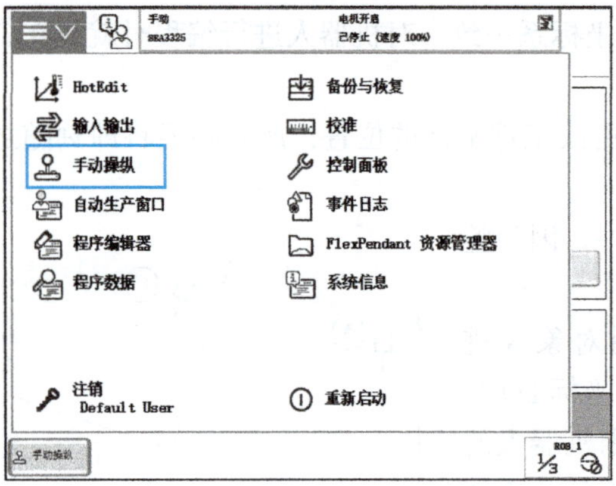

图 3-42 选择“手动操纵”

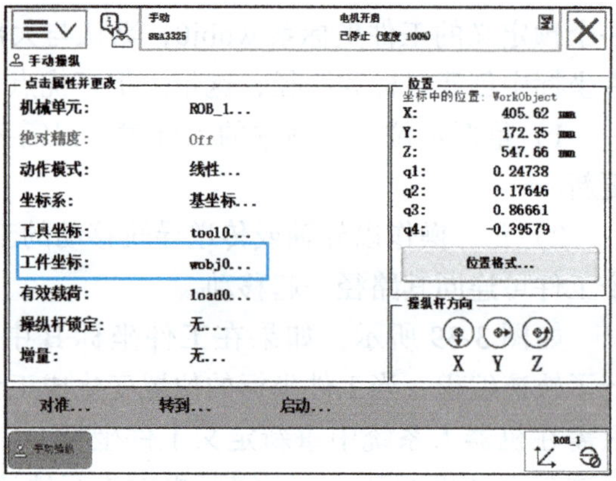

图 3-43 点击“工件坐标”

3）点击左下角的“新建 ...”，如图 3-44 所示。

4）对工件坐标数据声明进行设置后，点击“确定”，如图 3-45 所示。

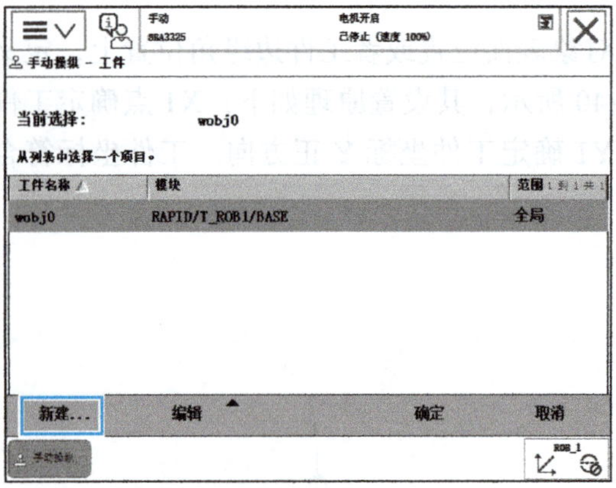

图 3-44 新建工件坐标

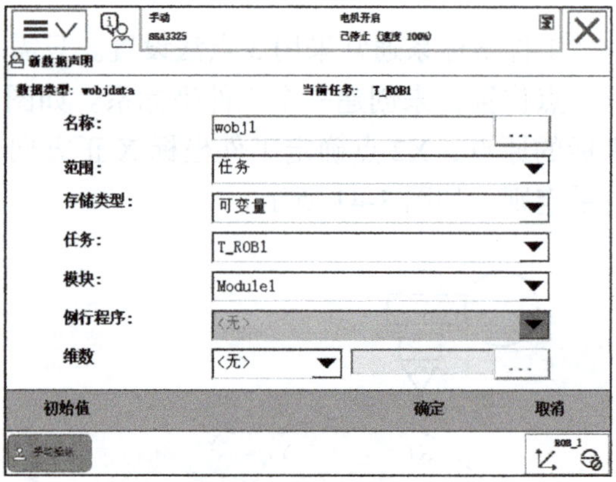

图 3-45 设置声明

5）打开编辑菜单，选择“定义 ...”，如图 3-46 所示。

6）将用户方法设置为“3 点”，如图 3-47 所示。

7）手动操纵机器人的工具参考点靠近定义工件坐标的 X1 点，如图 3-48 所示。

8）点击“修改位置”，将 X1 点记录下来，如图 3-49 所示。

9）手动操纵机器人的工具参考点靠近定义工件坐标的 X2 点，如图 3-50 所示。

10）点击“修改位置”，将 X2 点记录下来，如图 3-51 所示。

11）手动操作机器人的工具参考点靠近定义工件坐标的 Y1 点，如图 3-52 所示。

12）点击“修改位置”，将 Y1 点记录下来，如图 3-53 所示。

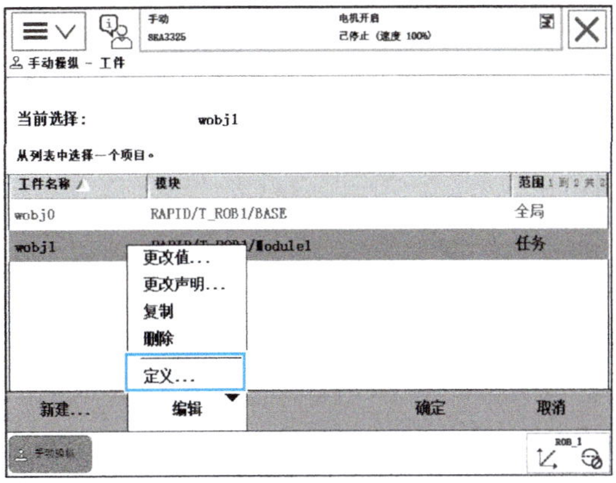

图 3-46　定义工件坐标

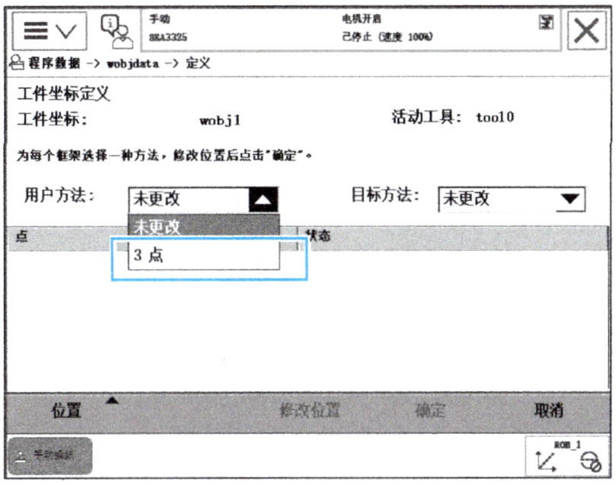

图 3-47　选择 3 点法

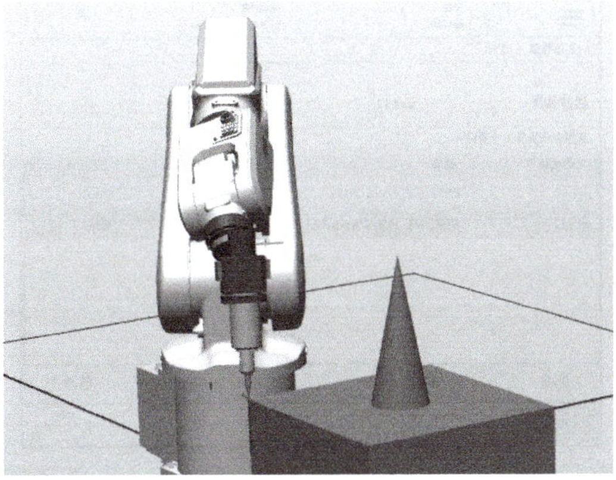

图 3-48　第 1 个姿态点

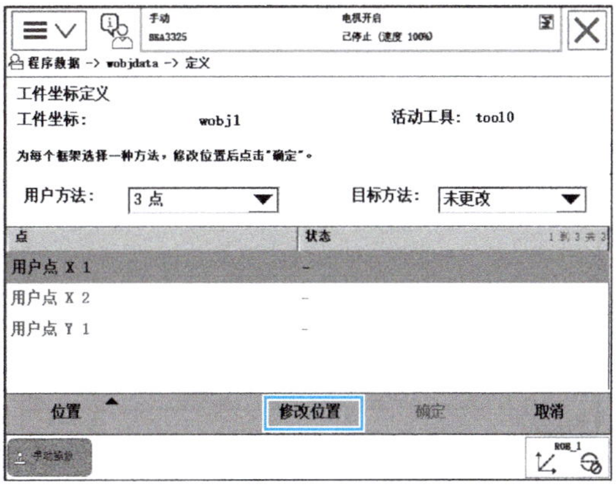

图 3-49　记录用户点 X1 数据

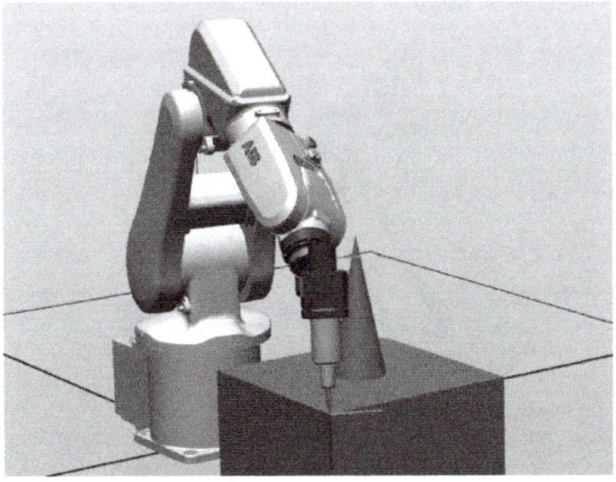

图 3-50　第 2 个姿态点

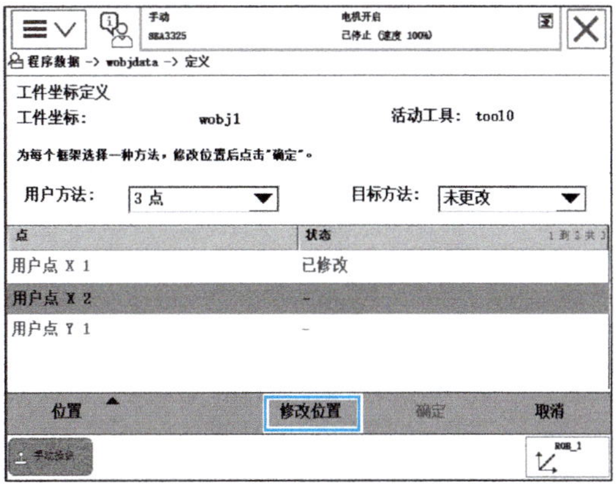

图 3-51　记录用户点 X2 数据

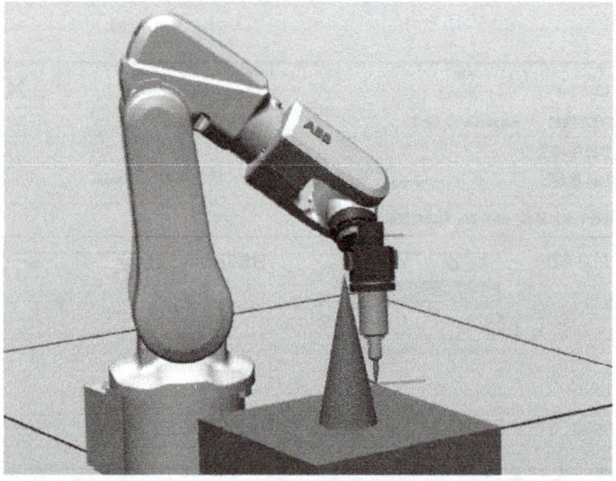

图 3-52　第 3 个姿态点

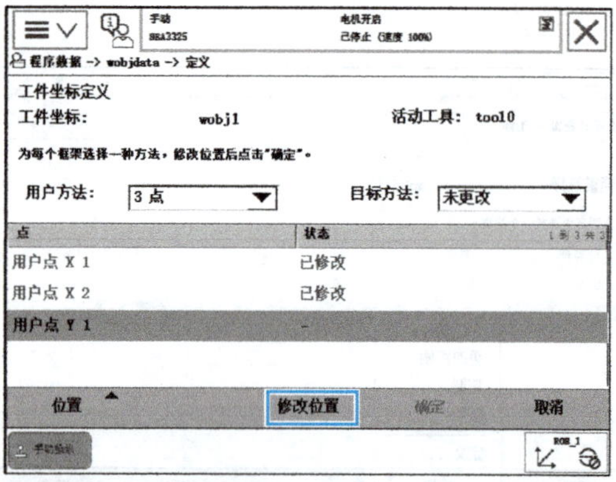

图 3-53　记录用户点 Y1 数据

13）对自动生成的工件坐标数据进行确认后，点击“确定”，如图 3-54 所示。

14）选中 wobj1 后，点击“确定”，如图 3-55 所示。

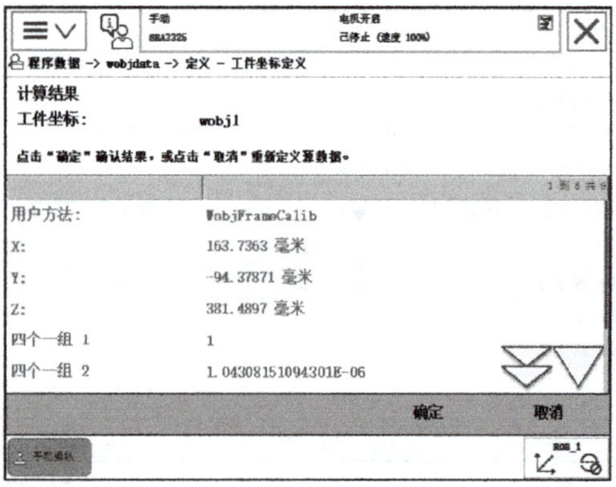

图 3-54　完成设置

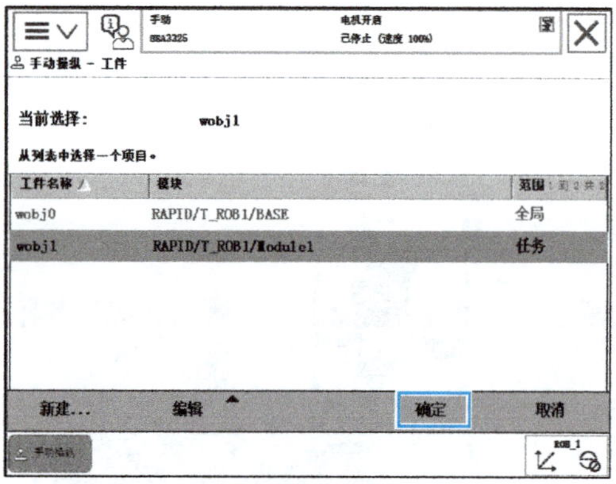

图 3-55　查看新建工件坐标

15）再次点击“手动操纵”—“动作模式”，使用线性动作模式，验证新建立的工件坐标，如图 3-56 所示。

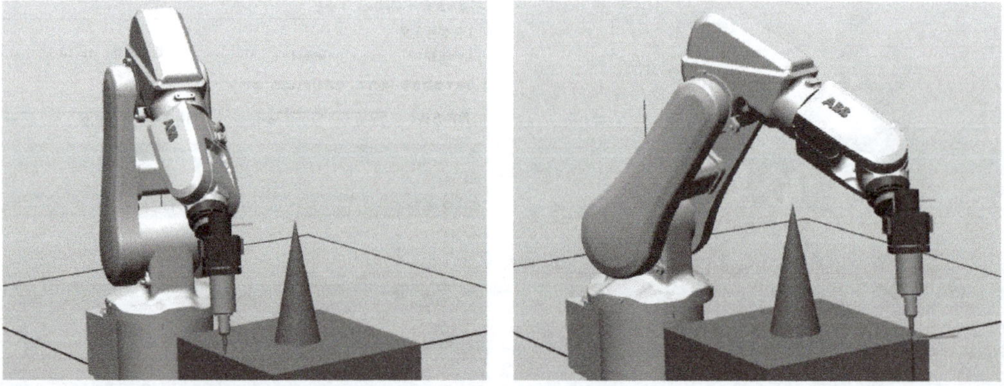

图 3-56　验证新建工件坐标

任务习题

一、选择题

1. 在工业机器人的示教与编程中，关于创建工件坐标系的意义，下列说法正确的是（　　）。

A. 每个工件都必须定义一个工件坐标系

B. 定义合适的工件坐标系，有利于工业机器人工作路径的偏移

C. 定义工件坐标系就是设置一个工件的载荷和质量

D. 以上说法都不对

2. ABB 机器人中“wobj”表示的是（　　）。

A. 工具坐标　　B. 工件坐标　　C. 大地坐标　　D. 基坐标

3. 一般来说，机器人的默认工件坐标系的原点及方向与（　　）的方向一致。

A. 工具坐标　　B. 工件坐标　　C. 大地坐标　　D. 基坐标

4. 要想使用相同程序走出图 3-57 所示的两个图形，应该要新建（　　）坐标。

A. 工具坐标　　B. 基坐标　　C. 工件坐标　　D. 大地坐标

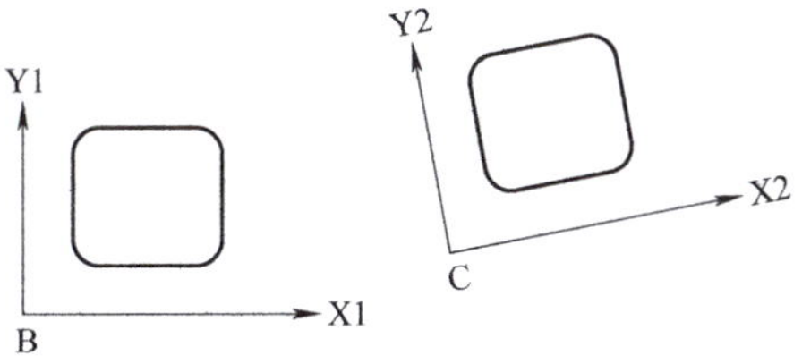

图 3-57　题 4 图

5. 工件坐标系标定的方法为（　　）。

A. 3 点法　　B. 4 点法　　C. 5 点法　　D. 6 点法

6. 标定工件坐标时，标定的第一个点为（　　）。

A. 原点　　B. X 正方向点　　C. Y 正方向点　　D. Z 正方向点

二、判断题

1. 工件坐标系是工件相对于大地坐标或其他坐标的位置，工业机器人可以拥有若干个工件坐标系。（　　）

2. ABB 工业机器人中 wobj0 可根据用户需求进行参数修改、删除、重命名等操作。（　　）

3. 标定工件坐标系时，所有点的机器人姿态最好保持一致，这样有利于提高工件坐标的准确度。（　　）

4. 标定工件坐标系时，第 1、2 两个点连线与第 2、3 两个点的连线最好保持垂直关系。（　　）

任务 3.3　管理有效载荷数据

任务描述

有效载荷数据主要定义机器人工具的最大搬运质量以及重物的重心位置。通过正确设置和管理有效载荷数据，可以确保机器人能够进行高效、精确的搬运作业，提高生产效率和作业安全。

在机器人程序编写时，我们常常通过有效载荷数据明确机器人工作时的有效负载或者抓取物体的负载，即机器人夹具所夹持的负载。尤其对于搬运应用的机器人来说，只有设置正确的工具和有效载荷数据，机器人才能正确地工作。如果机器人搬运较重的物品，或者工具的质量比较大，也需要设置工具及搬运对象的重心和质量；而对于质量比较小的负载，如法兰上安装的是焊枪一类的工具，则不需要设置有效载荷数据。

3.3.1　认识有效载荷数据 loaddata

有效载荷数据 loaddata 用于描述安装于机械臂第 6 轴安装法兰的负载，常常定义机械臂的有效负载或支配负载，同时将有效载荷数据 loaddata 作为工具数据 tooldata 的组成部分，以便可以以最佳的方式来控制机械臂运动。

如果工业机器人是用于搬运，就需要设置有效载荷数据 loaddata，因为搬运机器人手臂承受的质量是不断变化的，所以不仅要正确设置夹具的质量和重心数据 tooldata，还要设置搬运对象的质量和重心数据 loaddata。有效载荷数据 loaddata 就记录了搬运对象的质量和重心的数据。如果工业机器人不用于搬运，则 loaddata 设置就是默认的 load0。

3.3.2　有效载荷数据的设置方法

有效载荷数据 loaddata 包含四类数据：

1）mass 为负载的质量，数据类型为 num，单位为 kg。

2）cog 为负载的重心，数据类型为 pos，单位为 mm。

3）aom 为相对于手腕基准坐标系的负载的方位，数据类型为 orient，用四元数表示。

4）ix、iy、iz 为负载在手腕基准坐标系 X、Y、Z 方向的负载转动惯量，数据类型为 num。如果该值均为 0，则将工具作为一个点来处理。

设置有效载荷的操作步骤如下：

1）在 ABB 菜单中选择“手动操纵”，如图 3-58 所示。

2）在“手动操纵”界面选择“有效载荷”，如图 3-59 所示。

3）点击“新建 ...”，如图 3-60 所示。

4）对有效载荷数据声明进行设置，点击“初始值”，如图 3-61 所示。

图 3-58　选择“手动操纵”

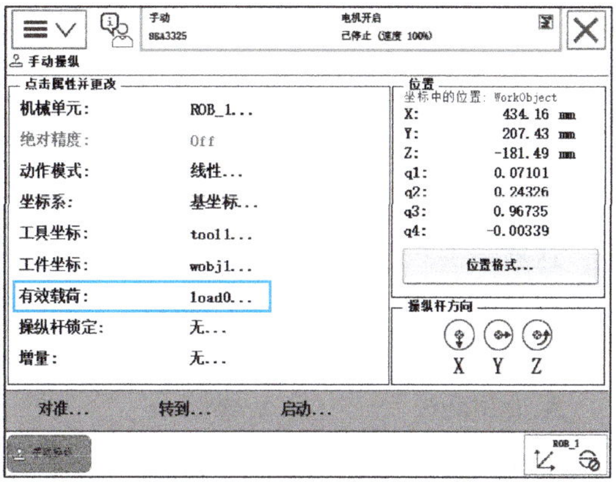

图 3-59　点击“有效载荷”

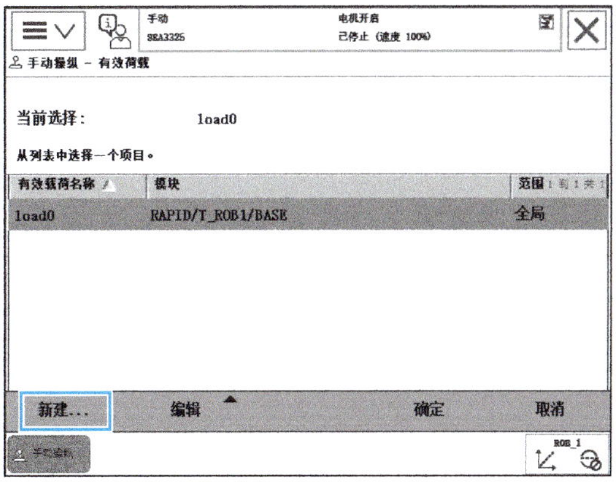

图 3-60　新建载荷数据

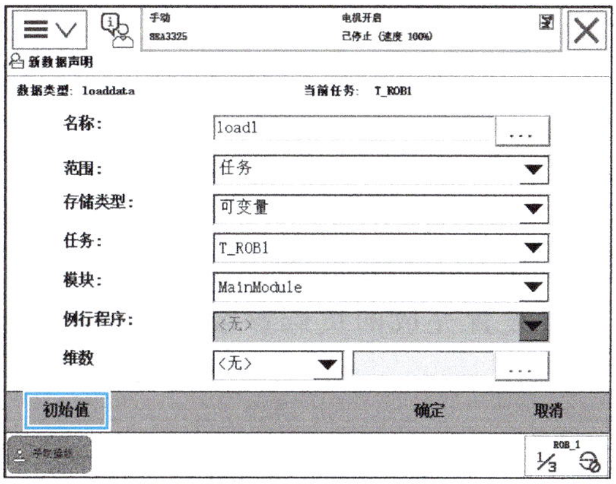

图 3-61　设置初始值

5）对有效载荷的数据根据实际的情况进行设置，点击“确定”，如图 3-62 所示。

6）返回“新数据声明”界面，然后点击“确定”，完成 load1 有效载荷数据的设置，如图 3-63 所示。

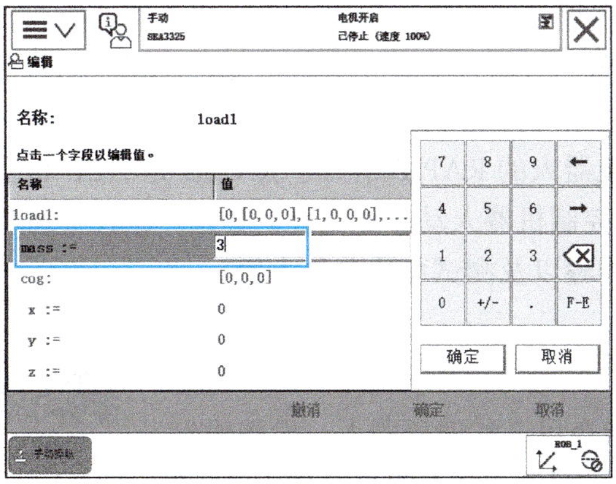

图 3-62　输入载荷数据

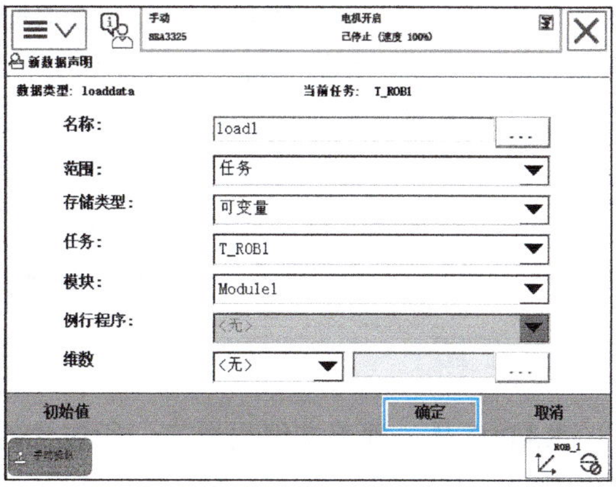

图 3-63　完成设置

任务习题

一、选择题

1. 对于码垛机器人，当手爪上夹持的工件较重时，必须告知机器人工件质量和重心等，这就需要设置（　　）。

A. 工具参数　　B. 工件参数　　C. 负载参数　　D. 位置参数

2. ABB 工业机器人中，负载参数名称为（　　）。

A. tooldata　　B. wobjdata　　C. robtarget　　D. loaddata

3. ABB 工业机器人中，默认的负载参数名称为（　　）。

A. tool0　　B. load0　　C. wobj0　　D. reg0

4. ABB 工业机器人中，设置负载参数时，mass 参数用于设置（　　）。

A. 负载质量　　B. 负载重心的 X 方向偏移量

C. 负载重心的 Y 方向偏移量　　D. 负载重心的 Z 方向偏移量

二、判断题

1. ABB 工业机器人中，设置负载参数时需要修改参数组，主要是 mass、cog，可通过例行程序进行这两组参数的测量。（　　）

2. 设置完成的负载参数，需要在机器人抓取到工件后添加，添加后无需取消。（　　）

任务 3.4　建立 RAPID 程序

任务描述

建立 RAPID 程序是 ABB 工业机器人编程的关键步骤之一。通过理解 RAPID 语言的基本结构和关键元素，掌握编写和测试 RAPID 程序的方法，可以确保机器人能够按照预期执行各种任务。在编写程序时，应始终关注安全性、可读性和优化等方面，以确保程序的稳定性和效率。

本任务旨在描述如何建立用于 ABB 工业机器人的 RAPID 程序。RAPID 是 ABB 机器人编程的一种常用语言，它允许用户创建用于控制机器人动作和交互的程序。本任务将覆盖 RAPID 程序的基本结构、关键元素、编写步骤以及测试和优化等方面。

3.4.1　了解 RAPID 程序的组成与基本架构

RAPID 是一种英文编程语言，所包含的指令可以移动机器人、设置输出、读取输入，还能实现决策、重复其他指令、构造程序与系统操作员交流等功能。

1. RAPID 程序的组成

ABB 工业机器人的 RAPID 程序是由程序模块和系统模块组成的。程序模块用于构建机器人的程序，系统模块用于系统方面的控制，每个模块中可以建立若干程序，一般只通过新建程序模块来构建机器人的程序。

2. RAPID 程序的基本架构

RAPID 程序的基本架构见表 3-2。

表 3-2 RAPID 程序的基本架构

RAPID 程序			
程序模块			系统模块
程序模块 1（主模块）	程序模块 2	程序模块 3	
程序数据	程序数据	……	程序数据
主程序 main	例行程序	……	例行程序
例行程序	中断程序	……	中断程序
中断程序	功能	……	功能
功能		……	

RAPID 程序的基本架构说明：

1）可以根据不同的用途创建多个程序模块。例如：专门用于主控制的程序模块、用于位置计算的程序模块、用于存放数据的程序模块，这样便于归类管理不同用途的例行程序与数据。

2）每一个程序模块包含了程序数据、例行程序、中断程序和功能四种对象，但不一定在一个模块中都有这四种对象，程序模块之间的数据、例行程序、中断程序和功能是可以互相调用的。ABB 程序主要分为 Procedure、Function 和 Trap 三大类。Procedure 类型的程序没有返回值；Function 类型的程序有特定类型的返回值；Trap 类型的程序称为中断例行程序，Trap 例行程序和某个特定中断连接，一旦中断条件满足，机器人将转入中断处理程序。

3）在 RAPID 程序中，只有一个主程序 main。主程序 main 是一个特别的例行程序，它可以存在于任意一个程序模块中，是整个 RAPID 程序执行的起点。

3.4.2 创建程序模块

在了解了 RAPID 程序的基本架构后，现在就通过一个实例来体验一下 ABB 工业机器人的程序编辑。创建 RAPID 程序模块步骤如下：

1）点击“ABB”—“程序编辑器”，如图 3-64 所示。

2）在弹出的对话框中点击“取消”，如图 3-65 所示，进入模块信息界面。

3）点击“文件”，在上拉菜单中选择“新建模块 ...”，如图 3-66 所示。

4）在弹出的对话框中点击“是”，如图 3-67 所示，进入创建新模块界面。

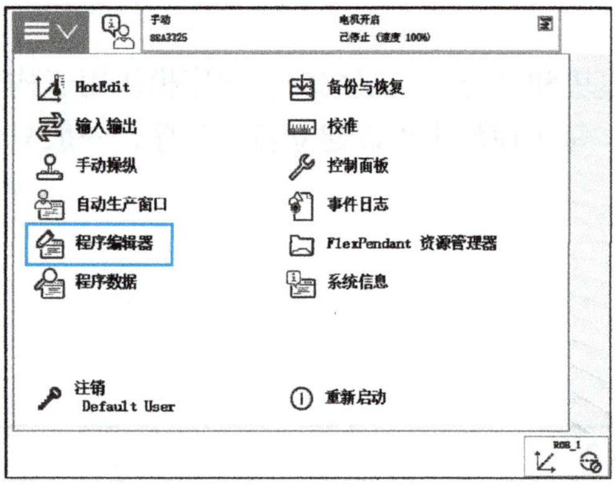

图 3-64 选择“程序编辑器”

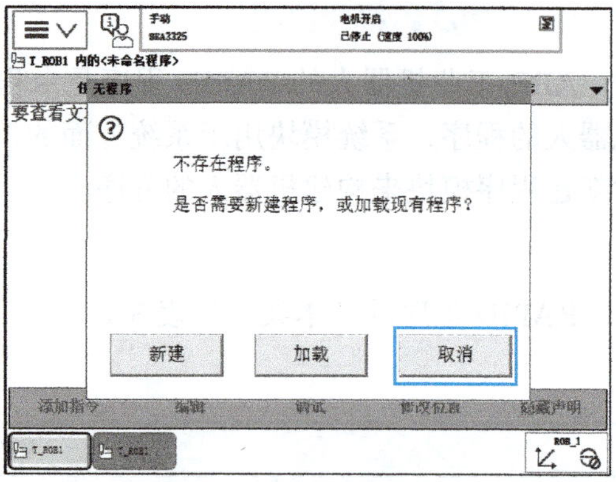

图 3-65 点击“取消”按键

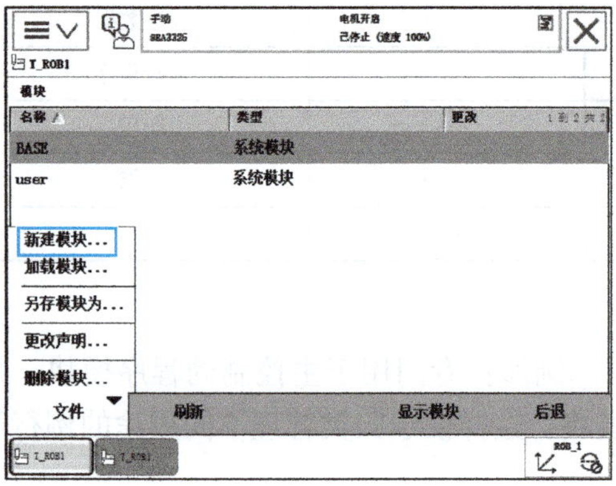

图 3-66 选择“新建模块 ...”

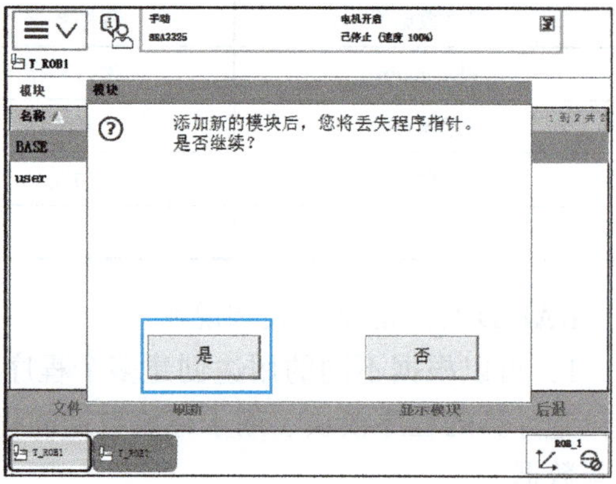

图 3-67 点击“是”按键

5）在新模块界面中，点击“ABC...”，显示键盘输入界面，输入新模块的名称，例如“Module1”如图 3-68 所示。需要注意的是，程序模块名称可包含字母、数字，且必须以字母开头。在新模块界面中，选择创建的模块类型为“程序模块”，选择“Program”，然后点击“确定”，新模块创建完成，如图 3-69 所示。

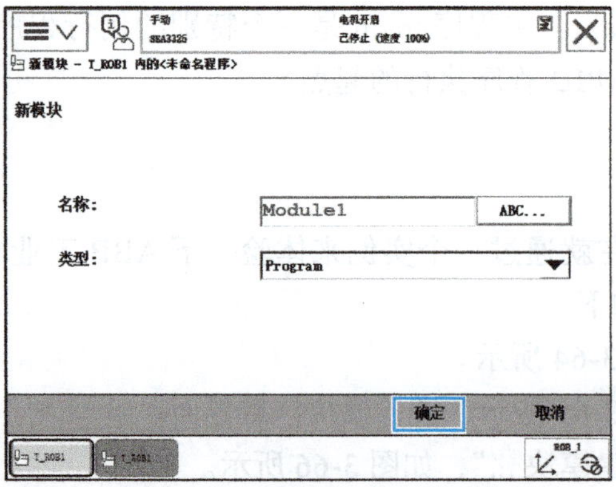

图 3-68 设置模块名称及类型

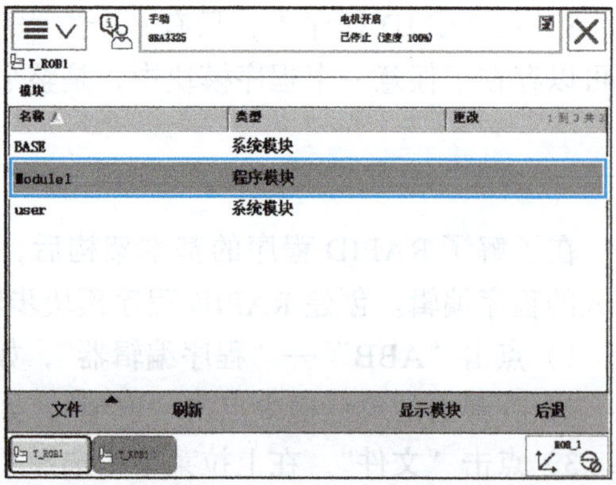

图 3-69 新模块创建完成

3.4.3　创建例行程序

在程序模块中创建例行程序的步骤如下：

1）选中模块“Module1”，然后点击“显示模块”，如图 3-70 所示。

2）进入“Module1”模块信息界面，点击“例行程序”进行例行程序的创建，如图 3-71 所示。

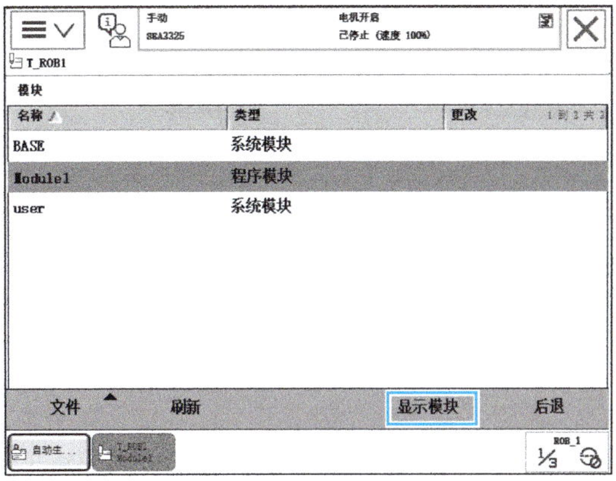

图 3-70　显示所选模块

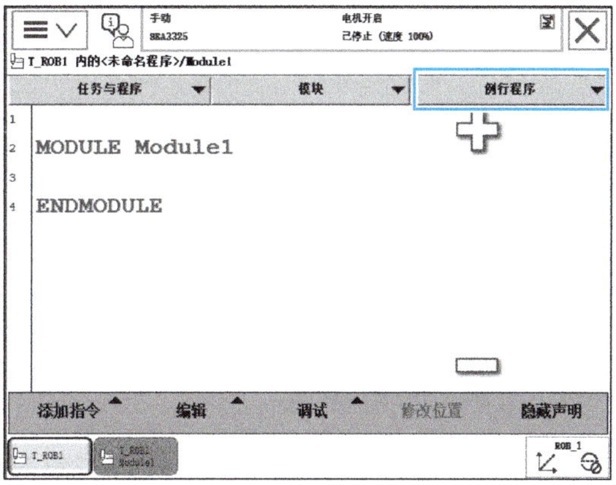

图 3-71　模块信息界面

3）打开“文件”菜单，点击“新建例行程序 ...”，如图 3-72 所示。

4）首先创建一个主程序，将其名称设置为“main”，并将各参数选择完成后点击“确定”，如图 3-73 所示，主程序创建完成。

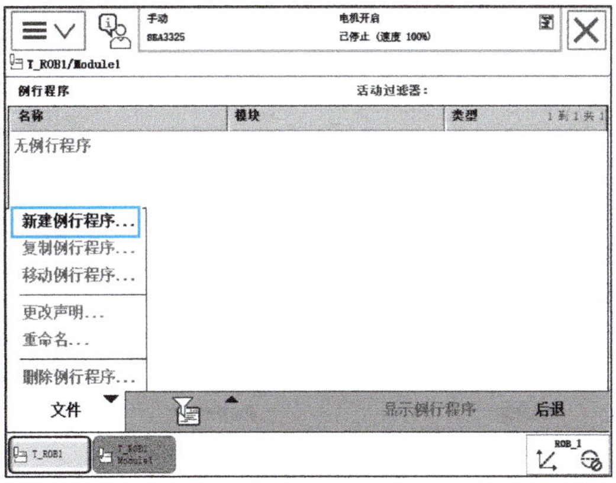

图 3-72　新建例行程序

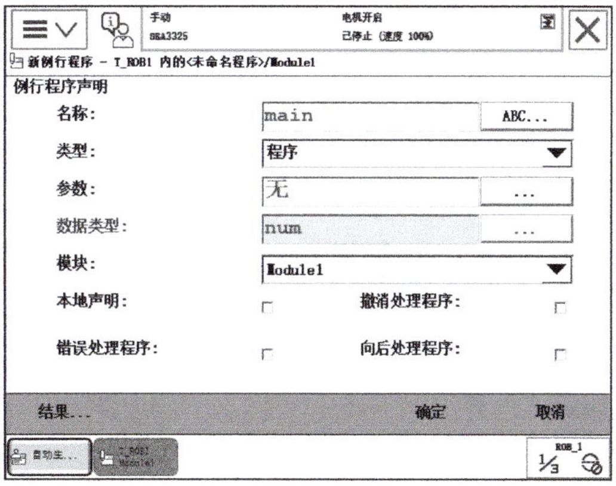

图 3-73　创建主程序

5）根据步骤 3）和 4）依次建立模块所需的其他例行程序，例行程序名称可以在系统保留字段之外自由定义，例如：初始化程序 rInitAll ()、路径程序 path () 等，如图 3-74 所示，用于被主程序 main () 调用或例行程序相互调用。在类型选项中有“程序”“功能”“中断”三个选项，如图 3-75 所示，可根据创建的程序类型进行选择。同样，此处可以对创建的例行程序隶属于哪个模块进行选择。

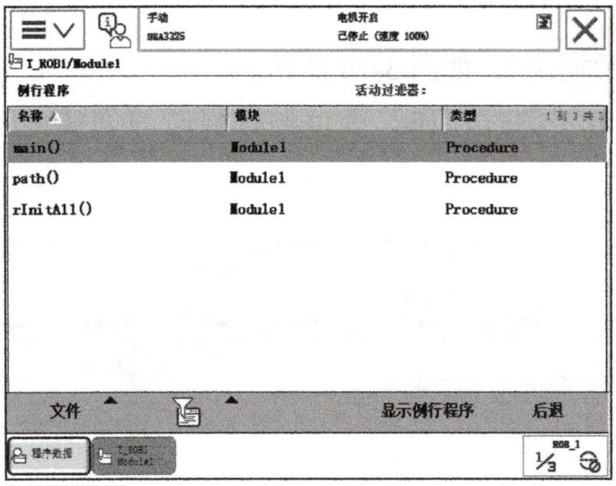

图 3-74　创建其他程序

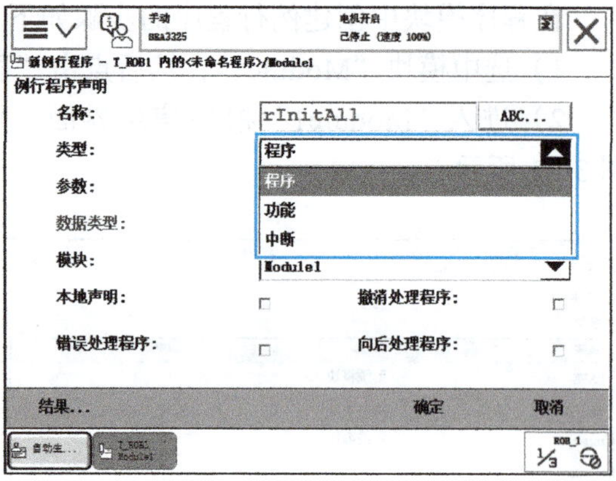

图 3-75　例行程序类型选项

3.4.4　编辑例行程序

对于建立好的例行程序，可以进行复制、移动、更改声明、重命名和删除等操作。选中例行程序后，点击“文件”，就会弹出多种操作选项，可以对例行程序进行编辑，如图 3-76 所示。

1. 复制例行程序

选中例行程序，选择“复制例行程序 ...”，会弹出如图 3-77 所示界面，可以对复制的例行程序的名称（点击 ABC...)、类型（点击倒三角下拉菜单)、存储的模块（点击倒三角下拉菜单）等进行修改，更改后点击“确定”即可。

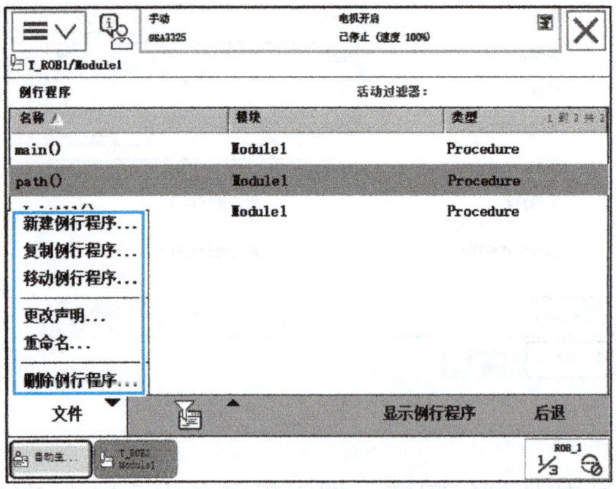

图 3-76　编辑例行程序

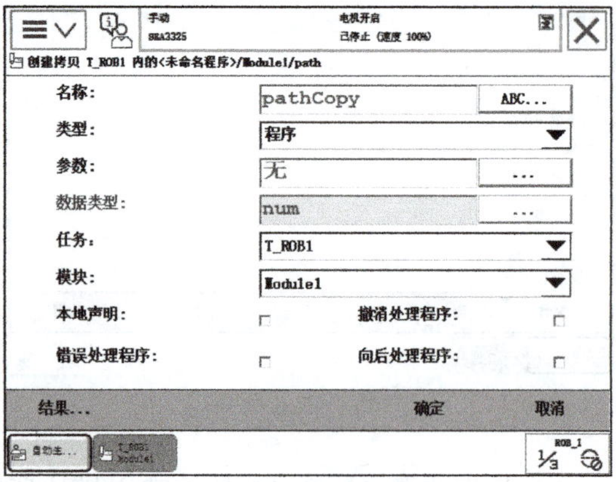

图 3-77　复制例行程序

2. 移动例行程序

移动例行程序就是将选中的例行程序移动到其他程序模块中。在“文件”中选择“移

动例行程序 ...”后，弹出图 3-78 所示界面，在模块一栏中点击下拉菜单，可以选择移动至的模块。

3. 更改声明

更改声明就是回到最开始新建例行程序时的程序声明界面。可以对例行程序的类型，包括程序、功能和中断，对程序所属的模块进行修改，如图 3-79 所示。

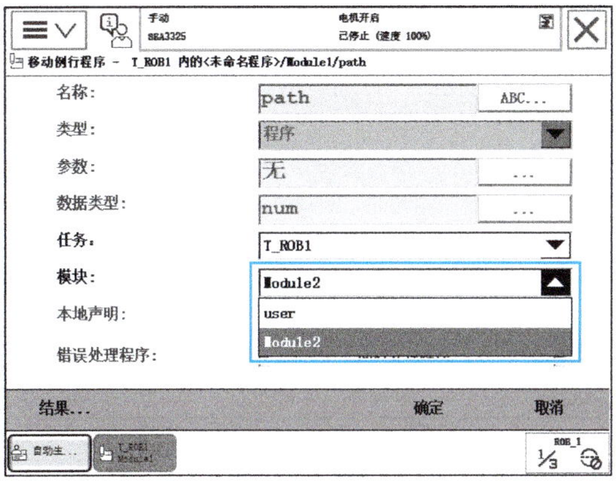

图 3-78　移动例行程序

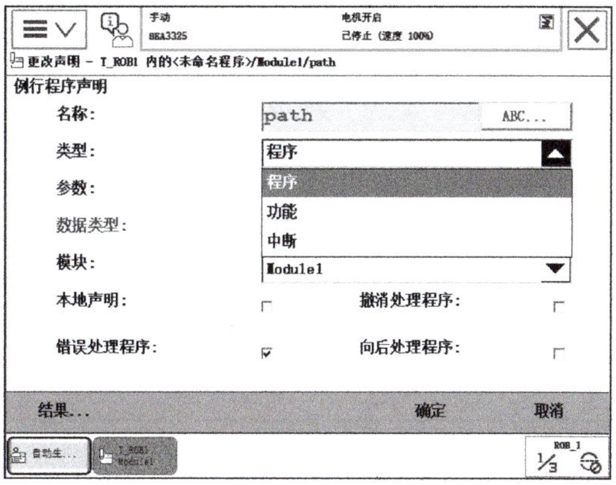

图 3-79　更改声明

4. 重命名

选择“重命名 ...”后，会直接弹出键盘，输入新的名称，点击“确定”，就可以完成对例行程序的重新命名，如图 3-80 所示。

5. 删除例行程序

选择“删除例行程序 ...”后会弹出图 3-81 所示的界面，确定是否进行删除操作，如果确定删除，则点击“确定”，就能完成删除操作。

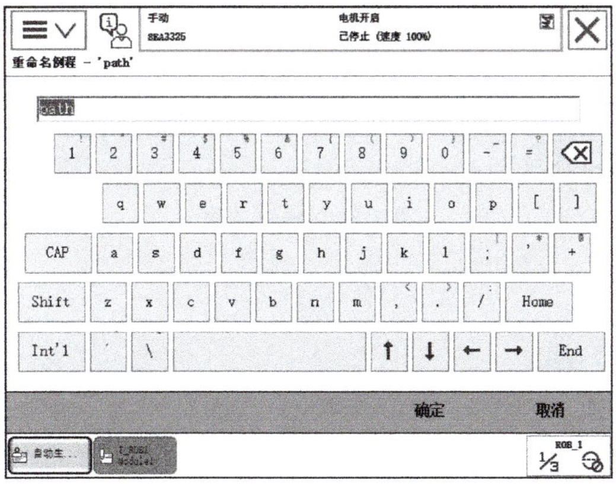

图 3-80　重命名例行程序

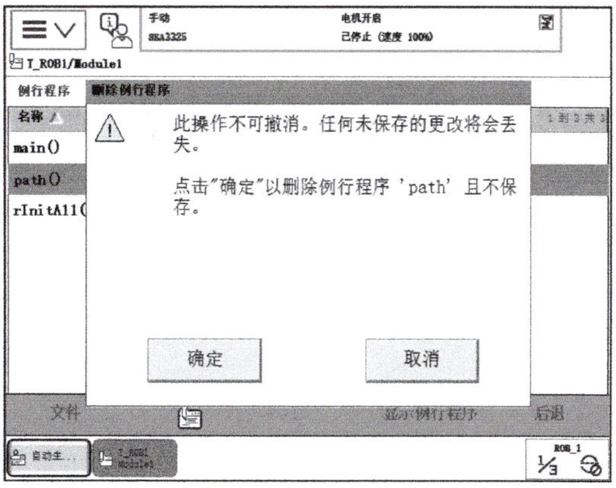

图 3-81　删除例行程序

3.4.5 查看 RAPID 程序的操作

在示教器中查看 RAPID 程序的操作步骤如下：

1）在操作界面点击“程序编辑器”，如图 3-82 所示。

2）直接进入到主程序中，点击“例行程序”，查看例行程序列表，如图 3-83 所示。

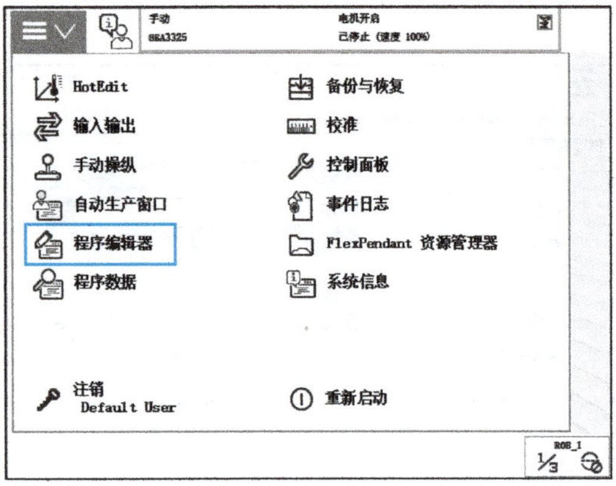

图 3-82　选择“程序编辑器”

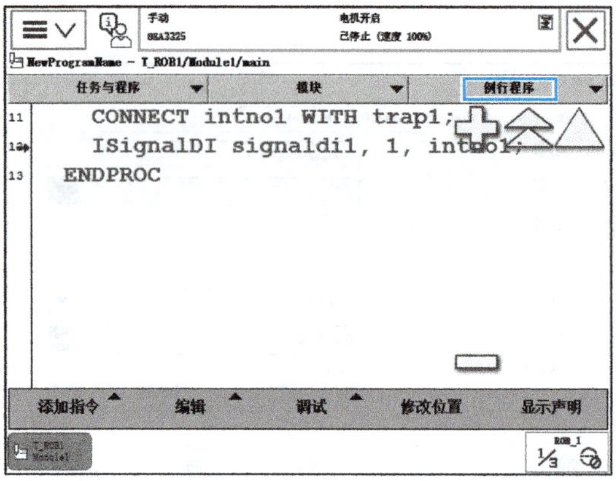

图 3-83　选择“例行程序”

3）程序模块中包含的所有例行程序都被显示出来，如图 3-84 所示。

4）点击“后退”—“模块”，可以查看模块列表。有系统模块和程序模块，程序模块可以有多个，如图 3-85 所示，最后，点击关闭按钮，就可以退出程序编辑器。

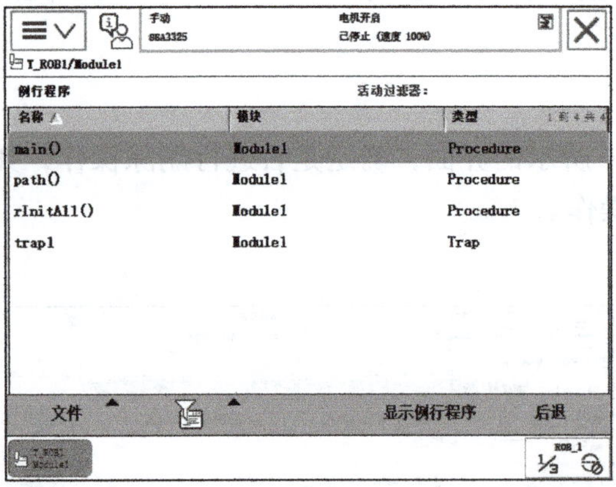

图 3-84　例行程序界面

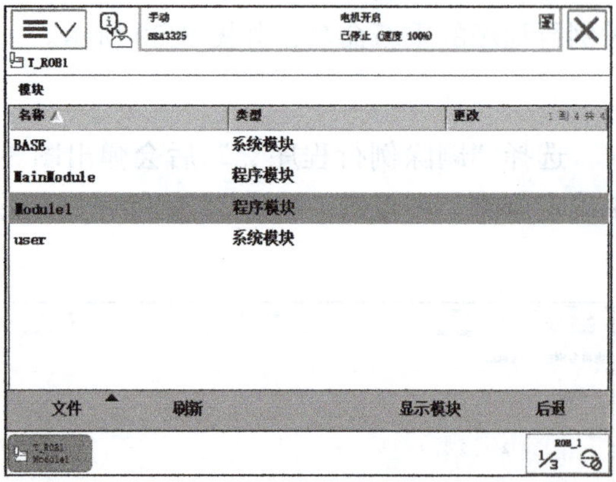

图 3-85　模块界面

任务习题

一、选择题

1. RAPID 程序的程序模块中，不可创建以下哪种程序？（　　）

A. 例行程序　　B. 中断程序　　C. 系统程序　　D. 功能程序

2. ABB 工业机器人中，程序类型不包括（　　）。

A. Procedure　　B. Function　　C. Trap　　D. main

3. RAPID 程序是由（　　）组成。

A. 程序数据、中断程序　　B. 程序模块、系统模块

C. 主程序、例行程序　　D. 系统模块、主程序

4. 程序模块可包含程序数据、中断程序、（　　）四种对象。

A. 例行程序、功能　　B. 主程序、例行程序

C. 主程序、功能　　D. 系统模块、例行程序

二、判断题

1. 不同的机器人都有各自的程序名称和编程语言。ABB 机器人使用的机器人控制程序为 RAPID 程序。（　　）

2. RAPID 程序是由程序模块与系统模块组成。用户可以根据不同的用途创建多个程序模块与系统模块。（　　）

任务 3.5　管理程序数据及存储类型

任务描述

程序数据是在程序模块或系统模块中设置的值和定义的一些环境数据。创建的程序数据由同一个模块或其他模块中的指令进行引用。如图 3-86 所示，框格部分为工业机器人常用直线运动指令，在该行程序中调用了四个常用程序数据。

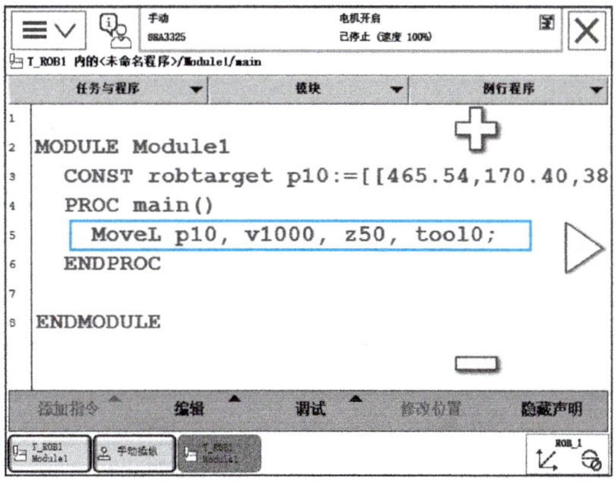

图 3-86　工业机器人常用直线运动指令

该指令中，所涉及的程序数据具体说明见表 3-3。

表 3-3　程序数据说明

程序数据	数据类型	说明
p10	robtarget	位置数据
v1000	speeddata	运动速度数据
z50	zonedata	转弯区数据
tool0	tooldata	工具坐标数据

本任务旨在描述如何管理程序数据及存储类型，包括数据分类、存储、备份、安全、恢复、监控与维护、归档与删除等方面。

3.5.1　了解程序数据

ABB 工业机器人的程序数据共有 76 个，并且可以根据实际的一些情况进行程序数据的创建，为 ABB 工业机器人的程序编辑和设计提供良好的数据支撑。

我们可以利用示教器的“程序数据”窗口查看、创建所需要的程序数据，如图 3-87 所示。

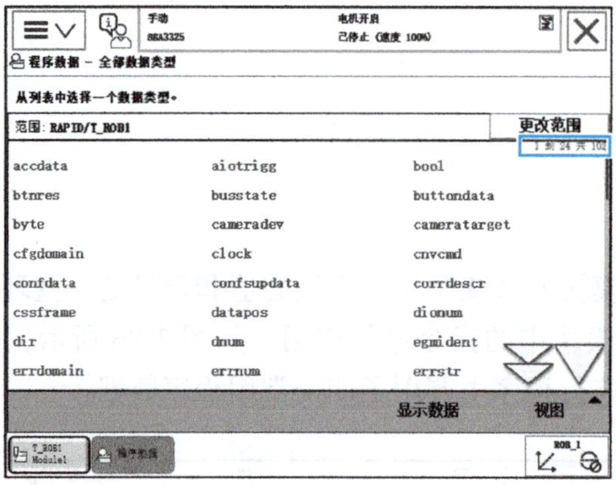

图 3-87　“程序数据”界面

ABB 根据不同的数据用途定义了不同的程序数据，系统中还有针对一些特殊功能的程序数据，在对应的功能说明书中会有相应的详细介绍，详情请查看设备随机光盘电子版说明书，也可根据需要新建程序数据类型。常用数据类型见表 3-4。

表 3-4　常用数据类型

数据类型	说明	数据类型	说明
bool	布尔量	pose	坐标转换数据
byte	整数数据 0 ~ 255	robjoint	轴角度数据
clock	计时数据	robtarget	位置数据
dionum	数字值	speeddata	运动速度数据

（续）

数据类型	说明	数据类型	说明
dnum	双数值	string	字符串
extjoint	外轴位置数据	stringdig	只含数字的字符串
intnum	中断标识符	signaldi/do	数字量输入 / 输出信号
jointtarget	关节位置数据	signalgi/go	数字量输入 / 输出信号组
loaddata	负荷数据	signalai/ao	模拟量输入 / 输出信号
mecunit	机械装置数据	tooldata	工具坐标数据
num	数值数据	trapdata	中断数据
orient	姿态数据	wobjdata	工件坐标数据
pos	位置数据	zonedata	转弯区数据

3.5.2　建立程序数据

程序数据的建立一般可以分为两种形式：一种是直接在示教器的程序数据画面中建立程序数据；另一种是在建立程序指令时，同时自动生成对应的程序数据。本节将介绍直接在示教器的程序数据画面中建立程序数据的方法。

下面以建立布尔量数据为例进行说明，练习时建立 num 和 robtarget 程序数据。建立 bool 数据的操作步骤如下：

1）在 ABB 菜单中选择“程序数据”，如图 3-88 所示。

2）选择所要建立的数据类型“bool”后，点击屏幕右下方“显示数据”，如图 3-89 所示。

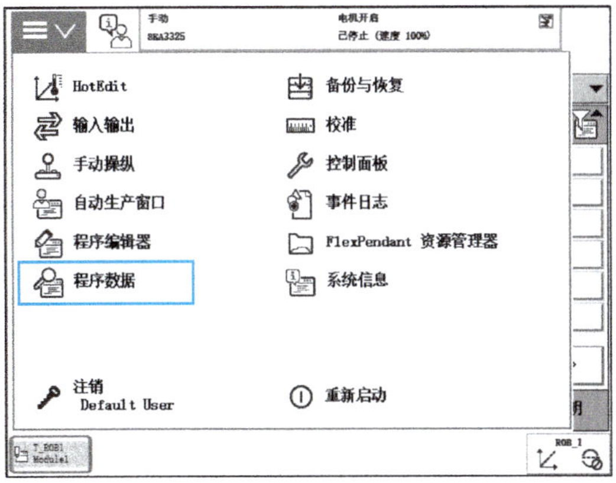

图 3-88　选择“程序数据”

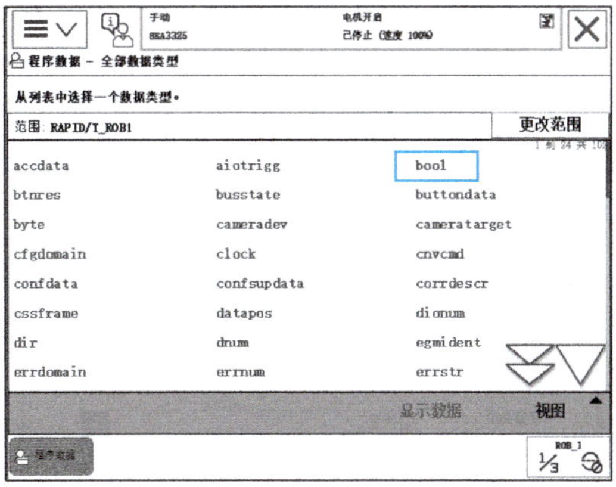

图 3-89　选择数据类型

3）在屏幕左下方点击“新建 ...”，如图 3-90 所示。

4）设置数据名称，点击下拉菜单选择对应的参数，设置完成后点击“确定”，如图 3-91 所示。

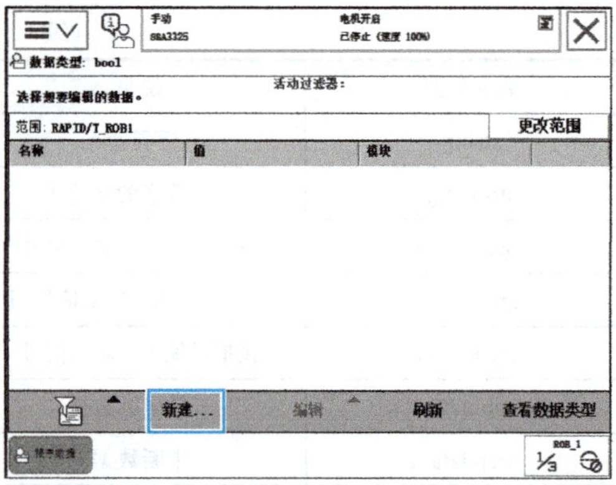

图 3-90　点击“新建...”

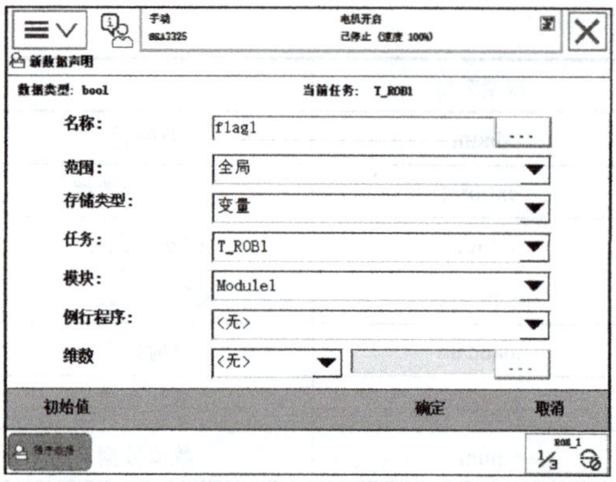

图 3-91　设置参数

3.5.3　设置程序数据存储类型

在 ABB 程序中，存储程序数据的方式主要有三种：变量（VAR）、可变量（PERS）、常量（CONST）。这三种存储方式各有特点，适用于不同的数据存储需求，在实际应用中，需要根据具体需求选择合适的存储方式以确保数据的正确性和持久性。

1. 变量（VAR）

VAR 表示存储类型为变量。变量型数据在程序执行的过程中和停止时会保持当前的值，不会改变，但是一旦程序指针被移到主程序后，当前数值会丢失。

举例说明如下：

VAR num length：=0；　　　　表示名称为 length 的数值数据

VAR string name：="Rose"；　　表示名称为 name 的字符串数据

VAR bool flag：=FALSE；　　　表示名称为 flag 的布尔量数据

上述语句中定义了数值数据、字符串数据和布尔量数据三个变量。可以在建立变量数据时直接定义其初始值，例如 length 的初始值为“0”，如图 3-92、图 3-93 所示。name 的初始值为“Rose”，flag 的初始值为“FALSE”。

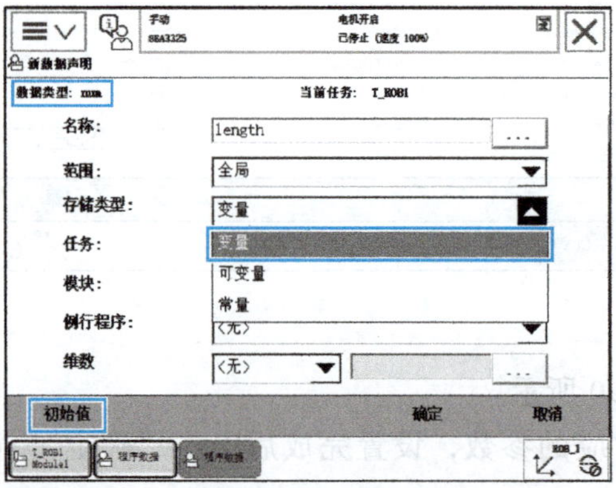

图 3-92　建立变量数据

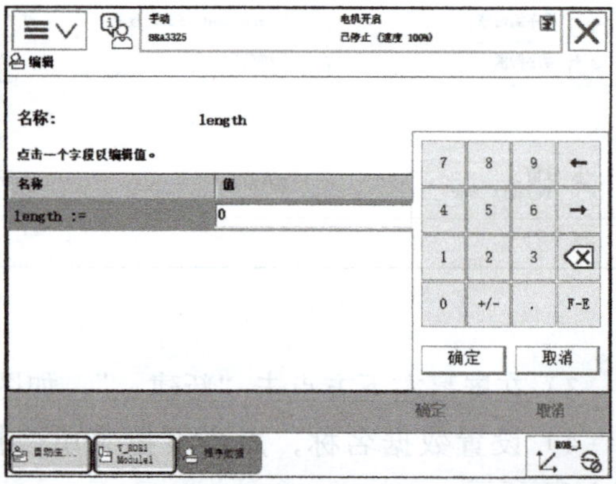

图 3-93　设置变量初始值

数据声明后，在程序编程窗口中将会显示出来，如图 3-94 所示。

在工业机器人执行的 RAPID 程序中也可以对变量存储类型程序数据进行赋值的操作，如图 3-95 所示，将名称为 length 的数值数据赋值 “10–1”，将名称为 name 的字符串数据赋值为 “Rose”，将名称为 flag 的布尔量数据赋值为 TRUE。但是在程序中执行变量型程序数据的赋值时，在指针复位后将恢复为初始值。

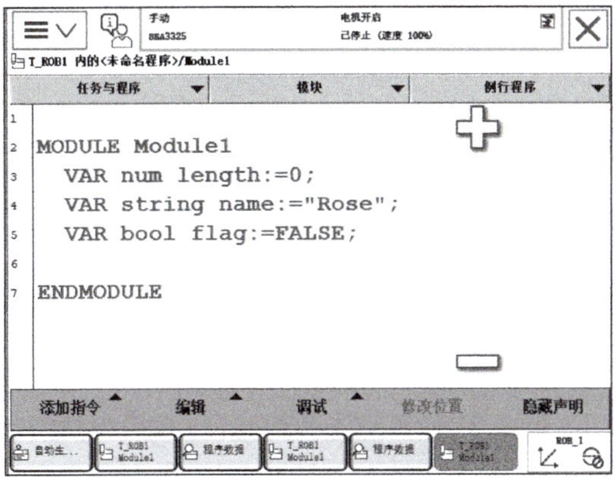

图 3-94　数据声明显示在窗口中

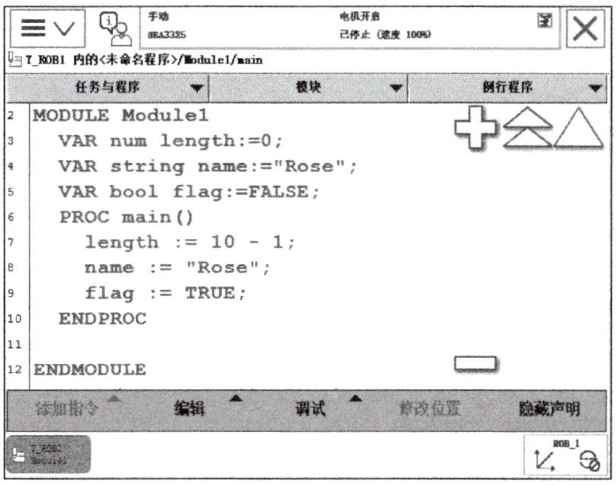

图 3-95　程序赋值

2. 可变量（PERS）

PERS 表示存储类型为可变量，可变量最大的特点是：无论程序的指针如何变化，都会保持最后赋予的值。

举例说明如下：

PERS num abc：=2;　　　　　　表示名称为 abc 的数值数据

PERS string text：="Hi";　　　　表示名称为 text 的字符串数据

在机器人执行的 RAPID 程序中，也可以对可变量存储类型程序数据进行赋值操作。在程序执行以后，赋值的结果会一直保持，直到对其进行重新赋值。如图 3-96 所示，定义名称为 abc 的数据为可变量存储类型，其初始值为 “2”，如图 3-97 所示，设置完成后，其数据声明如图 3-98 所示。如果在程序中，对 abc 数值数据赋值为 “8”，对名称为 text 的字符串数据赋值为 “Hello”，如图 3-99 所示，程序执行以后，赋值结果会一直保持，与程序指针的位置无关，直到对数据进行重新赋值，才会改变原来的值。

3. 常量（CONST）

CONST 表示存储类型为常量。常量是在定义时已赋予了数值，不允许在程序中进行赋值操作，要修改时必须手动进行，否则数值一直不变。

举例说明如下：

CONST num gravity：=9.8;　　　　表示名称为 gravity 的数值数据

CONST string greeting：="Hi";　　表示名称为 greeting 的字符串数据

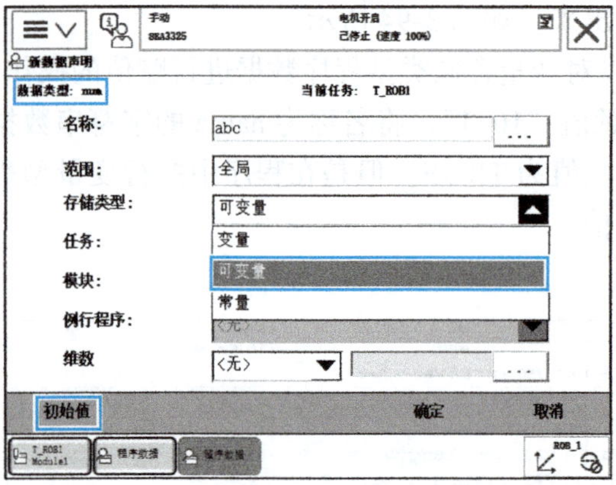

图 3-96　建立可变量数据

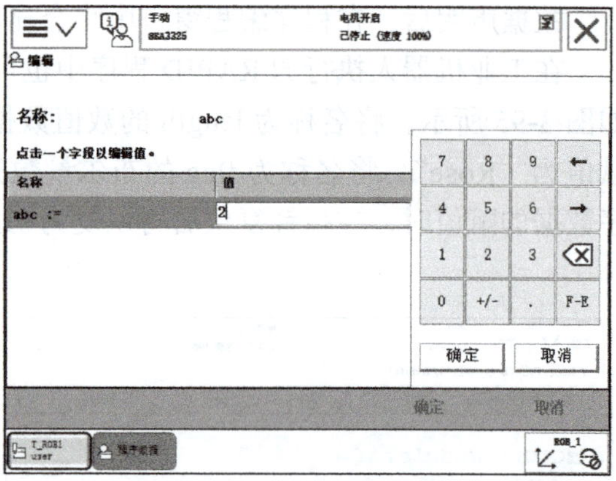

图 3-97　设置可变量初始值

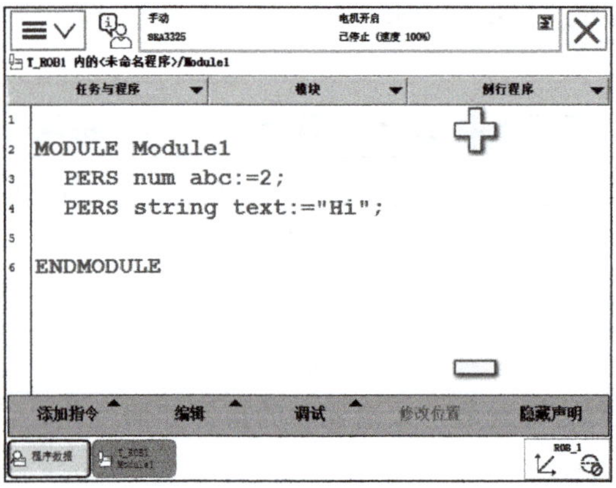

图 3-98　数据声明

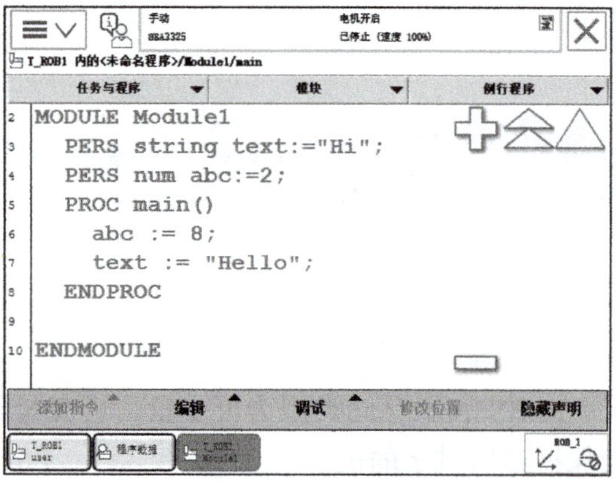

图 3-99　程序赋值

如图 3-100 所示，在程序中定义了常量后，在程序编辑窗口的显示如图 3-101 所示。已经定义为常量的数值数据 gravity 和字符串数据 greeting，在程序中不允许进行赋值操作。

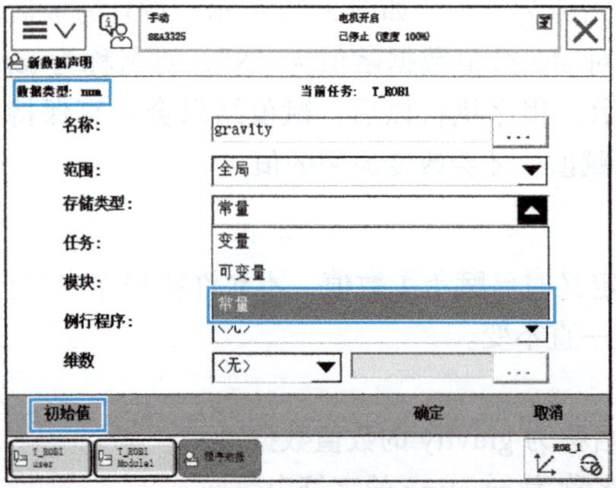

图 3-100　建立常量

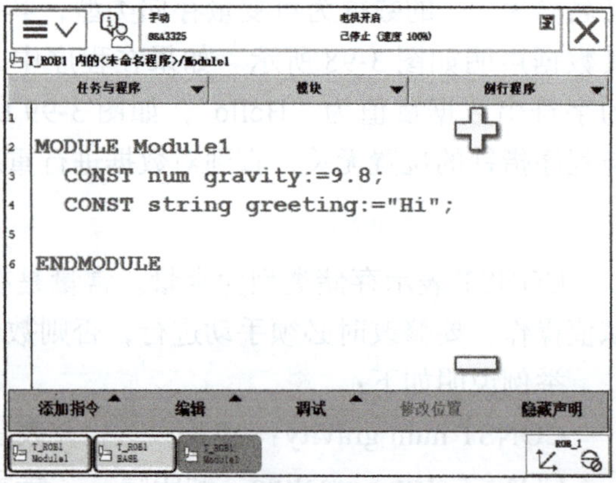

图 3-101　程序赋值

以上三种存储类型的程序数据特点见表 3-5。

表 3-5　三种存储类型的程序数据特点

序号	存储类型	说明
1	常量（CONST）	常量（CONST）的特点是在定义时已赋予了数值，且不能在程序中进行修改，除非手动修改
2	变量（VAR）	变量（VAR）的特点是数据在程序执行的过程中和停止时，会保持当前的值，但如果程序指针被移到主程序后，数据就会丢失
3	可变量（PERS）	可变量（PERS）的特点是无论程序的指针如何，都会保持最后赋予的值。在机器人执行的 RAPID 程序中，也可以对可变量存储类型数据进行赋值操作，在程序执行以后，赋值的结果会一直保持，直到对其进行重新赋值

任务习题

1. 下列关于 ABB 工业机器人程序数据存储类型的描述，不正确的是（　　）。

A. 变量（VAR）型数据在程序执行的过程中和停止时，会保持当前的值

B. 变量（VAR）型数据在程序执行的过程中，如果程序指针被移到主程序后，数值会丢失

C. 在机器人执行的 RAPID 程序中，不可以对变量存储类型程序数据进行赋值操作

D. 在定义数据时，可以定义变量数据的初始值

2. 程序数据的存储类型有三种，下列不属于程序数据存储类型的是（　　）。

A. 变量　　B. 常量　　C. 可变量　　D. 赋值量

3. 下面哪种不属于 ABB 机器人程序数据的存储范围？（　　）

A. 指令　　B. 全局　　C. 本地　　D. 任务

4. 使用 tooldata 或 wobjdata 数据时，应设置其为（　　）。

A. 变量　　B. 常量　　C. 可变量　　D. 以上都可以

5. 机器人示教点的数据类型是（　　）。

A. tooldata　　B. string　　C. robtarget　　D. singdata

6. 数据类型 bool 在程序中所代表的类型为（　　）。

A. 数字量　　B. 模拟量　　C. 逻辑量　　D. 布尔量

"项目 3　工业机器人编程环境创建"项目评价

项目 3　工业机器人编程环境创建				
任务	考核内容	配分	评分标准	得分
管理工具坐标系	创建工具坐标系	20 分	能够选择适合的方法自建工具坐标系	
	管理工具坐标数据	5 分	能够对自建的工具坐标进行管理	
管理工件坐标系	创建工件坐标系	20 分	能够通过 3 点法自建工件坐标系	
	管理工件坐标数据	5 分	能够对自建的工件坐标进行管理	

（续）

项目 3　工业机器人编程环境创建				
任务	考核内容	配分	评分标准	得分
管理有效载荷数据	创建有效载荷数据	5 分	能够创建有效载荷数据	
	管理有效载荷数据	5 分	能够对自建的有效载荷进行管理	
建立 RAPID 程序	创建 RAPID 程序	10 分	能够创建模块、例行程序	
管理程序数据及存储类型	创建不同存储类型的程序数据	10 分	能够创建不同存储类型的程序数据	
安全操作	安全上机操作	10 分	符合上机实训操作要求	
完成质量	工艺或者操作熟练程度	5 分	“未完成”：不得分 “完成”：根据完成情况打分	
	工作效率或者完成任务速度	5 分		
自我评价				
小组互评				
老师评价				
总分				

项目 4

工业机器人通信环境创建

工业机器人配有丰富的I/O通信接口，可以轻松地与周边设备进行通信，机器人和PLC之间通过这些I/O通信接口进行信号的传递。本项目将介绍接口的定义和配置以实现机器人与外部的通信、信号的置位以及信号控制快捷键的设置方法。

学习目标

- 知识目标

了解工业机器人I/O通信种类。
了解工业机器人标准I/O板。
了解常用工业机器人系统信号。

- 技能目标

掌握DSQC652标准I/O板的配置方法。
能够正确配置数字量输入/输出信号。
能够正确配置数字量输入/输出组信号。
能进行I/O信号的监控查看、强制信号置位和快捷键设置。

- 素养目标

树立正确价值观，执着、守正、创新，提高工作质量。
培养家国情怀、责任担当，树立强国信念。

任务 4.1　认识 I/O 控制面板

任务描述

工业机器人I/O系统在工业机器人系统应用中占有极其重要的位置，它是机器人与周边外部设备完成信息交互的主要通道，负责机器人与外部设备之间的数据交换。在一个机器人工作站中，一般机器人本体的成本大约占1/3，而外部设备及工业软件的成本大约占2/3，机器人要实现相关功能的控制，就需要有相应的输入/输出部件完成相应的功能。ABB提供了丰富的I/O通信接口，使得用户能够方便地通过它与各种传感器、执行器等外部设备进行通信。通过本任务的学习，操作者可以了解工业机器人I/O板的功能、结构及其配置方法，对于机器人系统的编程、维护和故障排除至关重要。

4.1.1 了解常用的I/O通信

ABB机器人提供了多种接口，支持多种协议，可以轻松实现与外部设备之间的数据信息传递。其中有不同厂商推出的现场总线协议，如ProfiBus、DeviceNet、ProfiBus-DP、ProfiNet等需要根据实际情况进行选择。

1. 常用的几种通信方式

（1）DeviceNet通信　DeviceNet是由美国Allen-Bradley公司（后被Rockwell自动化公司合并）所开发，它是一个简单、廉价而高效的通信协议，是适用于底层的一种现场总线技术。

（2）ProfiBus通信　ProfiBus是一个广泛应用在自动化技术领域的现场总线标准，在1987年由德国西门子公司等14家公司及5个研究机构所推动，它是程序总线网络（Process Field Bus）的简称，是一种国际化、开放式、不依赖于生产商的现场总线。

（3）ProfiNet通信　ProfiNet通信是一种新的以太网通信系统，是新一代基于工业以太网技术的自动化总线标准。

（4）ModBus通信　ModBus是一种串行通信协议，是Modicon公司（现在的施耐德电气Schneider Electric）于1979年为使用可编程逻辑控制器（PLC）通信而开发的。

（5）RS-232通信　RS-232是常用的串行通信接口标准之一，它是由美国电子工业协会（EIA）联合贝尔系统公司、调制解调器厂家及计算机终端生产厂家于1970年共同制定的。

2. I/O接口电路的功能及结构

工业机器人将按钮、行程开关、限位开关、接近开关、传感器、电磁阀及继电器等设备，通过端子的形式与机器人I/O接口相连接，对其进行数据采集或控制。

（1）I/O接口电路主要完成的功能

1）进行必要的电隔离，其隔离措施一般采用光电耦合隔离，防止高频干扰信号的窜入和强电对系统的破坏，影响系统的稳定运行。

2）进行电平转换和功率放大。

（2）开关量信号输入/输出接口电路结构

开关量信号输入/输出接口电路结构分别如图4-1、图4-2所示。

3. ABB标准I/O板

ABB标准的I/O板提供了数字信号输入DI、数字信号输出DO、模拟信号输入AI、模拟输出信号AO以及输送链跟踪单元，见表4-1。

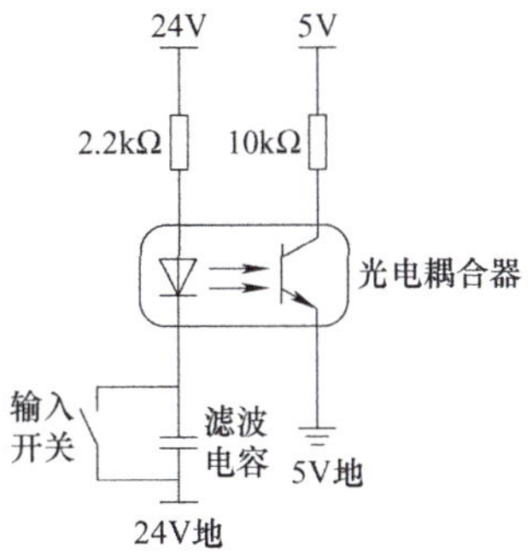

图 4-1　开关量信号输入接口电路

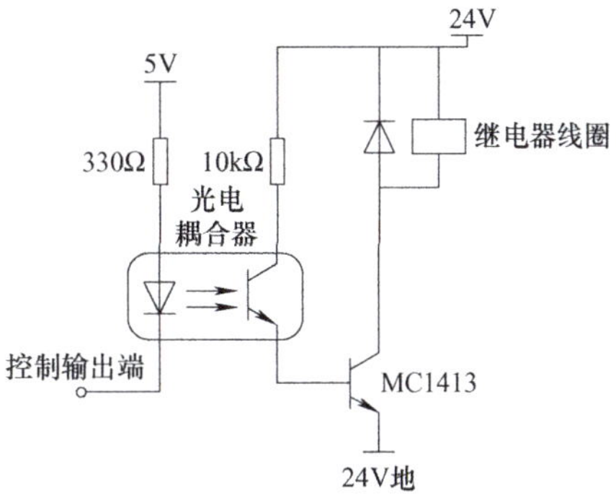

图 4-2　开关量信号输出接口电路

表 4-1　常用 ABB 标准 I/O 板

序号	型号	说明
1	DSQC651	分布式 I/O 模块，di8、do8、ao2
2	DSQC652	分布式 I/O 模块，di8、do8
3	DSQC653	分布式 I/O 模块，di8、do8（带继电器）
4	DSQC355A	分布式 I/O 模块，ai4、ao4
5	DSQC377A	输送链跟踪单元

4.1.2　认识 ABB 标准 I/O 板

ABB 标准 I/O 板在使用时需要设置相应的输入、输出信号参数后才可以正常使用，需要设置的参数包括 I/O 模块单元、I/O 信号，设置完成后需要重启系统才能生效。在系统中配置的标准 I/O 板需要设置的参数至少包括 4 个，见表 4-2。

表 4-2　标准 I/O 板参数设置表

序号	型号	说明
1	Name	I/O 单元名称
2	Type of Unit	I/O 单元类型
3	Connected to Bus	I/O 单元所在总线
4	Device Net Address	I/O 单元占用的总线地址

标准 I/O 板参数设置完成后，需要对标准 I/O 板上的信号进行定义，设置一个数字 I/O 信号，需要设置的参数至少包括 4 个，见表 4-3。

1. ABB 标准 I/O 板 DSQC651

DSQC651 板如图 4-3 所示，主要提供 8 个数字量输入、8 个数字量输出和 2 个模拟量输出信号的处理。它有 X1、X3、X5、X6 四个模块接口，模块状态指示灯，数字输入信号指示灯及数字输出信号指示灯，模块接口说明如图 4-4 所示。

表 4-3　I/O 信号参数设置表

序号	型号	说明
1	Name	I/O 信号名称
2	Type of Signal	I/O 信号类型
3	Assigned to Unit	I/O 信号所在的 I/O 单元
4	DeviceNet Address	I/O 单元占用的单元地址

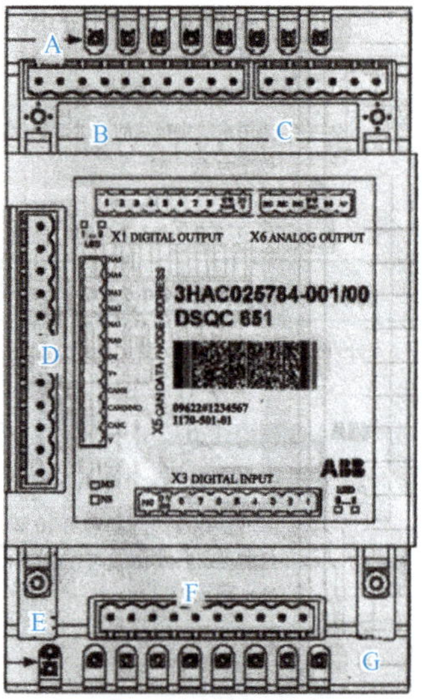

图 4-3　DSQC651 板

A：数字输出信号指示灯
B：数字输出接口(X1)
C：模拟输出接口(X6)
D：DeviceNet接口(X5)
E：模块状态指示灯
F：数字输入接口(X3)
G：数字输入信号指示灯

图 4-4　DSQC651 板模块接口说明

X1 接口各引脚定义及地址分配见表 4-4。

表 4-4　X1 接口各引脚定义及地址分配表

X1 引脚号	使用定义	地址分配
1	OUTPUT CH1	32
2	OUTPUT CH2	33
3	OUTPUT CH3	34
4	OUTPUT CH4	35
5	OUTPUT CH5	36
6	OUTPUT CH6	37
7	OUTPUT CH7	38
8	OUTPUT CH8	39
9	0V	
10	24V	

X3 接口各引脚定义及地址分配见表 4-5。

X5 接口为 DeviceNet 总线接口，挂在 DeviceNet 网络上，该接口用来设置模块在网络中的地址。其接口上各引脚的定义见表 4-6，其中，编号 6 ～ 12 的跳线用来决定该 I/O 模块在 DeviceNet 总线中的地址，使用该模块时必须要设置地址，地址范围为 10 ～ 63。

表 4-5　X3 接口各引脚定义及地址分配表

X3 引脚号	使用定义	地址分配
1	IUTPUT CH1	0
2	IUTPUT CH2	1
3	IUTPUT CH3	2
4	IUTPUT CH4	3
5	IUTPUT CH5	4
6	IUTPUT CH6	5
7	IUTPUT CH7	6
8	IUTPUT CH8	7
9	0V	
10	未使用	

表 4-6　X5 接口各引脚定义

X5 引脚号	使用定义
1	电源 GND，黑色
2	CAN 信号线（low），蓝色
3	屏蔽线
4	CAN 信号线（high），白色
5	24V 电源，红色
6	GND，地址选择公共端
7	模块 ID bit0（LSB）
8	模块 ID bit1
9	模块 ID bit2
10	模块 ID bit3
11	模块 ID bit4
12	模块 ID bit5（MSB）

X5 接口地址设置方法如图 4-5 所示，剪掉相应的引脚跳线，即可设置相应的模块地址，例如，将 8 号引脚和 10 号引脚的跳线剪掉，该模块的地址被设置为 10（8+2）。

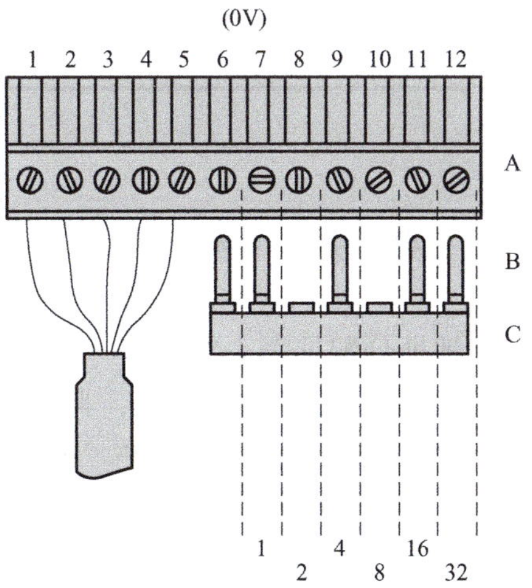

图 4-5　DSQC651 板 X5 接口地址设置电路图

X6 接口内部电路如图 4-6 所示，方框内部为 DSQC651 板的接口电路，电压输出范围为 0 ～ 10V。

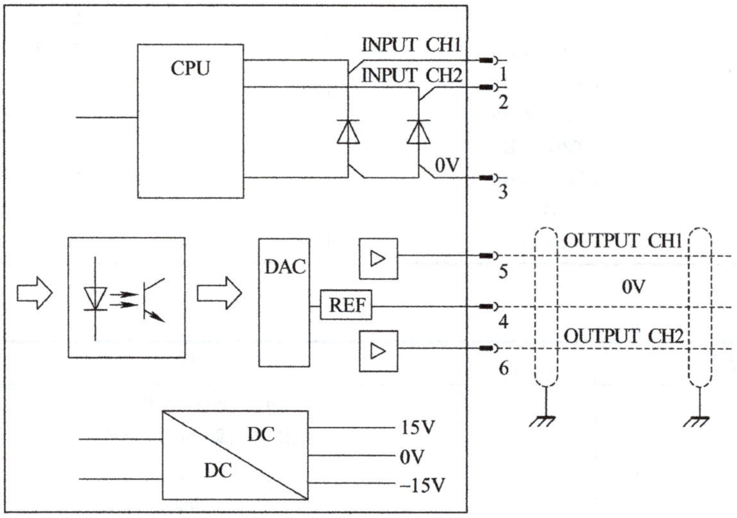

图 4-6　DSQC651 板 X6 接口内部电路图

X6 接口各引脚定义及地址分配见表 4-7。

表 4-7　X6 接口各引脚定义及地址分配表

X6 引脚号	使用定义	地址分配
1	未使用	
2	未使用	
3	未使用	
4	模拟输出量 0V	
5	模拟输出量 AO1	0 ～ 15
6	模拟输出量 AO2	16 ～ 31

2. ABB 标准 I/O 板 DSQC652

DSQC652板如图4-7所示，主要提供16个数字输入信号和16个数字输出信号的处理，其模块接口说明如图 4-8 所示。

X1、X2 接口各引脚定义及地址分配见表 4-8。

X3 接口与 X4 接口分别包括 8 个数字输入信号，典型的输入电压为 DC 24V，输入电压范围为：高电平“1”为 15 ～ 35V，低电平“0”为 –35 ～ 5V，输入电流为 5.5mA。X3 接口地址分配与 DSQC651 的 X3 接口相同，X4 接口各引脚定义及地址分配见表 4-9。

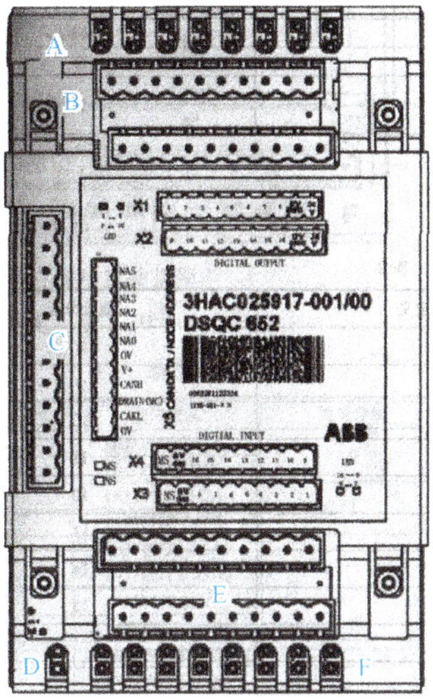

图 4-7　DSQC652 板

A：数字输出信号指示灯
B：数字输出接口(X1、X2)
C：DeviceNet接口(X5)
D：模块状态指示灯
E：数字输入接口(X3、X4)
F：数字输入信号指示灯

图 4-8　DSQC652 板模块接口说明

表 4-8　X1、X2 接口各引脚定义及地址分配表

X1 引脚号	使用定义	地址分配	X2 引脚号	使用定义	地址分配
1	OUTPUT CH1	0	1	OUTPUT CH9	8
2	OUTPUT CH2	1	2	OUTPUT CH10	9
3	OUTPUT CH3	2	3	OUTPUT CH11	10
4	OUTPUT CH4	3	4	OUTPUT CH12	11
5	OUTPUT CH5	4	5	OUTPUT CH13	12
6	OUTPUT CH6	5	6	OUTPUT CH14	13
7	OUTPUT CH7	6	7	OUTPUT CH15	14
8	OUTPUT CH8	7	8	OUTPUT CH16	15
9	0V		9	0V	
10	24V		10	24V	

表 4-9　X4 接口各引脚定义及地址分配表

X4 引脚号	使用定义	地址分配
1	IUTPUT CH8	8
2	IUTPUT CH9	9
3	IUTPUT CH10	10
4	IUTPUT CH11	11
5	IUTPUT CH12	12
6	IUTPUT CH13	13
7	IUTPUT CH14	14
8	IUTPUT CH15	15
9	0V	
10	未使用	

DSQC652 的 X5 端子接口、功能及地址设置方法与 DSQC651 相同。

3. ABB 标准 I/O 板 DSQC653

DSQC653 板如图 4-9 所示，主要提供 8 个数字输入信号和 8 个数字继电器输出信号的处理，其模块接口说明如图 4-10 所示。

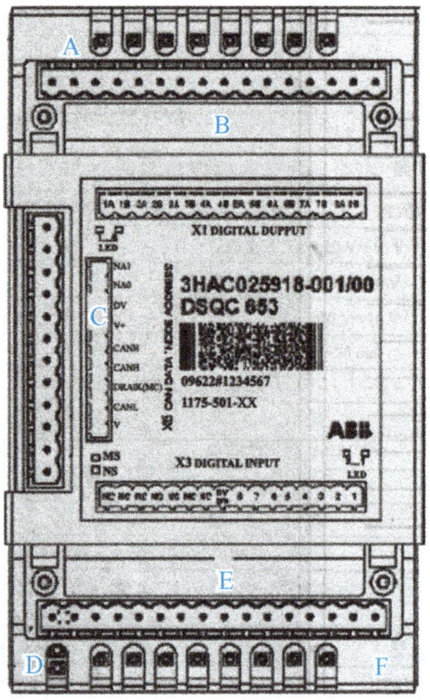

图 4-9　DSQC653 板

A：数字继电器输出信号指示灯
B：数字继电器输出信号接口(X1)
C：DeviceNet接口(X5)
D：模块状态指示灯
E：数字输入信号接口(X3)
F：数字输入信号指示灯

图 4-10　DSQC653 板模块接口说明

X1 接口各引脚定义及地址分配见表 4-10。

表 4-10　X1 接口各引脚定义及地址分配表

X1 引脚号	使用定义	地址分配
1	OUTPUT CH1A	0
2	OUTPUT CH1B	
3	OUTPUT CH2A	1
4	OUTPUT CH2B	
5	OUTPUT CH3A	2
6	OUTPUT CH3B	
7	OUTPUT CH4A	3
8	OUTPUT CH4B	
9	OUTPUT CH5A	4
10	OUTPUT CH5B	
11	OUTPUT CH6A	5
12	OUTPUT CH6B	
13	OUTPUT CH7A	6
14	OUTPUT CH7B	
15	OUTPUT CH8A	7
16	OUTPUT CH8B	

X1 接口电路图如图 4-11 所示，以 OUTPUT CH1A、OUTPUT CH1B 为例。

DSQC653 板的 X3 接口（10 ~ 16 脚未使用）、X5 接口功能与 DSQC651 相同。

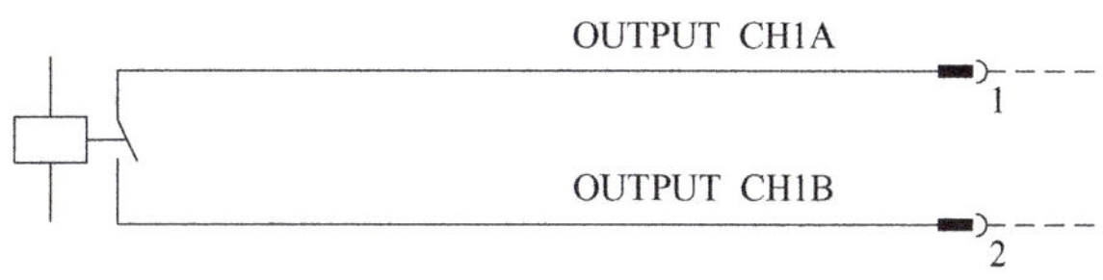

图 4-11　DSQC653 板 X1 接口电路

4. ABB 标准 I/O 板 DSQC355A

DSQC355A 主要提供 4 个模拟量输入信号和 4 个模拟量输出信号的处理，其接口及功能如图 4-12 所示。

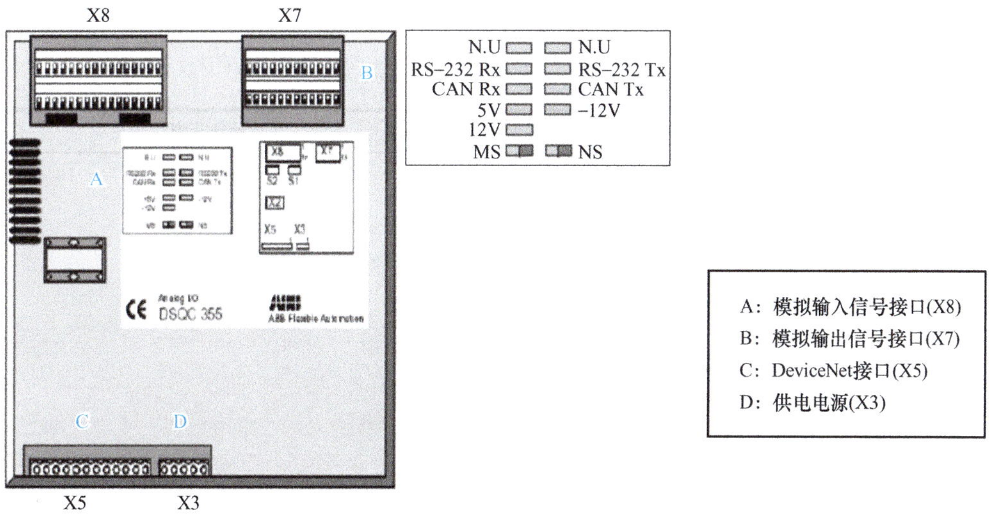

图 4-12　DSQC355A 板接口及功能

X3 接口各引脚定义见表 4-11。

表 4-11　X3 接口各引脚定义

X3 引脚号	使用定义
1	0V
2	未使用
3	接地
4	未使用
5	24V

DSQC355A 的 X5 接口为 DeviceNet 接口，其功能模块地址设置方法与 DSQC651 板相同。

X7 接口各引脚定义及地址分配见表 4-12。

X8 接口各引脚定义及地址分配见表 4-13。

5. ABB 标准 I/O 板 DSQC377A

DSQC377A 板为输送链跟踪单元，主要提供机器人输送链跟踪功能所需要的编码器与同步开关信号的处理，其接口及功能如图 4-13 所示。

表 4-12　X7 接口各引脚定义及地址分配表

X7 引脚号	使用定义	地址分配
1	模拟量输出 -1，-10V/10V	0 ～ 15
2	模拟量输出 -2，-10V/10V	16 ～ 31
3	模拟量输出 -3，-10V/10V	32 ～ 47
4	模拟量输出 -4，4 ～ 20mA	48 ～ 63
5 ～ 18	未使用	
19	模拟量输出 -1，0V	
20	模拟量输出 -2，0V	
21	模拟量输出 -3，0V	
22	模拟量输出 -4，0V	
23 ～ 24	未使用	

表 4-13　X8 接口各引脚定义及地址分配表

X8 引脚号	使用定义	地址分配
1	模拟量输入 -1，-10V/10V	0 ～ 15
2	模拟量输入 -2，-10V/10V	16 ～ 31
3	模拟量输入 -3，-10V/10V	32 ～ 47
4	模拟量输入 -4，4 ～ 20mA	48 ～ 63
5 ～ 16	未使用	
17 ～ 24	24V	
25	模拟量输出 -1，0V	
26	模拟量输出 -2，0V	
27	模拟量输出 -3，0V	
28	模拟量输出 -4，0V	
29 ～ 32	0V	

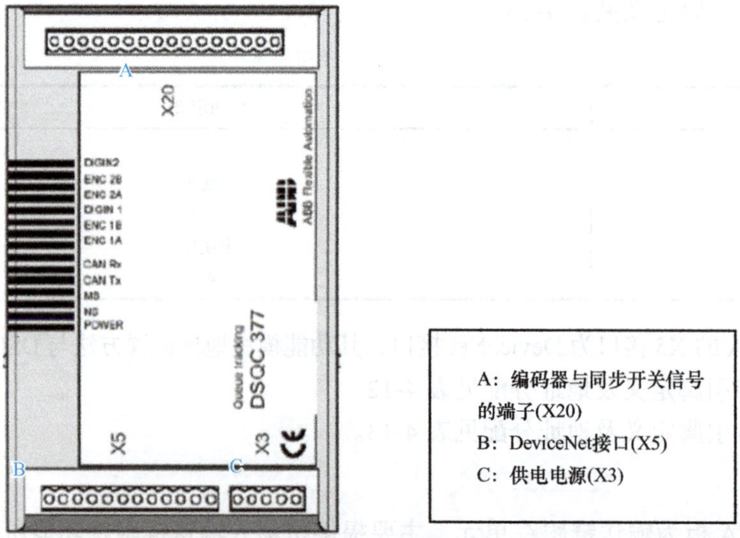

图 4-13　DSQC377A 板接口及功能

X20 接口各引脚定义见表 4-14。

表 4-14　X20 接口各引脚定义

X20 引脚号	使用定义
1	24V
2	0V
3	编码器 1，24V
4	编码器 1，0V
5	编码器 1，A 相
6	编码器 1，B 相
7	数字输入信号 1，24V
8	数字输入信号 1，0V
9	数字输入信号 1，信号
10 ～ 16	未使用

4.1.3　设置 DSQC651 板参数

ABB 标准的 I/O 板都是挂接在 DeviceNet 现场总线下的设备，通过 X5 接口与 DeviceNet 的现场总线进行通信，定义 DSQC651 板总线连接的相关参数见表 4-15。

表 4-15　DSQC651 板总线连接相关参数设置表

参数名称	设置值	说明
Name	d651	设置 I/O 板在系统中的名字
Address	10（出厂默认）	设置 I/O 板在总线中的地址

DSQC651 板参数设置步骤如下：

1）点击示教器 ABB 菜单栏，进入主菜单界面，点击“控制面板”，如图 4-14 所示。

2）选择“配置”选项，如图 4-15 所示。

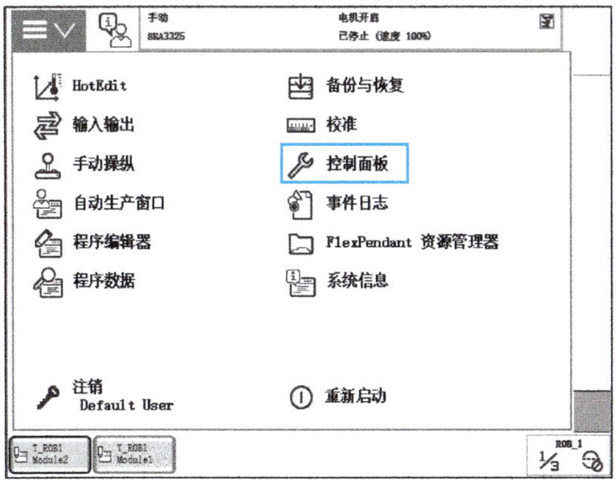

图 4-14　点击“控制面板”

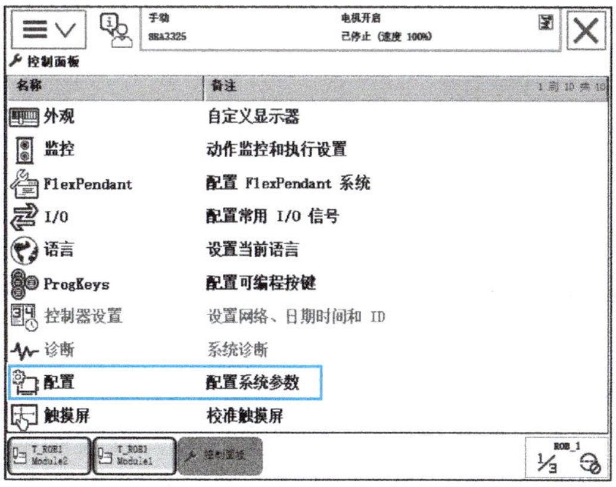

图 4-15　选择“配置”选项

3）双击“DeviceNet Device”选项，点击“显示全部”，如图 4-16 所示。

4）点击“添加”，如图 4-17 所示。

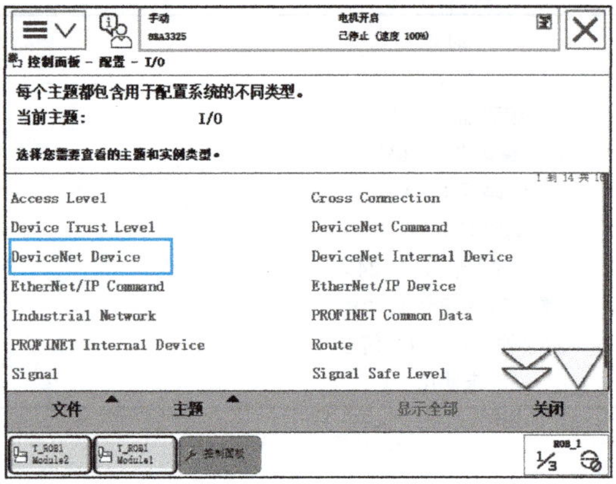

图 4-16　点击“DeviceNet Device”选项

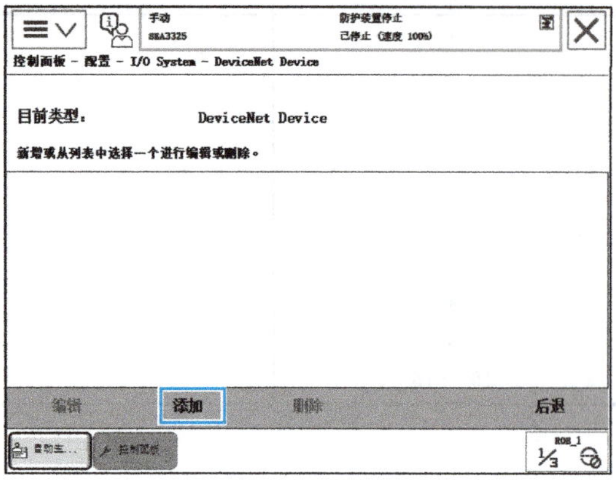

图 4-17　添加板卡

5）点击右上方下拉箭头图标，选择使用的 I/O 板类型，这里选择“DSQC 651 Combi I/O Device”，如图 4-18 所示。

6）选择完成后，会生成默认参数窗口，进行参数设置，如图 4-19 所示。

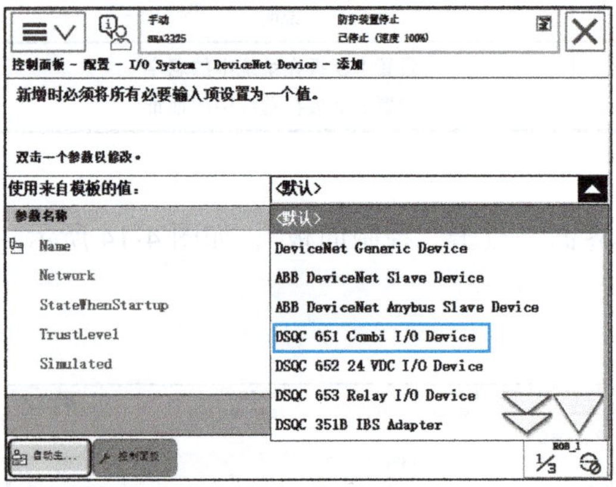

图 4-18　选择板卡类型

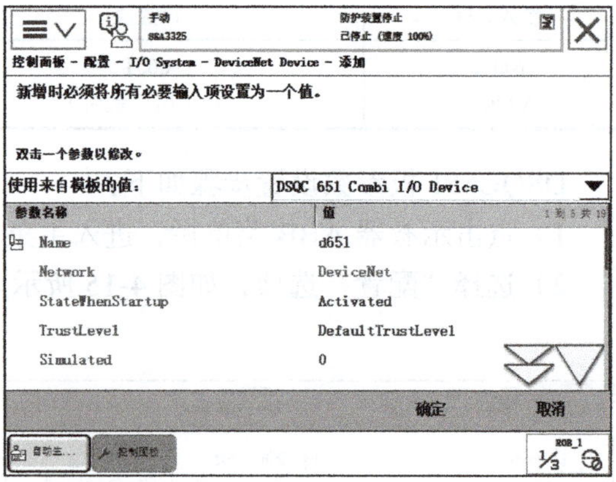

图 4-19　设置板卡参数 1

7）点击向下箭头进行翻页，双击“Address”选项，将“Address”的值改为 10，该值为 ABB 工业机器人出厂默认地址，如图 4-20 所示。

8）点击“确定”后，返回参数设置主界面，根据需要可以修改其他参数，参数设置完毕后，点击“确定”，如图 4-21 所示。

9）点击“是”，系统重启后，设置新参数生效，如图 4-22 所示。

10）再次进入“DeviceNet Device”界面后，即可看到刚刚已配置的 I/O 板（d651），如图 4-23 所示。

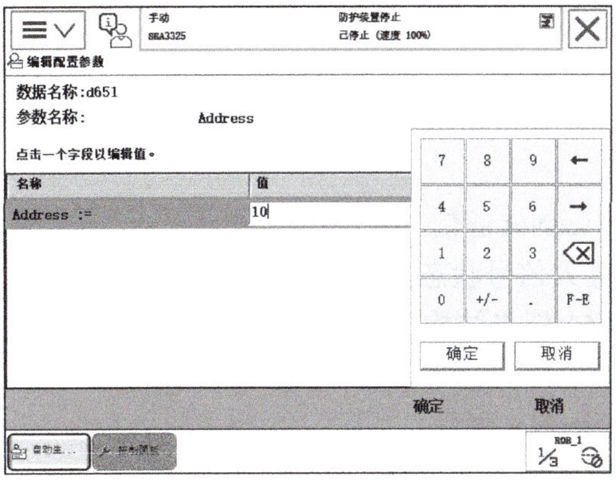

图 4-20　设置板卡地址

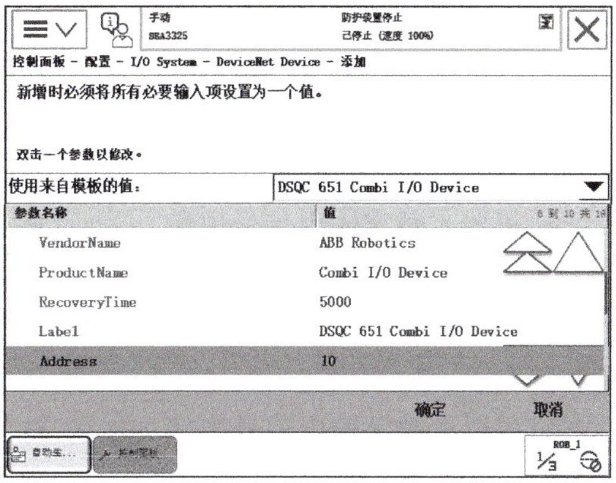

图 4-21　设置板卡参数 2

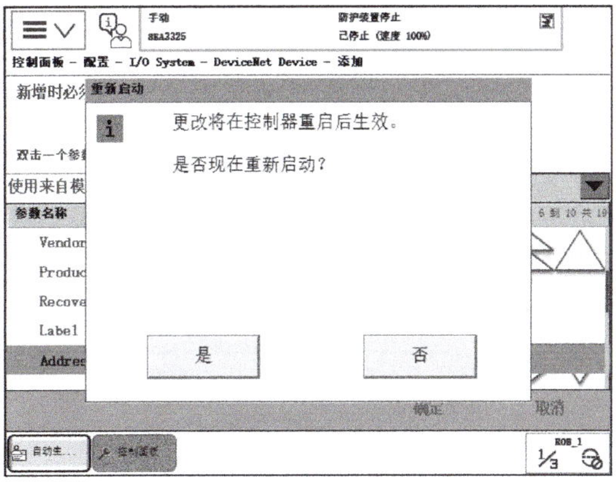

图 4-22　重启控制器

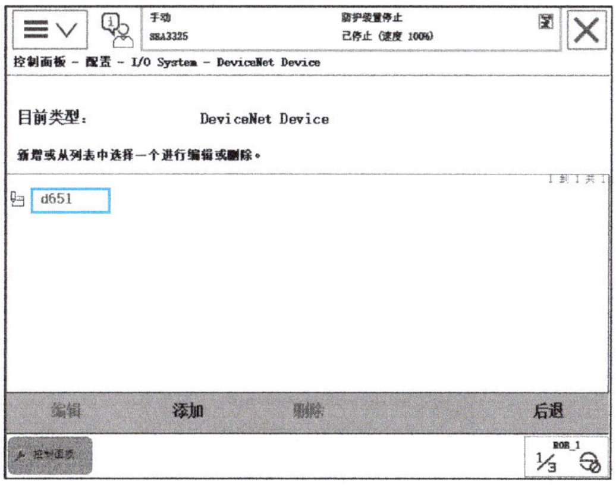

图 4-23　板卡添加完成

任务习题

一、选择题

1. ABB 工业机器人 DSQC652 板提供（　　）个数字量输入和数字量输出。

A. 8　　B. 16　　C. 32　　D. 64

2. ABB 工业机器人配有多种信号板，通过这些信号板可以方便地与外部设备进行通信，下列具有模拟输入信号的标准 I/O 板是（　　）。

A. DSQC651　　B. DSQC652　　C. DSQC355A　　D. DSQC377A

3. DSQC651 板最多支持的数字输入信号和数字输出信号分别为（　　）个。

A. 16、16　　B. 16、8　　C. 8、16　　D. 8、8

4. ABB 工业机器人 DSQC651 板提供（　　）个模拟输出信号。

A. 1　　B. 2　　C. 3　　D. 4

5. 标配的 ABB 机器人都支持（　　）通信协议。

A. DeviceNet　　B. ProfiBus　　C. ProfiNet　　D. EntherNet

6. 图 4-24 所示为 ABB 工业机器人 DSQC652 板卡结构图，其中标注的 C 区域接口主要用于（　　）。

A. 机器人数字输出信号连接　　B. DeviceNet 通信

C. 机器人数字输入信号连接　　D. 机器人信号状态显示

7. 图 4-25 所示为 ABB 工业机器人 DSQC651 板卡结构图，其中标注的 F 区域接口主要用于（　　）。

A. 机器人数字输出信号连接　　B. DeviceNet 通信

C. 机器人数字输入信号连接　　D. 机器人信号状态显示

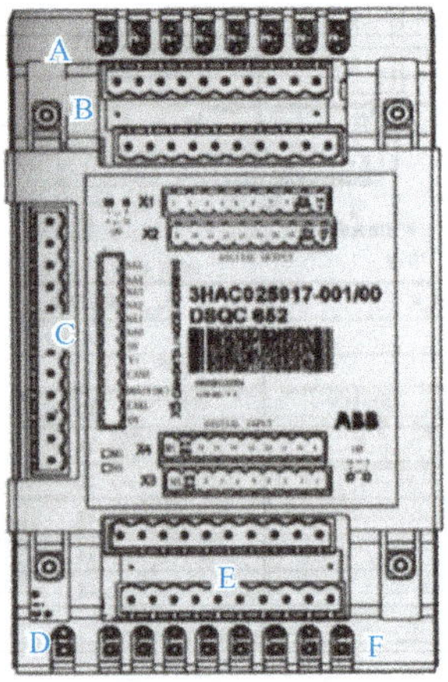

图 4-24　题 6 图

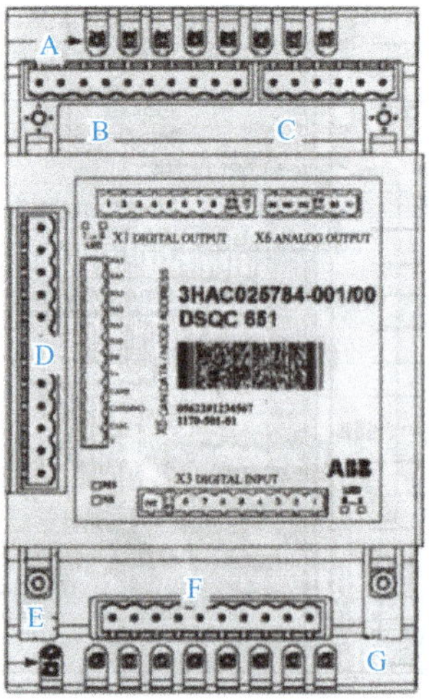

图 4-25　题 7 图

8. 图 4-26 所示为 ABB 工业机器人板卡 DeviceNet 通信接口，其中第 3 个接口连接（　　）。

A. 0V　　B. 通信终端低位

C. 通信终端高位　　D. 屏蔽线

9. 图 4-27 中设置的板卡地址是（　　）。

A. 2　　B. 8　　C. 10　　D. 12

10. ABB 标准 I/O 板设置时，DeviceNet 总线中的地址值设置在（　　）参数中。

A. Name　　B. Type of Unit　　C. Label　　D. DeviceNet Address

11. 设置 ABB 工业机器人板卡时，首先需要点击示教器“控制面板”界面中的（　　）选项。

A. 监控　　B. 配置　　C. I/O　　D. ProgKeys

12. ABB 标准 I/O 板设置时，首先需要设置（　　）。

A. 板卡类型　　B. 板卡名称　　C. 板卡地址　　D. 板卡数量

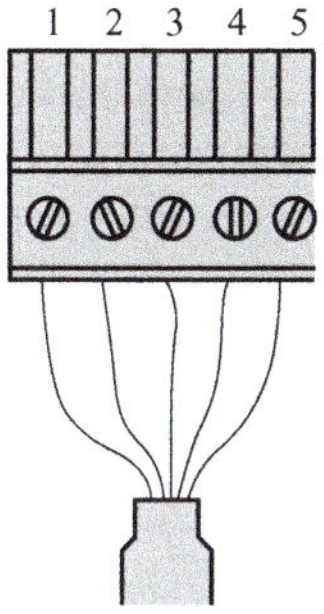

图 4-26　题 8 图

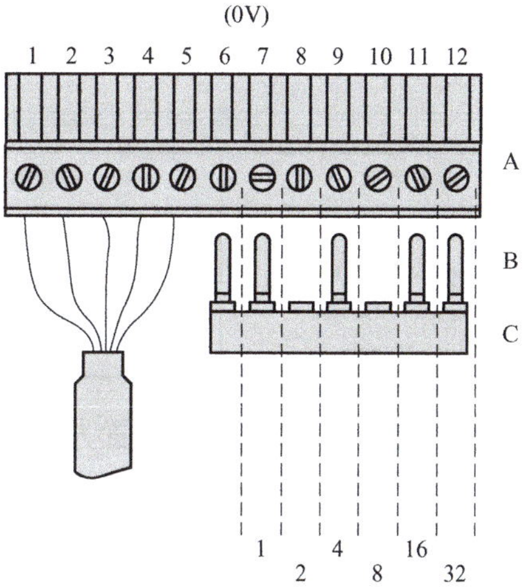

图 4-27　题 9 图

二、判断题

1. DSQC652 板卡只提供了数字输入信号、数字输出信号和模拟输出信号。（　　）

2. DSQC653 板卡主要提供 8 个数字输入信号和 8 个数字输出信号。（　　）

3. DSQC651 板卡主要包含的接口包括数字输出接口、模拟输出接口、DeviceNet 接口、数字输入接口。（　　）

4. ABB 标准 I/O 板中，能设置的地址最大值为 64。（　　）

5. ABB 机器人 I/O 板在出厂时已默认设置，在 DeviceNet 总线中的默认地址是 63。（　　）

6. ABB 标准 I/O 板是挂在 DeviceNet 网络上的，所以要设置模块在网络中的地址。（　　）

任务 4.2　配置 I/O 信号

任务描述

配置 I/O 信号是实现机器人与外部设备有效通信的关键步骤之一。通过了解 I/O 信号的类型和配置要求，确定所需的 I/O 信号需求，并在 ABB 机器人的编程环境中进行正确的配置和测试，可以确保机器人能够正确地与外部设备进行通信和控制，从而实现自动化的生产过程。本任务针对系统中的输入/输出信号进行设置和调试，以使其能够按预期工作，包括将物理设备与软件控制层相连接，分配地址和参数，以及确保数据的正确传输和处理。

4.2.1 定义数字输入信号

DSQC651 板数字输入信号需要设置的相关参数见表 4-16。

表 4-16 DSQC651 板数字输入信号相关参数设置

参数名称	设置值	含义
Name	DI01	设置数字输入信号的名称
Type of Signal	Digital Input	设置信号的种类
Assigned to Device	d651	设置信号所在 I/O 模块
Device Mapping	0	设置 I/O 信号所占用的地址

以数字输入信号 DI01 的设置为例，数字输入信号的设置过程如下：

1）点击示教器 ABB 菜单栏，进入主菜单界面，点击“控制面板”，如图 4-28 所示。

2）选择“配置”选项，如图 4-29 所示。

3）选择“Signal”选项，点击“显示全部”，如图 4-30 所示。

4）点击“添加”，如图 4-31 所示。

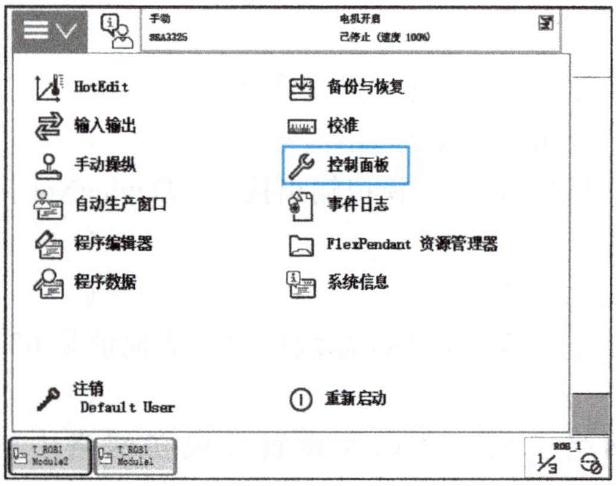

图 4-28 点击“控制面板”

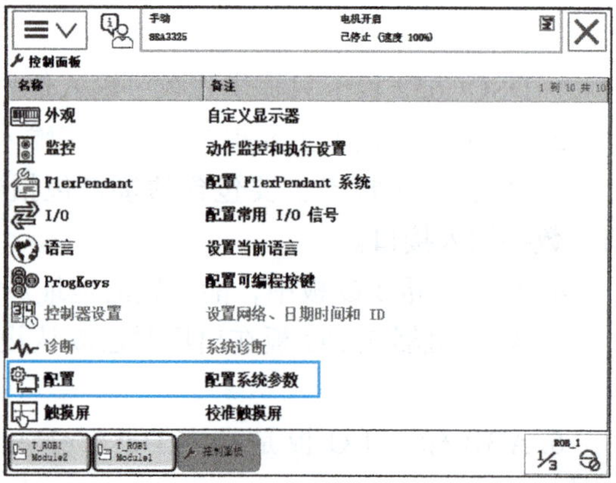

图 4-29 选择“配置”选项

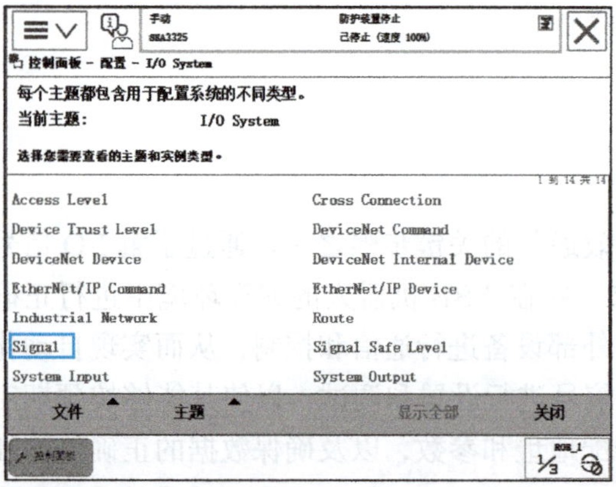

图 4-30 点击“Signal”选项

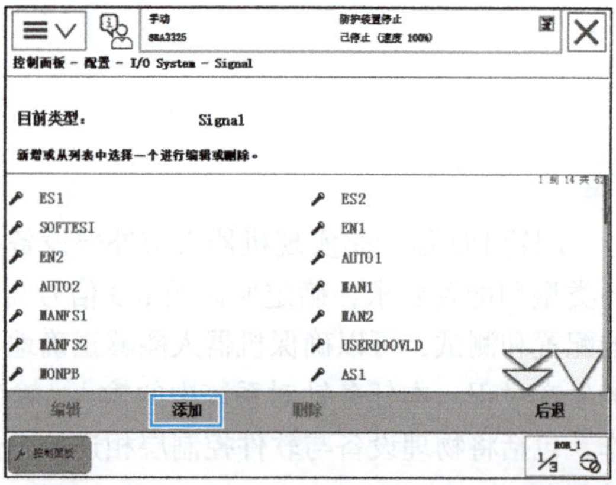

图 4-31 添加 I/O 信号

5）双击“Name”，如图 4-32 所示。

6）在弹出的界面中，修改信号名称为“DI01”，点击“确定”，如图 4-33 所示。

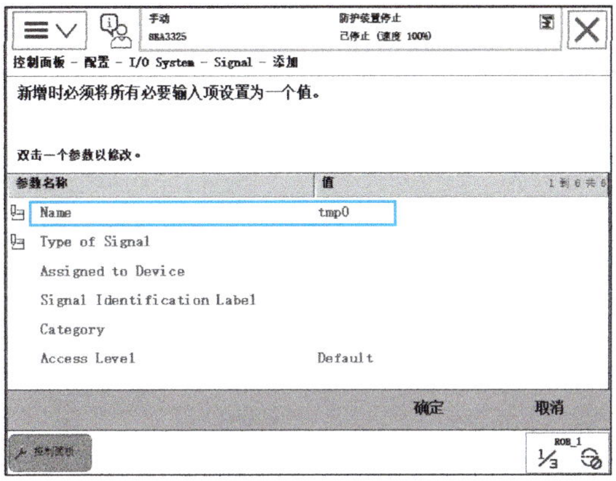

图 4-32 双击“Name”

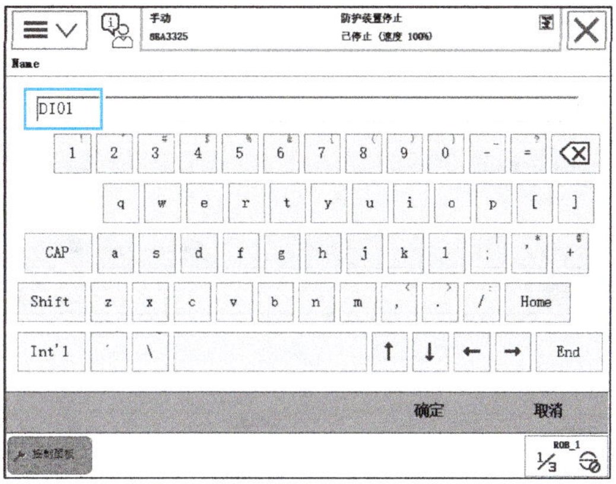

图 4-33 修改信号名称

7）双击“Type of Signal”，在下拉列表中选择类型为“Digital Input”，如图 4-34 所示。

8）双击“Assigned to Device”，在下拉列表中选择“d651”，如图 4-35 所示。

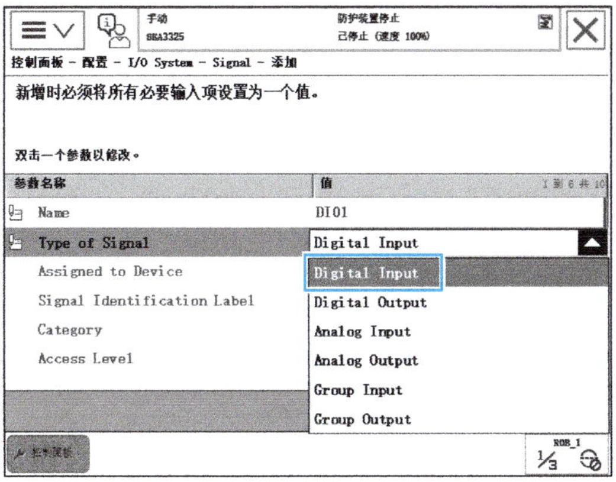

图 4-34 设置信号类型

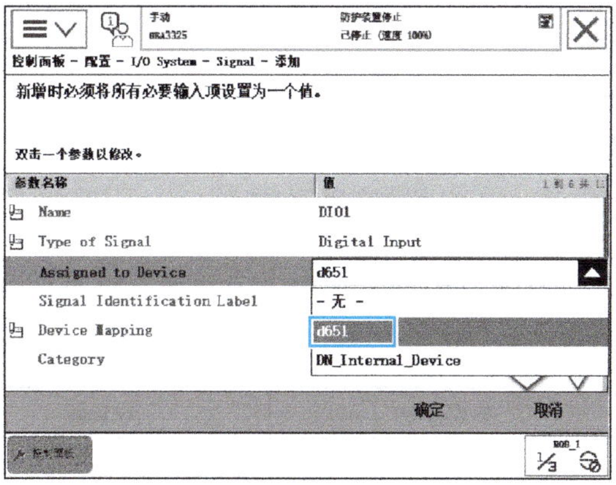

图 4-35 选择所属板卡

9）双击“Device Mapping”，如图 4-36 所示。

10）在弹出的界面中，设置地址为 0，点击“确定”，如图 4-37 所示。

11）其他参数保持默认值，点击“确定”，完成设置，如图 4-38 所示。

12）进入重新启动画面，点击“是”，如图 4-39 所示，控制器重启后，设置的输入信号 DI01 生效。

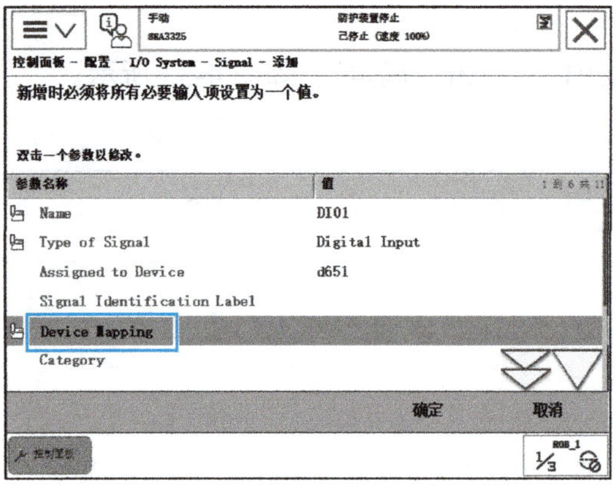

图 4-36　设置信号地址

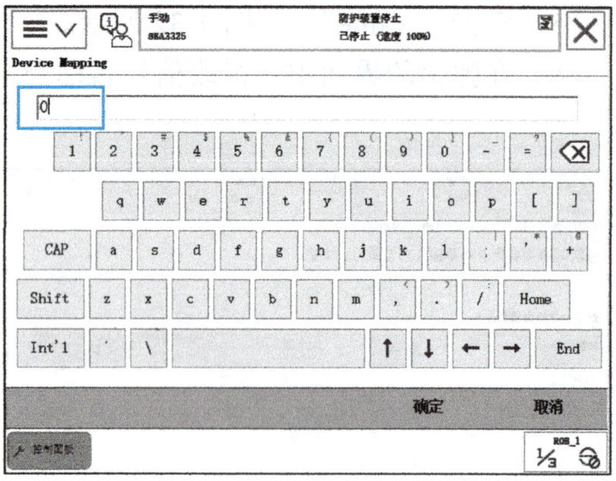

图 4-37　输入信号地址

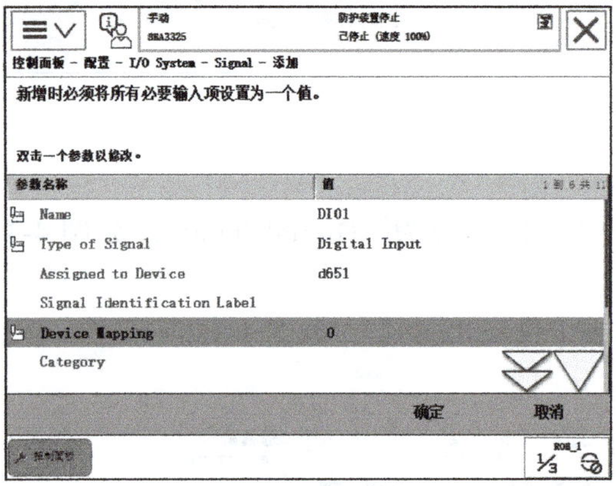

图 4-38　地址设置完成

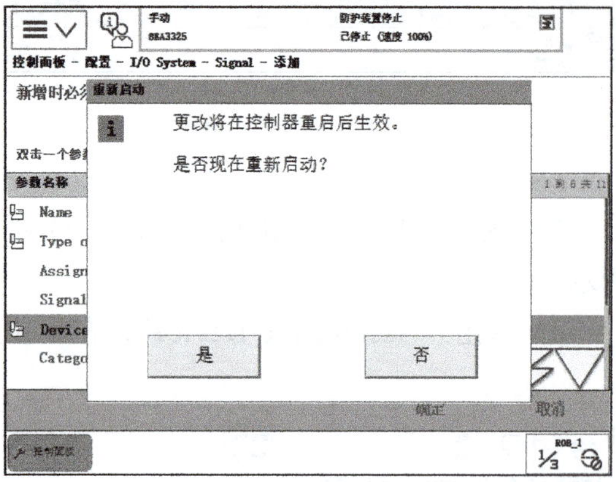

图 4-39　重启控制器

4.2.2　定义数字输出信号

DSQC651 板数字输出信号需要设置的相关参数见表 4-17。

表 4-17　DSQC651 板数字输出信号相关参数设置

参数名称	设置值	含义
Name	DO01	设置数字输出信号的名称
Type of Signal	Digital Output	设置信号的种类
Assigned to Device	d651	设置信号所在 I/O 模块
Device Mapping	0	设置 I/O 信号所占用的地址

以数字输出信号 DO01 的设置为例，数字输出信号的设置过程如下：

1）点击示教器 ABB 菜单栏，进入主菜单界面，点击“控制面板”，如图 4-40 所示。

2）选择“配置”选项，如图 4-41 所示。

3）选择“Signal”选项，点击“显示全部”，如图 4-42 所示。

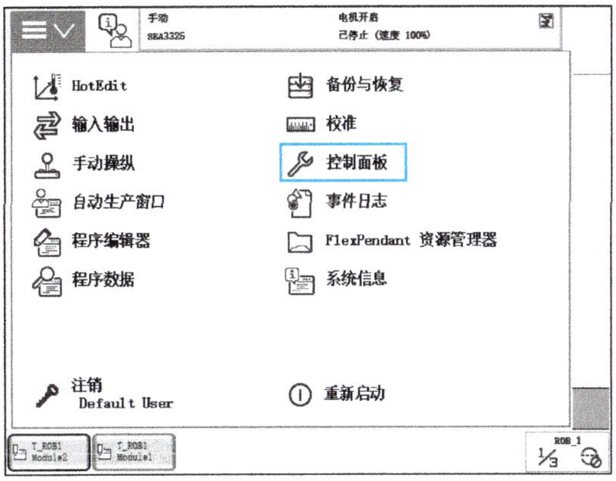

图 4-40　点击“控制面板”

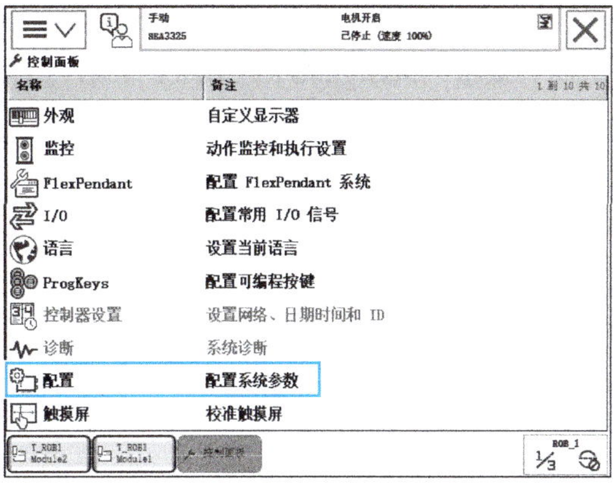

图 4-41　选择“配置”选项

4）点击“添加”，如图 4-43 所示。

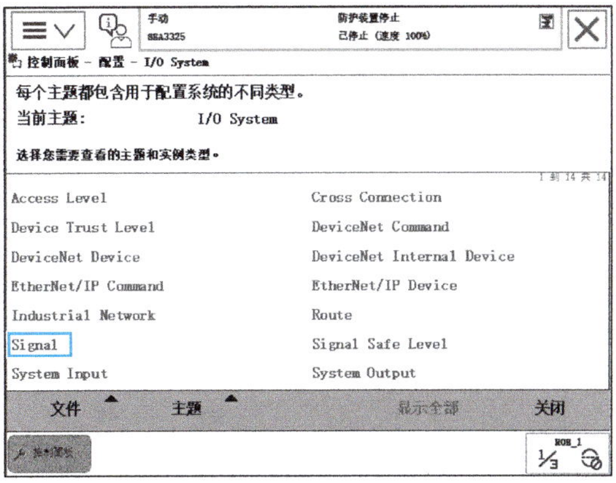

图 4-42　点击“Signal”选项

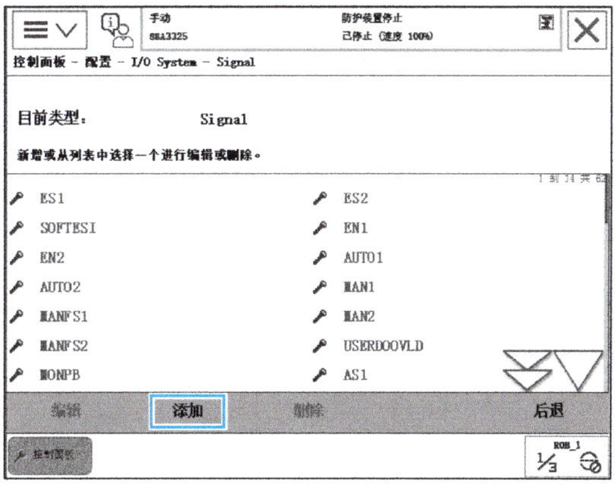

图 4-43　添加 I/O 信号

5）双击“Name”，如图 4-44 所示。

6）在弹出的界面中，修改信号名称为“DO01”，点击“确定”，如图 4-45 所示。

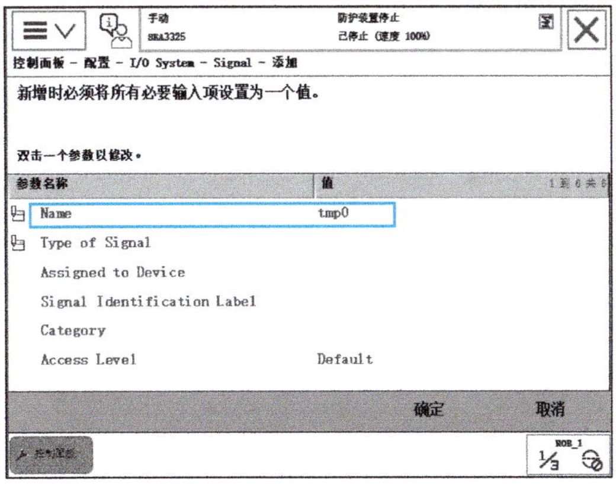

图 4-44　设置信号名称

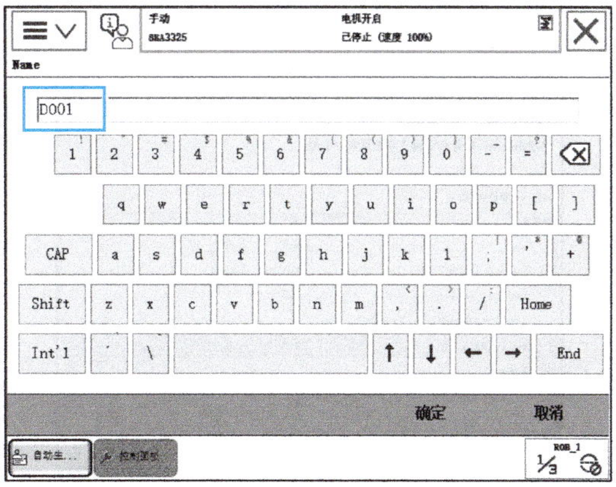

图 4-45　输入信号名称

7）双击“Type of Signal”，在下拉列表中选择类型为“Digital Output”，如图 4-46 所示。

8）双击“Assigned to Device”，在下拉列表中选择“d651”，如图 4-47 所示。

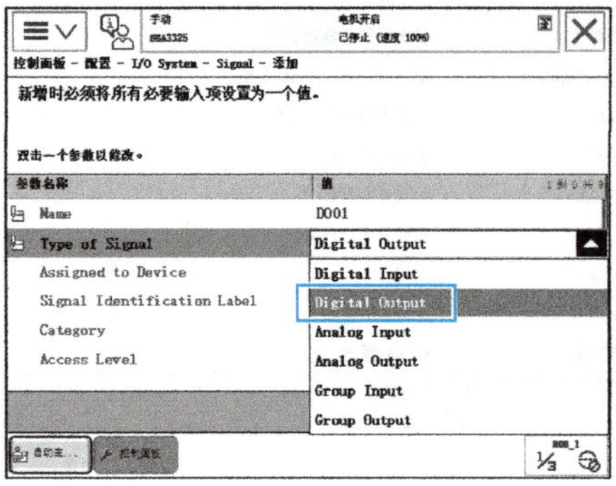

图 4-46　设置信号类型

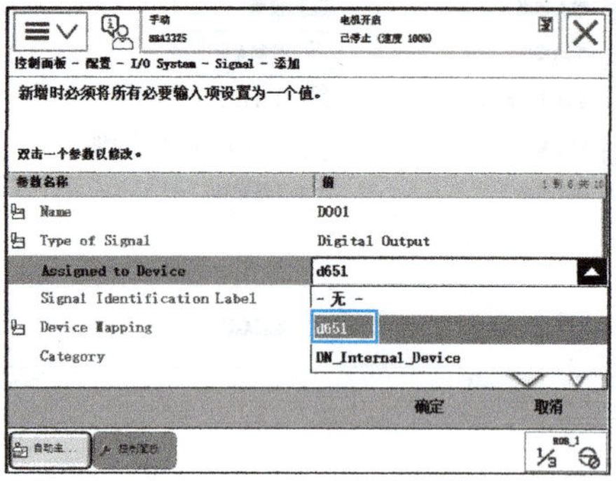

图 4-47　选择所属板卡

9）双击“Device Mapping”，如图 4-48 所示。

10）在弹出的界面中，设置地址为 0，点击“确定”，如图 4-49 所示。

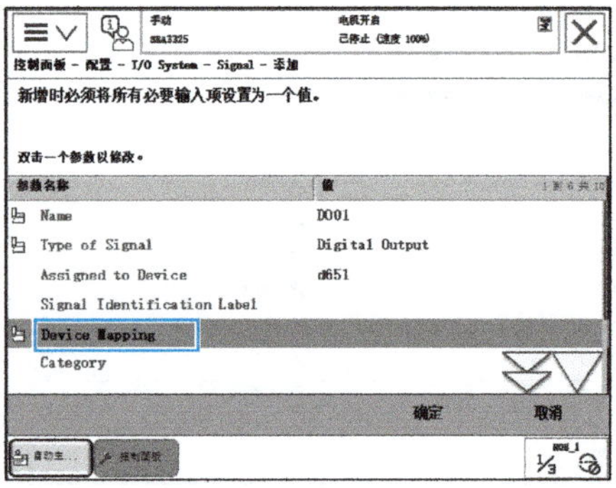

图 4-48　设置信号地址

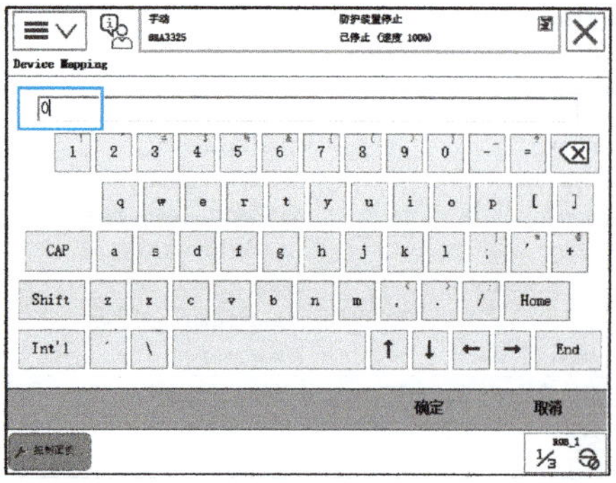

图 4-49　输入信号地址

11）其他参数保持默认值，点击“确定”，完成设置，如图 4-50 所示。

12）进入重新启动画面，点击“是”，如图 4-51 所示，控制器重启后，设置的输出信号 DO01 生效。

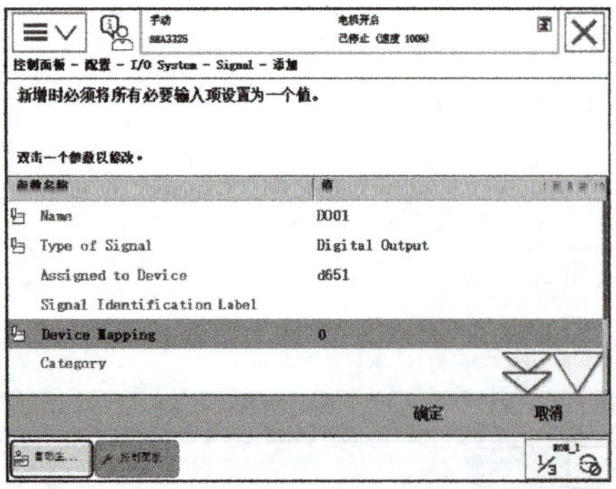

图 4-50　地址设置完成

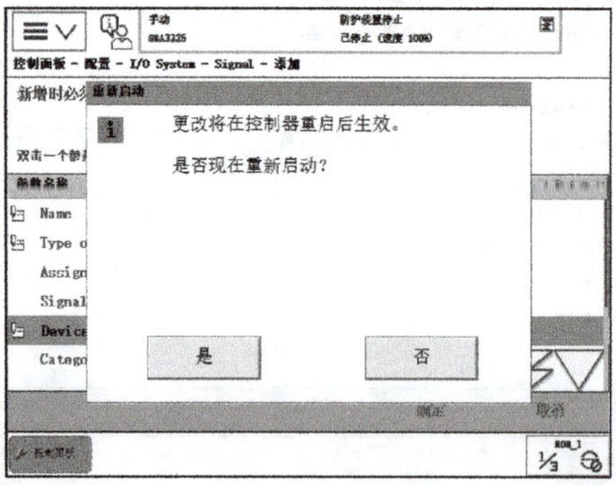

图 4-51　重启控制器

4.2.3　数字组输入信号的定义

数字组输入信号就是将几个数字开关量输入信号组合起来使用，用于接收外部设备输入的 BCD 编码的十进制数。组信号的使用可以大大提高信号的利用率，例如，3 位数字开关信号可以表示外围 3 种开关器件的状态，而 3 位数字开关信号的组合可以表示 8 种状态。以 DSQC651 板端口 5 ～ 7（地址 4 ～ 6）为例，名称为 Grdi1 的组信号，其组合后的状态见表 4-18。

表 4-18　Grdi1 组输入信号状态表

输入端子	5	6	7	十进制数
状态 1	0	0	0	0
状态 2	0	0	1	1
状态 3	0	1	0	2
状态 4	0	1	1	3
状态 5	1	0	0	4
状态 6	1	0	1	5
状态 7	1	1	0	6
状态 8	1	1	1	7

数字组输入信号需要设置的相关参数与数字输入信号设置的参数一致，不同的是其 Device Mapping 参数设置的地址为某个地址范围，且该地址范围不能与已使用过的地址重复。

下面以 GI01 组输入信号为例，数字组输入信号的设置过程如下：

1）点击“添加”，如图 4-52 所示。

2）双击“Name”，修改名称为“GI01”，如图 4-53 所示。

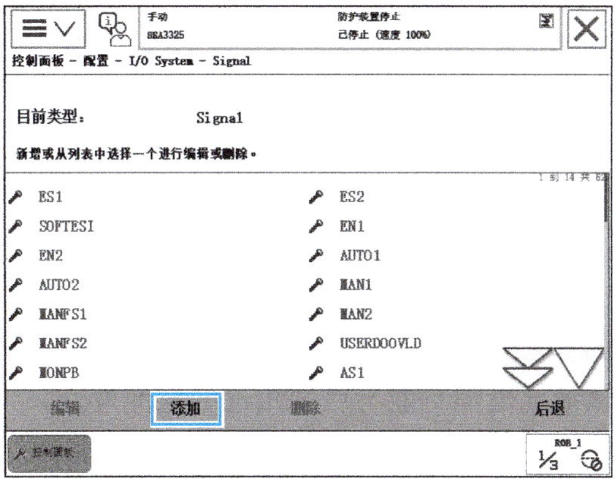

图 4-52　添加 I/O 信号

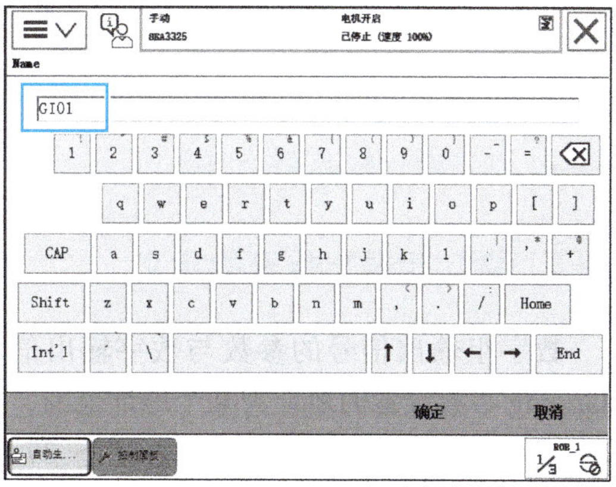

图 4-53　输入信号名称

3）双击“Type of Signal”，在下拉列表中选择“Group Input”，如图 4-54 所示。

4）双击“Assigned to Device”，选择“d651”，如图 4-55 所示。

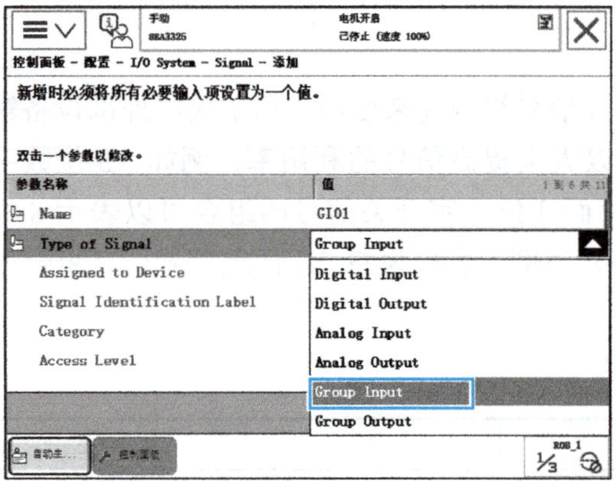

图 4-54　设置信号类型

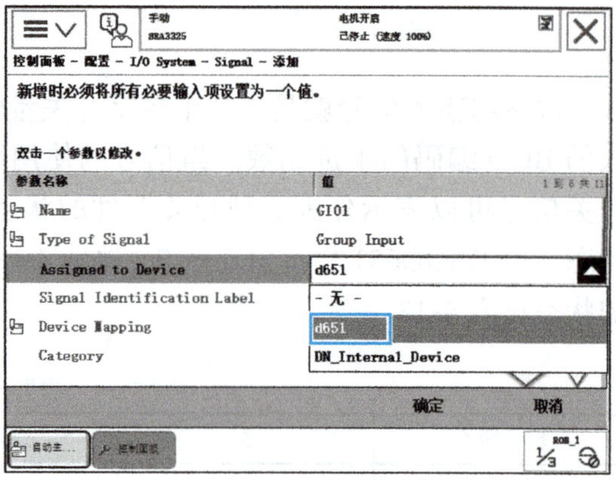

图 4-55　选择所属板卡

5）双击“Device Mapping”，修改地址为“4-6”，点击“确定”，其他参数保持默认，如图 4-56 所示。

6）后续操作与数字输入信号设置过程相同，按要求重启系统，组输入信号生效，如图 4-57 所示。

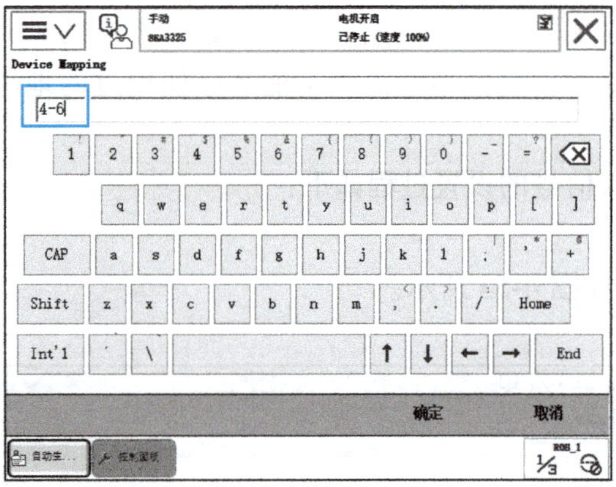

图 4-56　设置信号地址

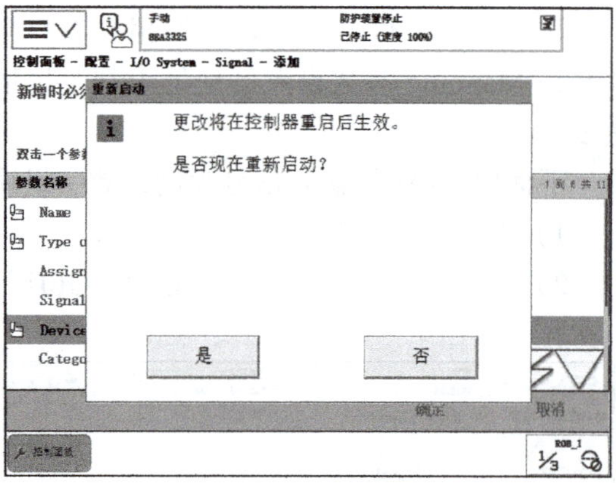

图 4-57　重启控制器

4.2.4　数字组输出信号的定义

数字组输出信号的参数与数字输出信号的参数设置是一致的，不同的是其 Device Mapping 参数设置的地址为某个地址范围，且该地址范围不能与已使用过的地址重复。

下面以 DSQC651 板端口地址 35 ～ 37 为例，组输出信号 GO01 的设置过程如下：

1）数字组输出信号与数字输出信号 DO01 的设置步骤相同，点击“添加”，如图 4-58 所示。

2）双击“Name”，修改名称为“GO01”，如图 4-59 所示。

3）双击“Type of Signal”，在下拉列表中选择“Group Output”，如图 4-60 所示。

4）双击“Assigned to Device”，选择“d651”，如图 4-61 所示。

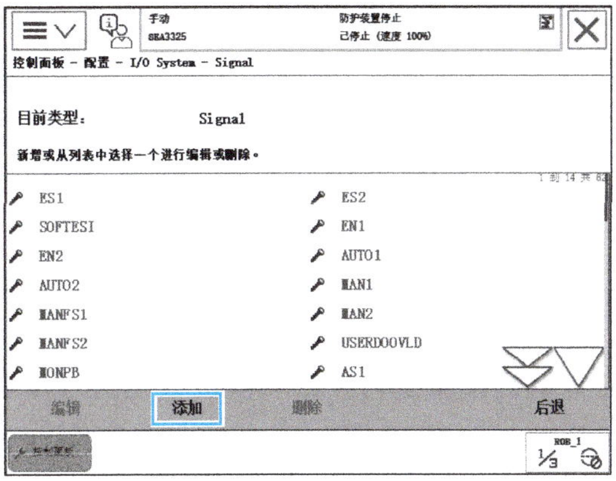

图 4-58　添加 I/O 信号

图 4-59　输入信号名称

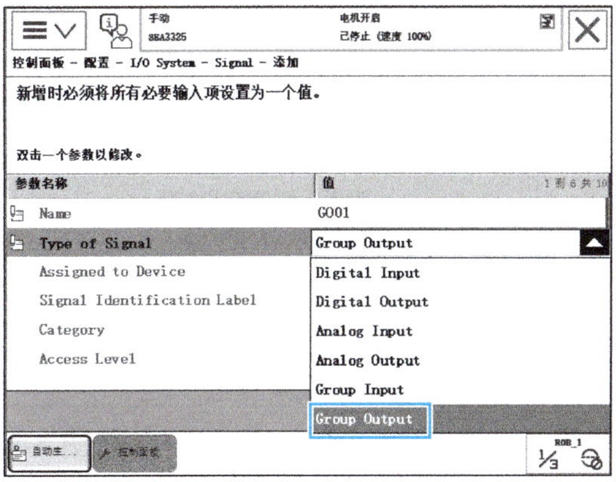

图 4-60　设置信号类型

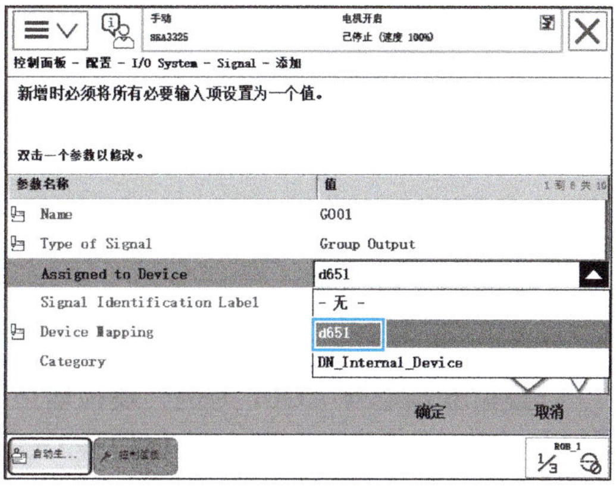

图 4-61　选择所属板卡

5）双击“Device Mapping”，修改地址为“35-37”，点击“确定”，其他参数保持默认，如图 4-62 所示。

6）后续操作与数字输出信号设置过程相同，按要求重启系统，组输出信号生效，如图 4-63 所示。

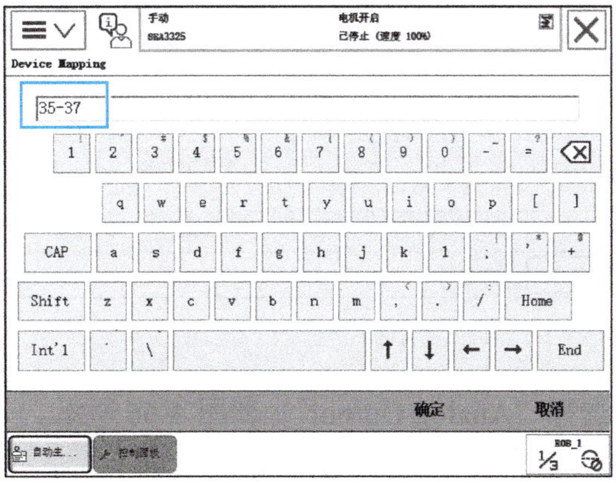

图 4-62　设置信号地址

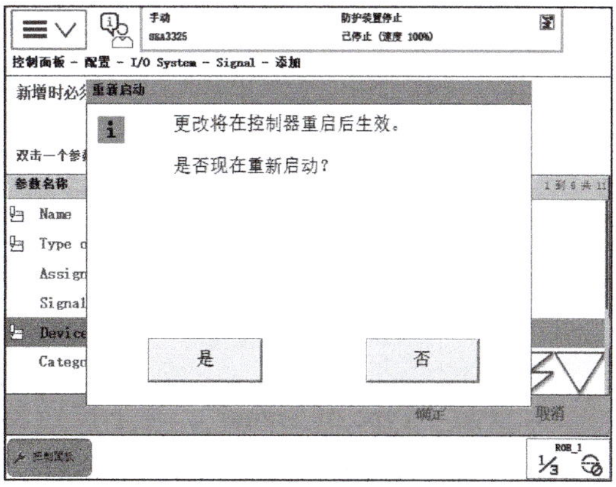

图 4-63　重启控制器

特别说明的是，组信号的地址分配可以是连续的，也可以是非连续的，例如：本任务中，组输入信号 GI01 和组输出信号 GO01 的地址都是连续的，使用英文的“–”号将组信号的首地址与末地址连接起来。如果配置的组信号地址是非连续的，那么就需要通过使用英文的“,”将不连续的地址依次配置。例如：组信号地址分别为 1、3、4、5，那么配置“Device Mapping”时，应修改地址为“1,3,4,5”或者“1,3–5”。

4.2.5 模拟输出信号定义

DSQC651 板带有两路模拟输出信号，可对外部模拟量进行控制，模拟输出信号需要设置的参数见表 4-19。

表 4-19 模拟输出信号的相关参数

参数名称	设置值	含义
Name	AO01	设置模拟输出信号的名称
Type of Signal	Analog Output	设置信号的种类
Assigned to Device	d651	设置信号所在 I/O 模块
Device Mapping	0 ～ 15	设置 I/O 信号所占用的地址
Analog Encoding Type	Unsigned	设置模拟量编码类型
Maximum Logical Value	10	设置最大逻辑值
Maximum Physical Value	10	设置最大物理值
Maximum Bit Value	65535	设置最大位置

以模拟输出信号 AO01 为例，模拟输出信号的设置过程如下：

1）模拟输出信号与数字输出信号 DO01 的设置步骤相同，点击“添加”，如图 4-64 所示。

2）双击“Name”，修改名称为“AO01”，如图 4-65 所示。

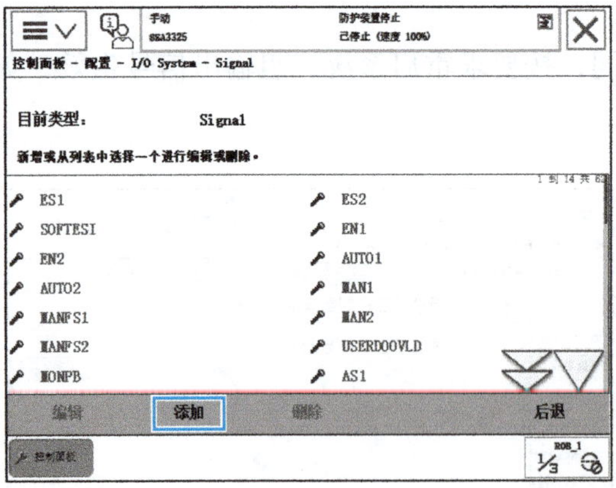

图 4-64 添加 I/O 信号

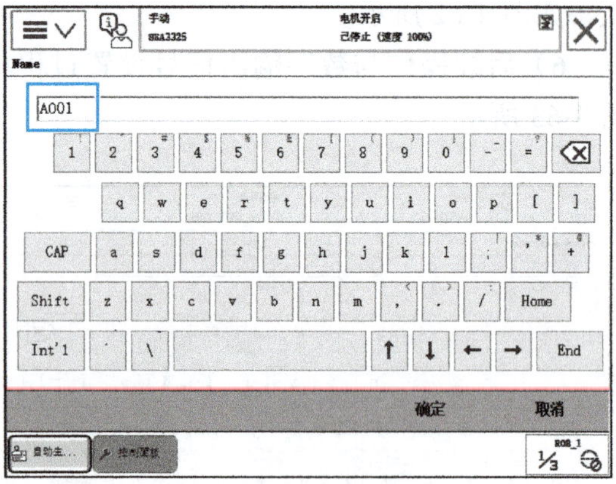

图 4-65 输入信号名称

3）双击“Type of Signal”，在下拉列表中选择“Analog Output”，如图 4-66 所示。

4）双击“Assigned to Device”，选择“d651”，如图 4-67 所示。

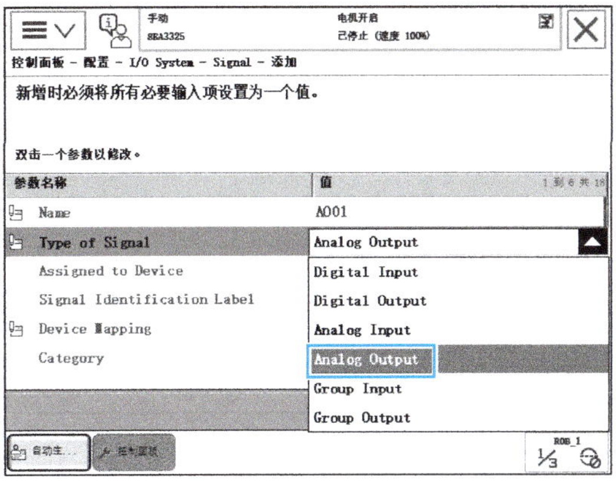

图 4-66　设置信号类型

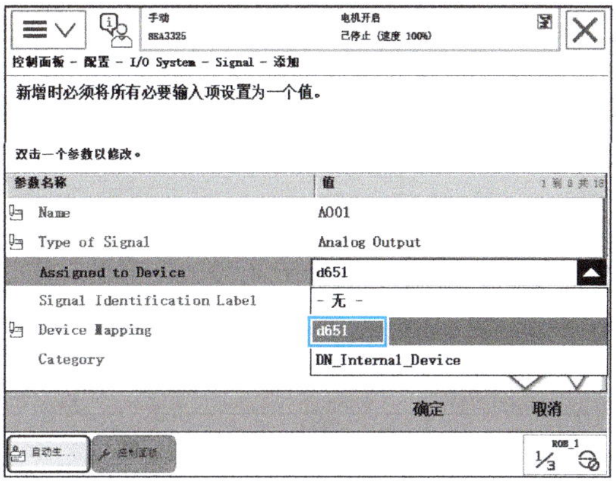

图 4-67　选择所属板卡

5）双击“Device Mapping”，修改地址为“0-15”，点击“确定”，其他参数保持默认，如图 4-68 所示。

6）点击“Analog Encoding Type”，在下拉列表中选择“Unsigned”选项，如图 4-69 所示。

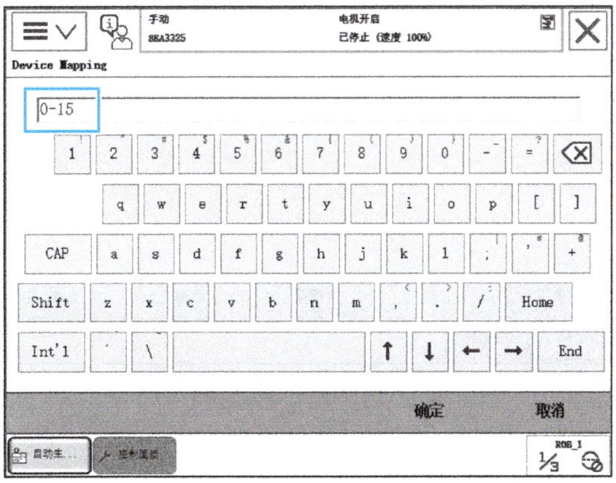

图 4-68　设置信号地址

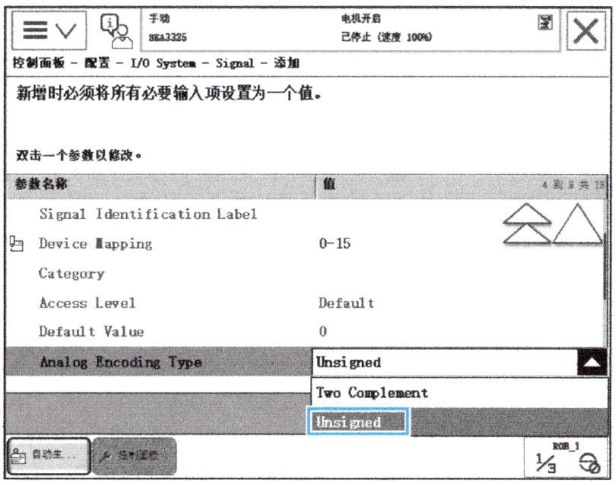

图 4-69　设置模拟量编码类型

7）双击“Maximum Logical Value”选项，设置值为 10，如图 4-70 所示。

8）双击“Maximum Physical Value”，设置值为 10；双击“Maximum Bit Value”，设置值为 65535，其他参数保持默认，如图 4-71 所示。

4.2.6　信号的监控、仿真与强制

1. 将信号配置为常用 I/O 信号

可以将已定义的信号，根据需要将某些常用信号配置为常用 I/O 信号，配置常用 I/O 信号的操作步骤如下：

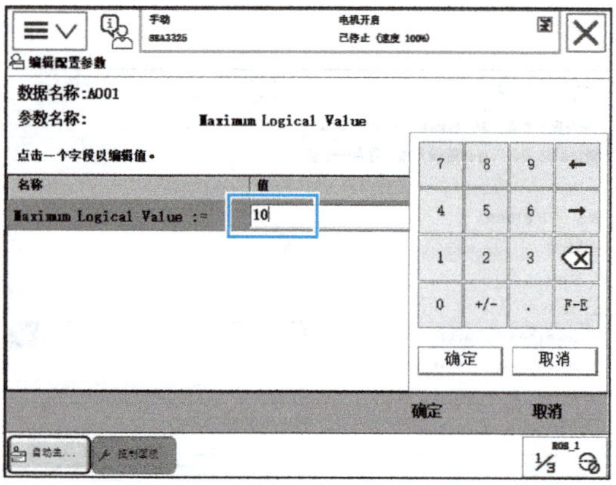

图 4-70 设置最大逻辑值

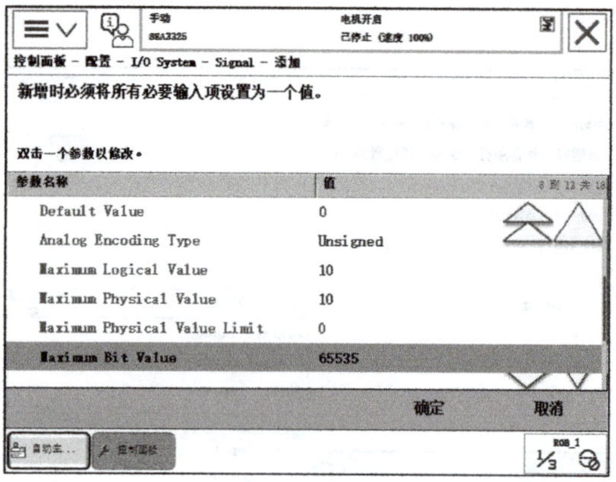

图 4-71 设置最大物理值和最大位值

1）点击 ABB 主菜单选择“控制面板”，点击“I/O”选项，如图 4-72 所示。

2）在已定义的 I/O 信号中，勾选需要定义为常用 I/O 信号的信号名称（这里将前面定义的信号均选中），如图 4-73 所示。

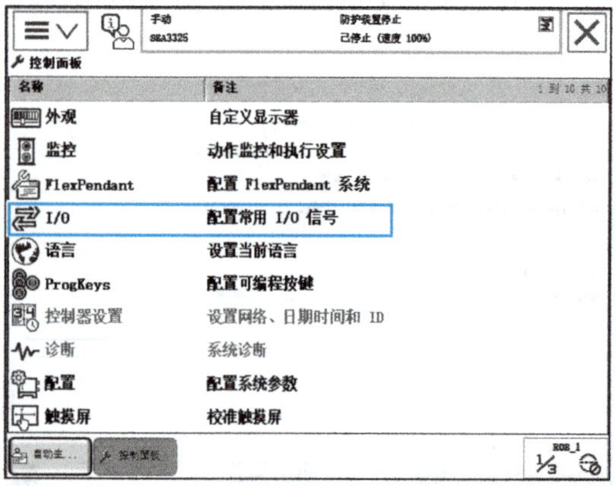

图 4-72 选择“I/O”选项

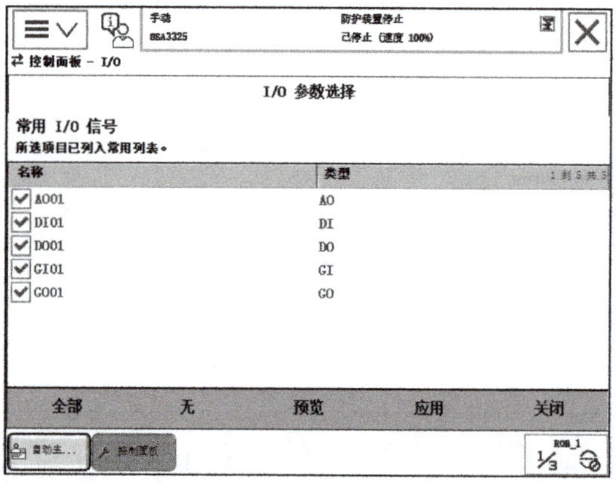

图 4-73 勾选所需信号

3）进入主页面，选择“输入输出”选项，如图 4-74 所示。

4）在“输入输出”界面中，选择右下角“视图”，点击“常用”，即可显示已配置为常用 I/O 信号的名称，如图 4-75 所示。

2. 对数字输入 / 组输入信号进行仿真

下面以所定义的 DI01 及 GI01 信号为例，对输入信号进行仿真操作，操作步骤如下：

1）点击 ABB 主菜单选择“输入输出”，点击右下角“视图”，勾选“常用”，显示所有 I/O 信号后，选择 DI01，如图 4-76 所示。

2）选择页面下方“仿真”选项，进入输入信号仿真状态，选择“1”或“0”可以对仿真值进行修改，如图 4-77 所示。

3）点击“消除仿真”，退出仿真状态，如图 4-78 所示。

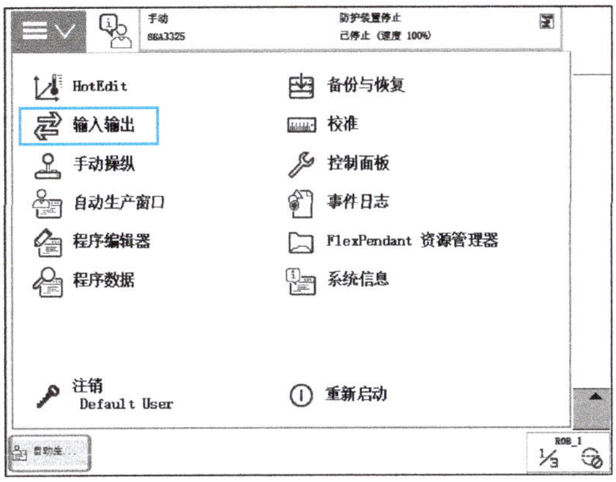

图 4-74　选择“输入输出”

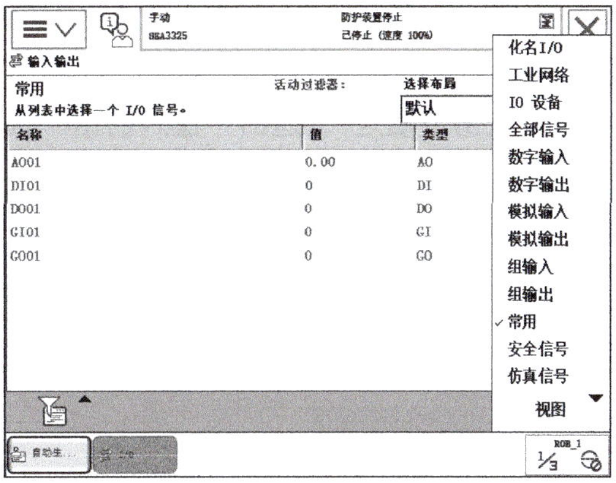

图 4-75　查看常用信号

4）选择 GI01，对组输入信号进行仿真，点击页面下方“仿真”选项，如图 4-79 所示。

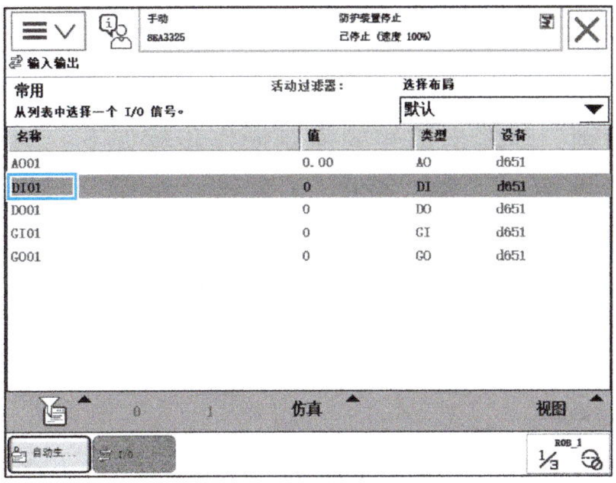

图 4-76　选择仿真信号

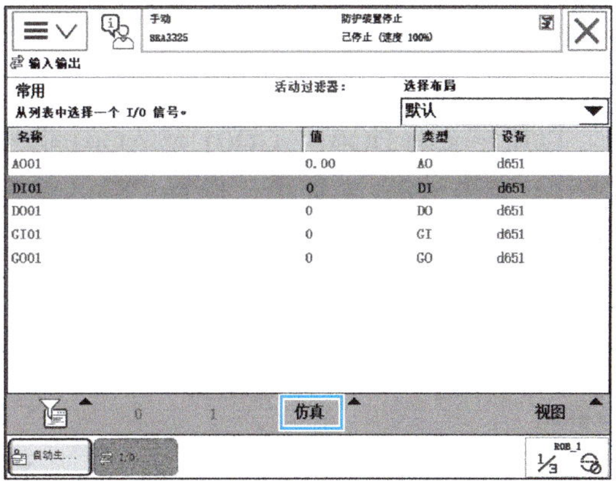

图 4-77　输入信号仿真状态

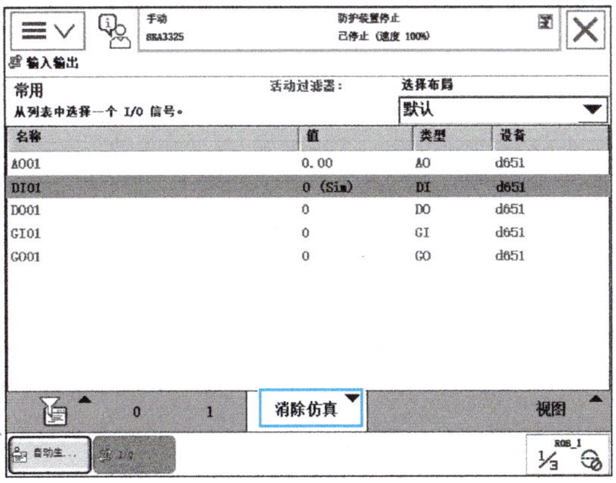

图 4-78　消除仿真

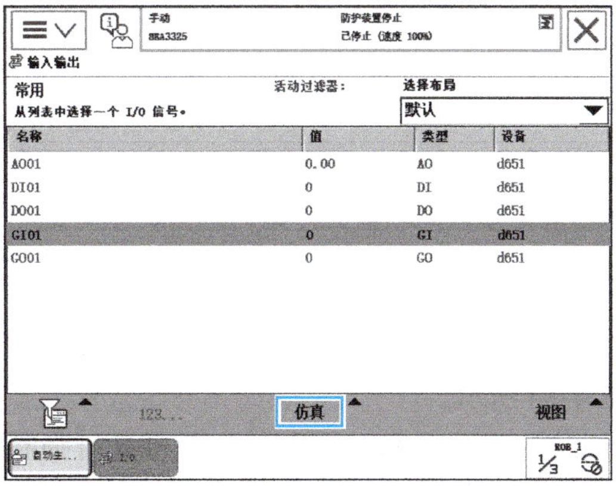

图 4-79　选择仿真信号

5）点击页面下方“123...”，修改需要仿真的值（0～7），输入数值 6，如图 4-80 所示。

6）点击“确定”，返回“输入输出”页面，可观察仿真结果，如图 4-81 所示。

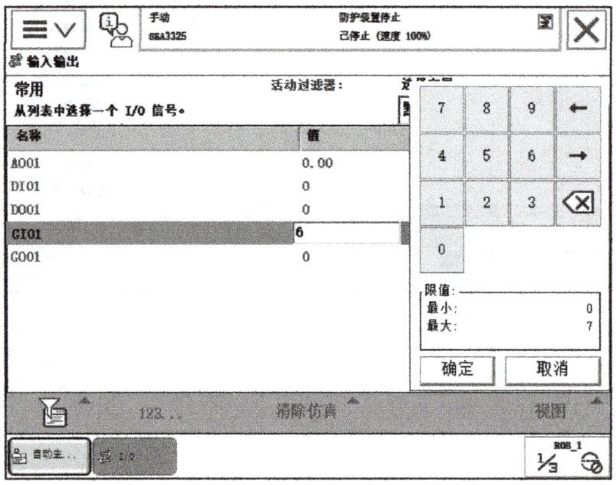

图 4-80　设置仿真数据

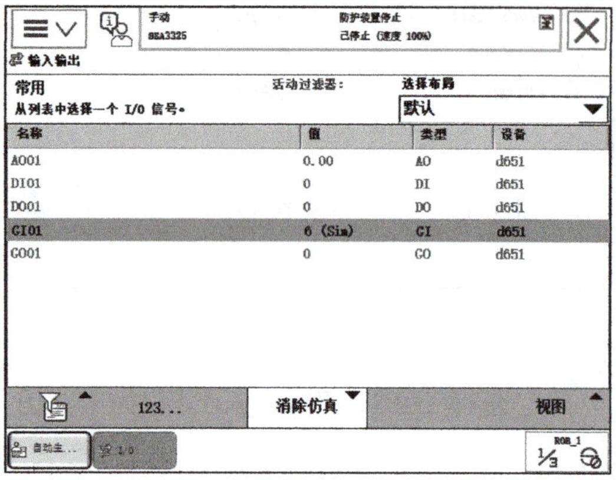

图 4-81　查看仿真结果

3. 对数字输出 / 组输出及模拟输出信号进行强制操作

以所定义的 DO01、GO01 及 AO01 信号为例，对输出信号的强制操作步骤如下：

1）点击 ABB 主菜单，选择“输入输出”界面右下角“视图”，勾选“常用”，显示所有 I/O 信号，选择 DO01，如图 4-82 所示。

2）选择页面下方“1”或“0”，可以修改输出值，进行强制操作，如图 4-83 所示。

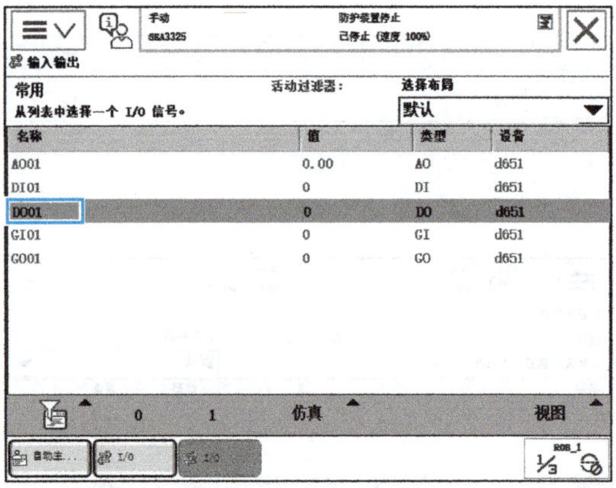

图 4-82　选择信号

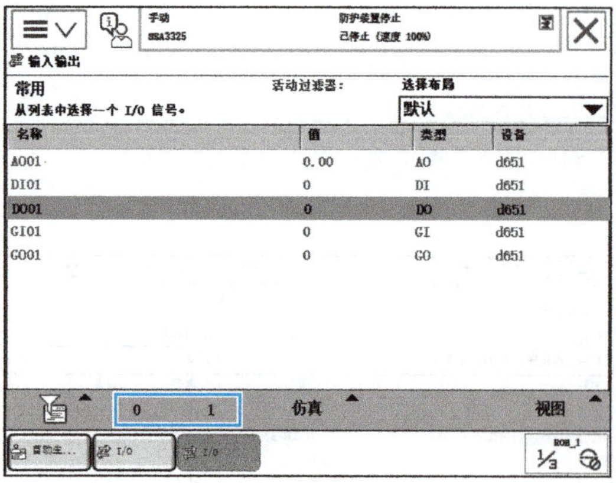

图 4-83　修改信号数据

3）点击“1”，使 DO01 信号的值强制为“1”，强制操作将改变实际信号的输出，如图 4-84 所示。

4）选择 GO01，对组输出信号进行强制操作，如图 4-85 所示。

5）点击页面下方“123...”，修改需要强制的值（0～7），输入数值 7，如图 4-86 所示。

6）点击“确定”，返回“输入输出”页面，可观察强制结果，如图 4-87 所示。

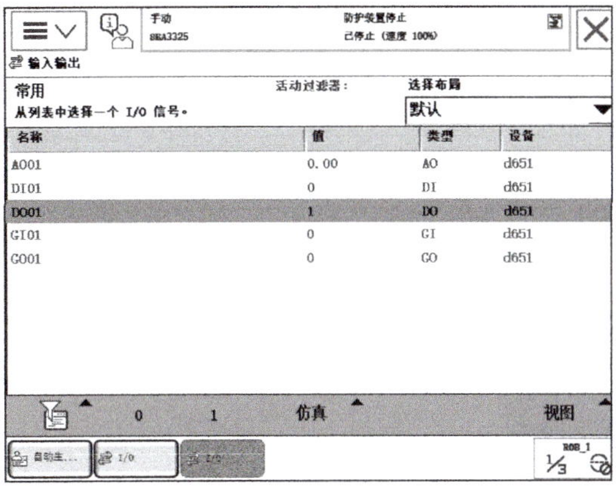

图 4-84　强制 DO01 信号数据

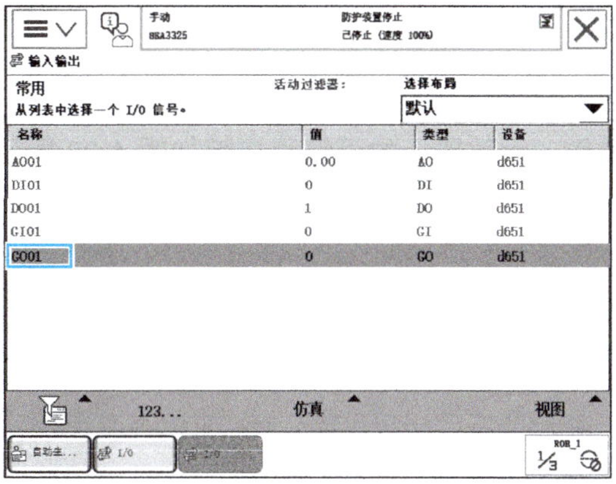

图 4-85　选择信号

7）选择模拟输出信号 AO01，对其进行强制操作，点击页面下方“123...”，修改需要强制的值（0.00 ～ 10.00），输入强制值“5.67”，如图 4-88 所示。

8）点击“确定”，返回“输入输出”页面，可观察强制结果，如图 4-89 所示。

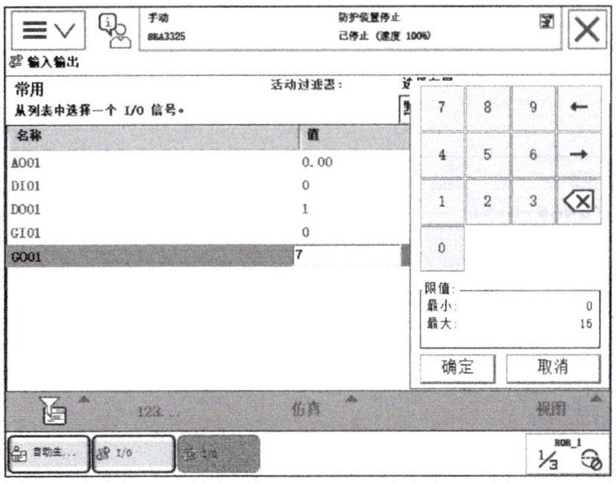

图 4-86　修改信号数据

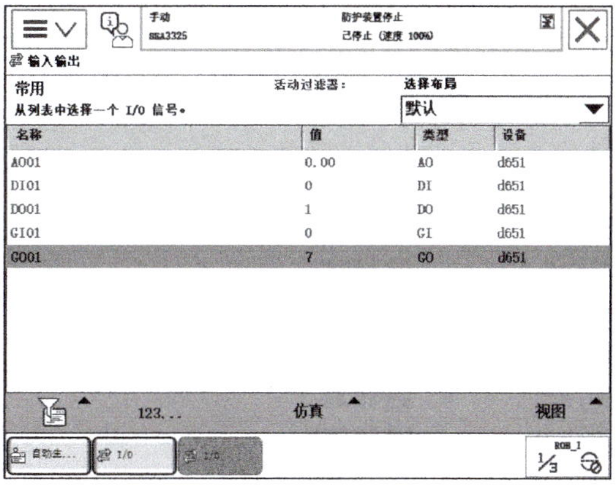

图 4-87　查看强制结果

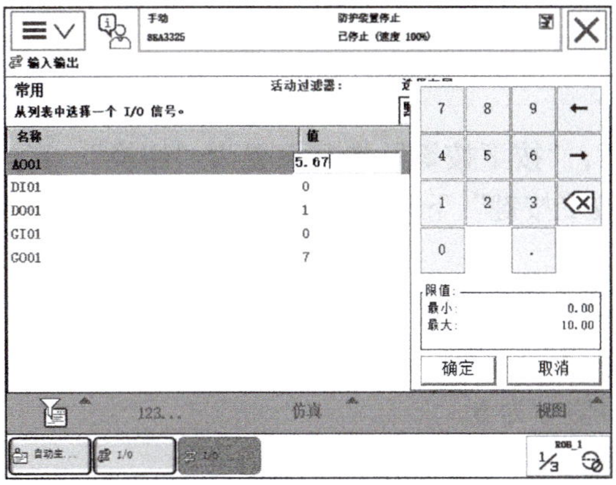

图 4-88　强制 AO01 信号数据

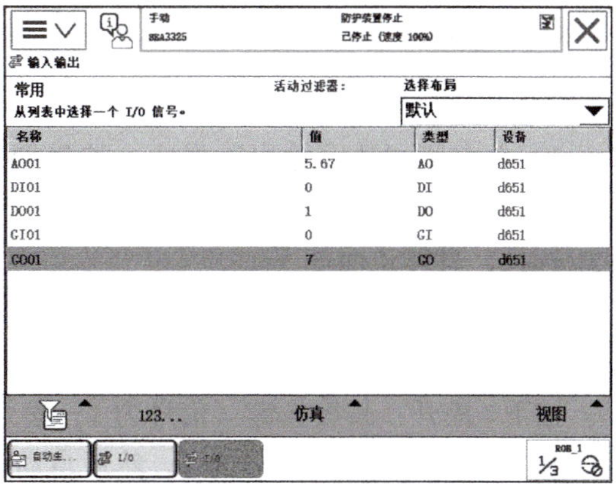

图 4-89　查看强制结果

4.2.7 使用示教器可编程按键

示教器上的可编程按键可以和 I/O 信号进行关联，以方便对 I/O 信号进行仿真或强制操作，示教器上的可编程按键如图 4-90 所示。

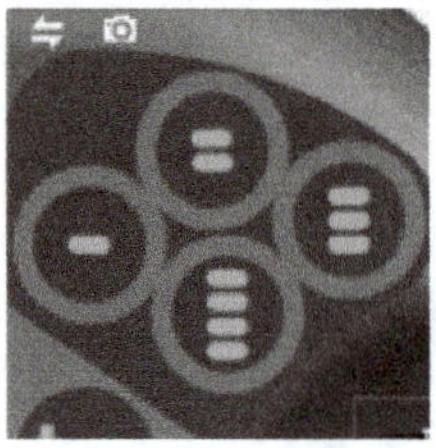

图 4-90 示教器上的可编程按键

以可编程按键设置数字输出信号 DO01 为例，设置过程如下：

1）进入 ABB 主界面，点击选择“控制面板”，进入“控制面板”界面，如图 4-91 所示。

2）点击选择“ProgKeys”选项，进入设置界面。在设置界面中，可将可编程按键 1 ～ 4 分别与信号进行关联，设置类型可选择为机器人的输入、输出、系统 3 种。这里选择将按键 1 设置为输出，如图 4-92 所示。

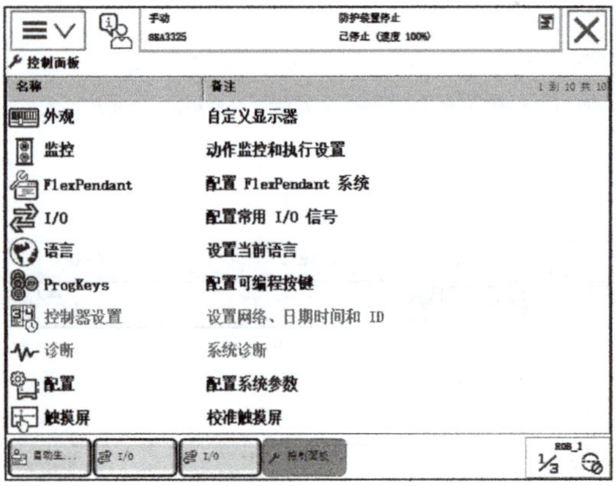

图 4-91 控制面板

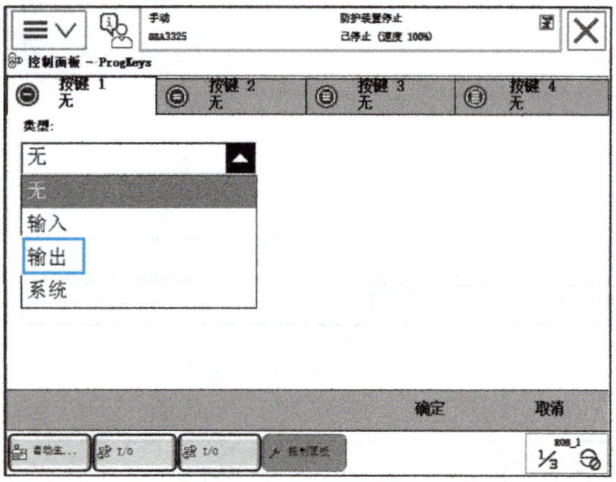

图 4-92 设置按键 1 类型

3）在右侧“数字输出”栏中，选择 DO01，“按下按键”选项设置为“切换”，点击“确定”完成设置，如图 4-93 所示。其中，“按下按键”下拉列表框中，有多种按键方式可以选择，具体说明如下：

切换：每按一次按键，信号在 1 和 0 之间切换。

设为 1：按下按键，将信号置位 1；设为 0：按下按键，将信号置位 0。

按下 / 松开：长按按键，信号为 1，松开后信号为 0。

脉冲：按下按键，信号为 1，然后自动重置为 0，产生一个高脉冲信号。

4）配置完成后，切换到“输入输出”界面，手动反复按下“按键 1”，可以看到 DO01 信号在“0”和“1”之间反复切换，如图 4-94 所示。同样的操作，我们可以依据上述步骤对按键 2 ～ 4 进行设置。

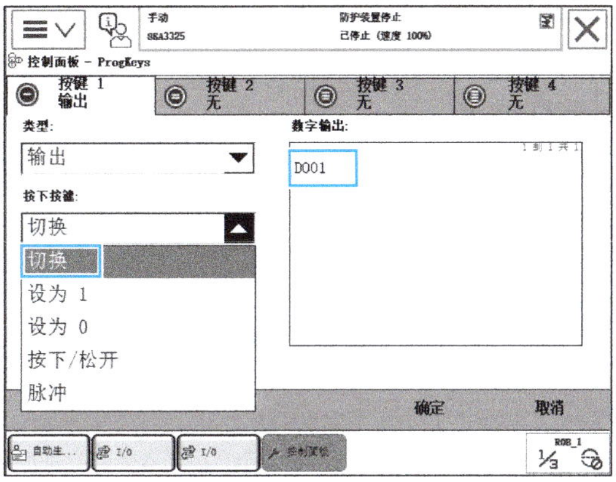

图 4-93 设置按键操作方式

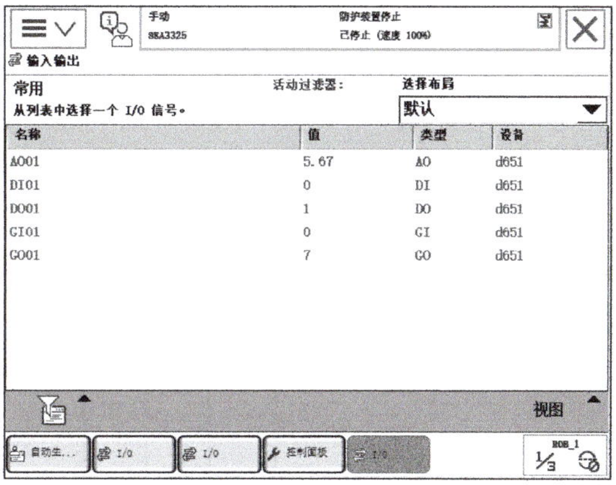

图 4-94 查看信号数据

任务习题

一、选择题

1. 机器人组输出信号，常以（ ）开头进行命名。

A. do　　B. go　　C. ao　　D. zo

2. 机器人数字输入信号，常以（ ）开头进行命名。

A. di　　B. do　　C. gi　　D. ai

3. ABB 机器人信号命名时，首字母能为（ ）。

A. 数字　　B. 下划线　　C. 字母　　D. 以上均可

4. ABB 机器人信号命名时，能使用下列哪些符号？（ ）

A. 小写字母　　B. 大写字母　　C. 数字　　D. 下划线

5. ABB 机器人信号命名时，下列哪些信号名称不符合命名规范？（ ）

A. di_1　　B. di*1　　C. 5di　　D. _di1

6. DSQC652 板卡第 1 个数字输入口的地址是（ ）。

A. 32　　B. 0–32　　C. 1　　D. 0

7. ABB 工业机器人 I/O 信号配置可以在示教器（ ）选项中进行设置。

A. 控制面板　　B. 手动操作

C. 系统信息　　D. 程序数据

8. 设置信号的类型，应在（ ）参数中选择。

A. Name　　B. Type of Signal

C. Assigned to Device　　　　D. Device Mapping

9. 设置信号的地址，应在（　　）参数中选择。

A. Name　　　　B. Type of Signal

C. Assigned to Device　　　　D. Device Mapping

10. 配置 ABB 工业机器人组输入信号时，需要选择的信号类型是（　　）。

A. Digital Input　　　　B. Digital Output

C. Group Input　　　　D. Group Output

11. 将图 4-95 所示的 4 个数字输出接口设置为一组信号，地址应设置为（　　）。

A. 1–4　　　　B. 8–11　　　　C. 9–12　　　　D. 0–3

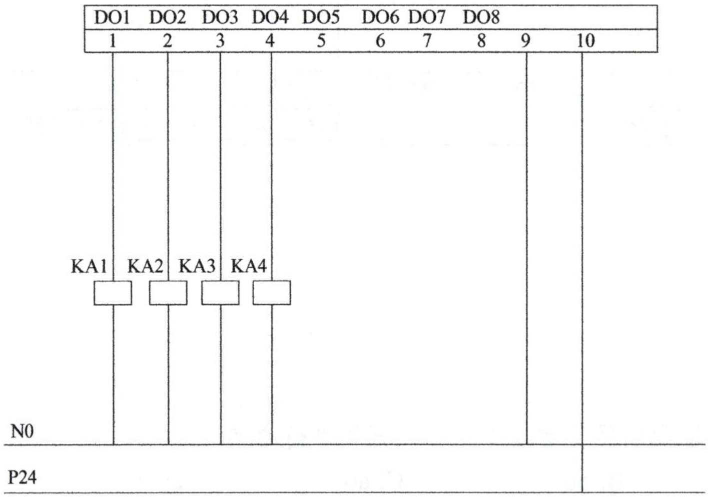

图 4-95　题 11 图

12. 如果需要对外输出的最大值为 14，需要用（　　）个数字输出口组合为组信号。

A. 3　　　　B. 4　　　　C. 5　　　　D. 6

13. 下列哪些为组信号类型？（　　）

A. Digital Input　　　　B. Digital Output

C. Group Input　　　　D. Group Output

14. 设置的组输入信号地址为“2–5”，其能传递下列哪些数值？（　　）

A. 5　　　　B. 10　　　　C. 15　　　　D. 20

15. 设置 ABB 机器人 DSQC651 板卡第 1 个接口的模拟输出信号，地址应设置为（　　）。

A. 0　　　　B. 0–15　　　　C. 1　　　　D. 1–16

16. 下列属于模拟信号类型的有（　　）。

A. Analog　Output　　　　B. Digital　Input

C. Analog　Input　　　　D. Group　Output

二、判断题

1. ABB 机器人信号可直接命名为“do”。 (　　)

2. 机器人模拟输入信号常以 ai 开头进行命名。 (　　)

3. 设置数字输入信号时，主要设置的参数包括信号名称、信号类型、信号所属板卡、信号地址四个。 (　　)

4. 设置数字输入信号在系统中的名字，为后期查看方便，可以以“do+ 序号或信号功能”进行命名。 (　　)

5. 组信号是由多个数字输入或输出所组合起来的信号。 (　　)

6. 设置的组输入信号地址为 0–2，其能传递的最大值为 0–15。 (　　)

7. 设置模拟信号时，只需要设置信号名称、信号类型、信号地址三个参数即可。 (　　)

任务 4.3　配置系统 I/O 信号

任务描述

ABB 机器人定义了固定的机器人系统输入 / 输出信号，将机器人输入信号与外部数字输入信号进行连接，可实现外部信号对机器人系统的控制，如机器人电机上电、机器人上电并运行、运行机器人程序等；也可以通过机器人系统输出状态信息控制某些外部设备的动作，如气爪的打开关闭、电磁阀的开关、传送带的起停等。

4.3.1　认识系统输入 / 输出信号

机器人系统输入是指通过外部某个数字输入信号来控制机器人的某种运行状态，机器人系统输出是指通过机器人的某种运行状态控制数字输出信号，从而控制外围某些设备。部分机器人系统输入 / 输出信号见表 4-20。

表 4-20　部分机器人系统输入 / 输出信号

输入信号名称	含义	输出信号名称	含义
Motors On	机器人电机上电	Auto On	处于自动运行状态
Motors On and Start	机器人上电并运行	Backup Error	备份错误报警
Motors Off	机器人电机下电	Backup in Progress	备份进行中状态
Load and Start	载入程序运行	Cycle On	程序运行状态
Interrupt	中断	Emergency Stop	紧急停止状态
Start	运行机器人程序	Execution Error	运行错误报警
Start at Main	重新运行机器人程序	Motors Off	电机掉电
Stop	停止运行机器人程序	Motors On	电机上电
System Restart	热起动机器人	Motor Off State	电机掉电指示
Backup	系统备份	Motor On State	电机上电指示

4.3.2 关联系统输入 / 输出信号

表 4-20 中所有系统输入在自动模式下都能启动，但在手动模式下，部分系统输入将失去功能。因此自动运行前，要将系统的输入 / 输出信号与已配置好的信号相关联起来。下面以系统输入信号机器人电机上电 Motors On 与数字输入信号 DI01、系统输出信号紧急停止状态 Emergency Stop 与数字输出信号 DO01 关联为例，介绍数字 I/O 信号与系统输入 / 输出信号相关联的操作过程，具体如下：

1）进入 ABB 主界面，点击选择“控制面板”，进入“控制面板”界面，如图 4-96 所示。

2）点击选择“I/O”选项，点击“显示全部”进入配置界面，选择“System Input”，如图 4-97 所示。

图 4-96 选择“控制面板”

图 4-97 选择“System Input”选项

3）在弹出的界面中，点击“添加”，如图 4-98 所示。

4）在弹出的界面中，双击“Signal Name”，如图 4-99 所示。

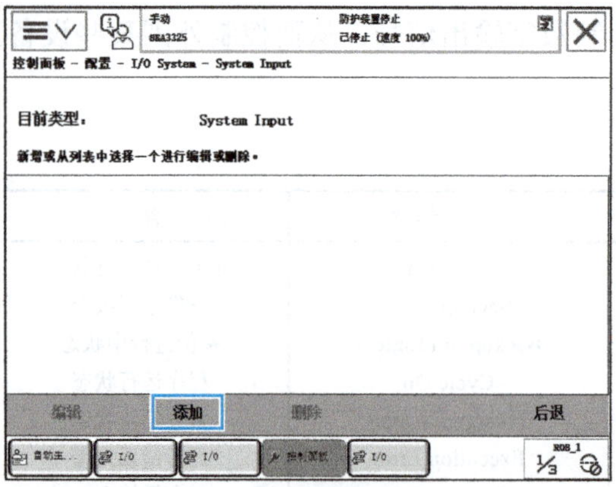

图 4-98 添加系统信号

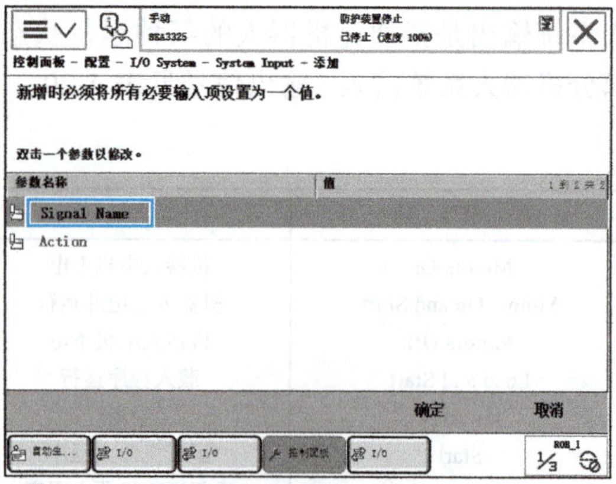

图 4-99 点击“Signal Name”

5）在右侧的下拉菜单中，选择输入信号 DI01，点击“确定”，如图 4-100 所示。

6）双击“Action”，如图 4-101 所示。

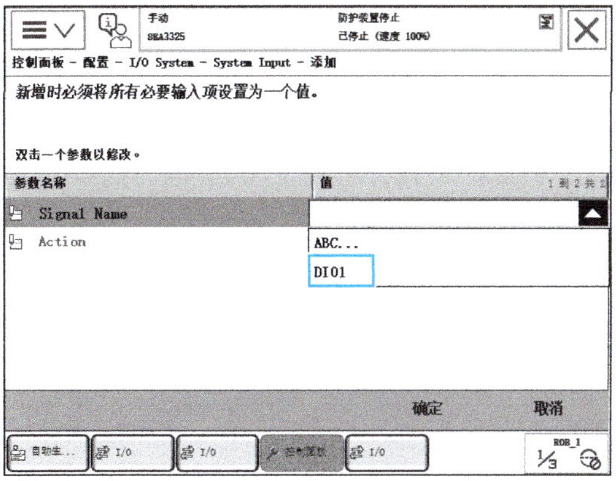

图 4-100　选择信号

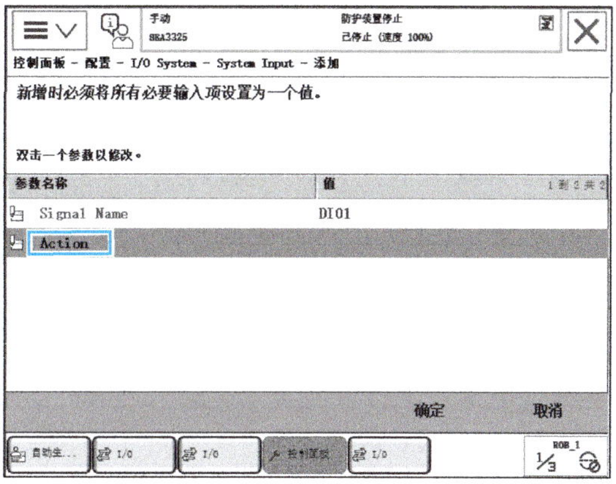

图 4-101　双击“Action”

7）在弹出的界面中，选择“Motors On”，如图 4-102 所示。

8）点击“确定”，不重启控制器，可以看到已经关联好的信号，如图 4-103 所示。

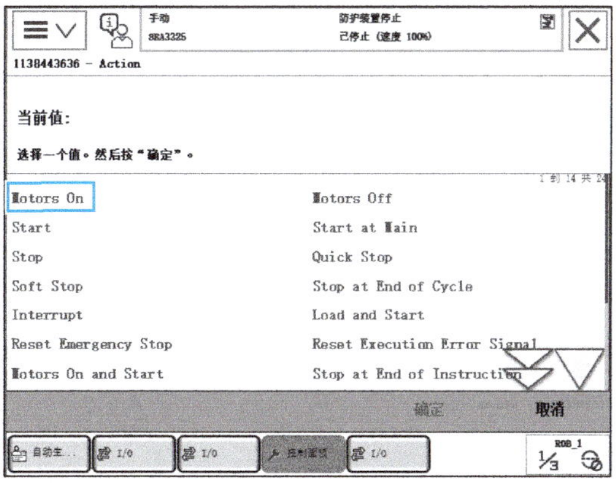

图 4-102　选择“Motors On”

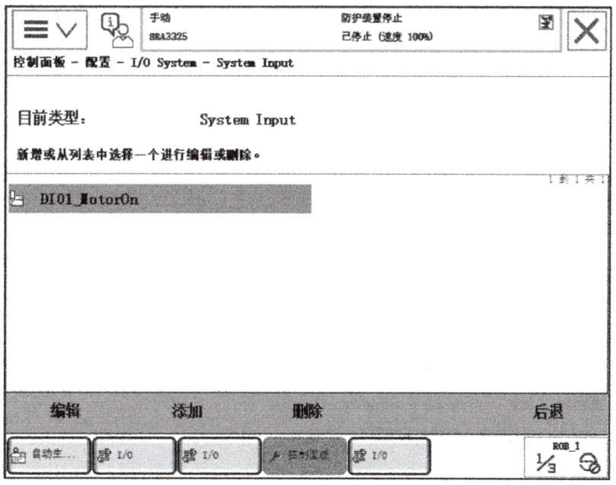

图 4-103　设置完成

9）重复以上步骤，进入“控制面板”—“配置”，选择“System Output”选项，如图 4-104 所示。

10）在弹出的界面中，点击“添加”，如图 4-105 所示。

11）双击“Signal Name”，如图 4-106 所示。

12）下拉菜单中，选择输出信号 DO01，点击“确定”，如图 4-107 所示。

13）点击“Status”，如图 4-108 所示。

14）选择“Emergency Stop”，点击“确定”，如图 4-109 所示。

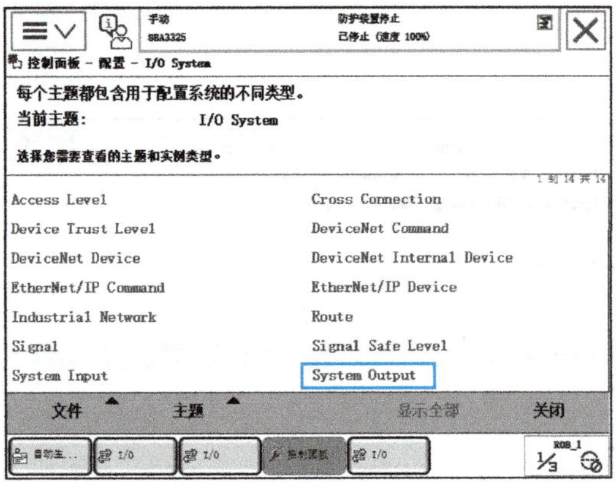

图 4-104　选择“System Output”选项

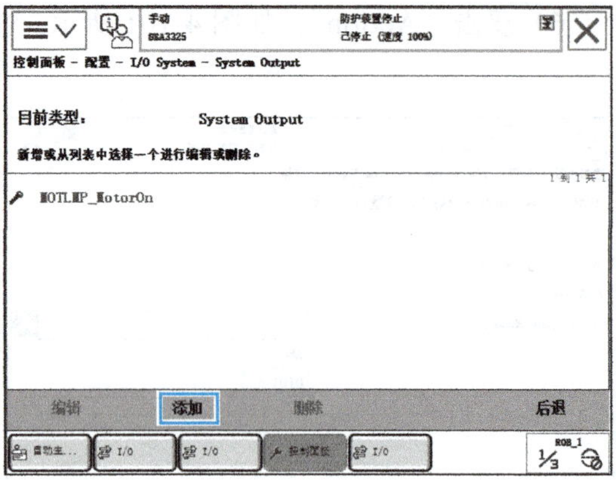

图 4-105　添加信号

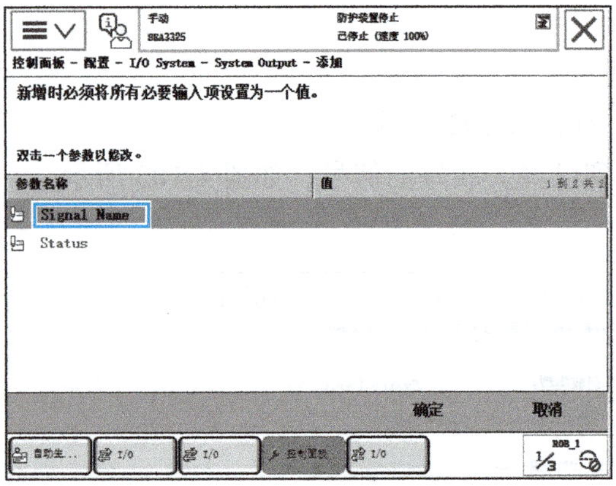

图 4-106　点击“Signal Name”

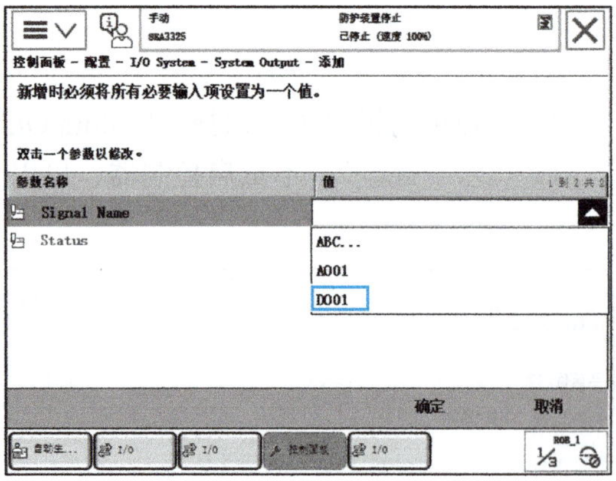

图 4-107　选择信号

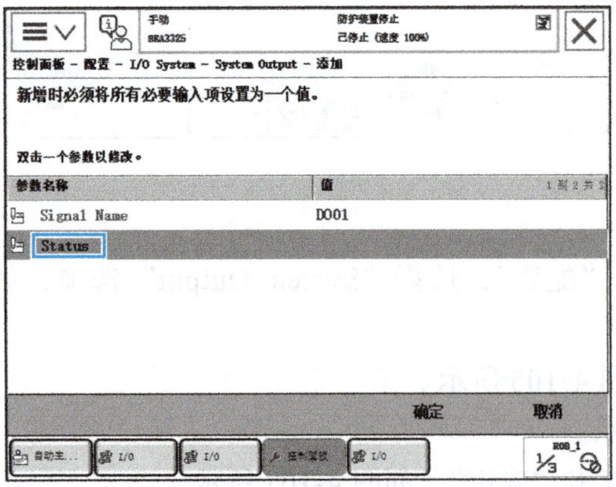

图 4-108　点击“Status”

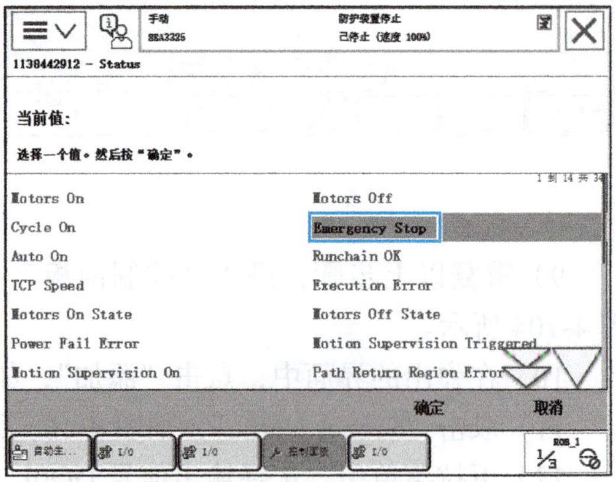

图 4-109　选择“Emergency Stop”

15）点击“确定”后，在弹出界面选择“是”，如图 4-110 所示，重启控制器，重启后关联后的信号生效。

16）进入“控制面板”—“配置”，选择“System Output”选项，可以查看配置好的信号，如图 4-111 所示。

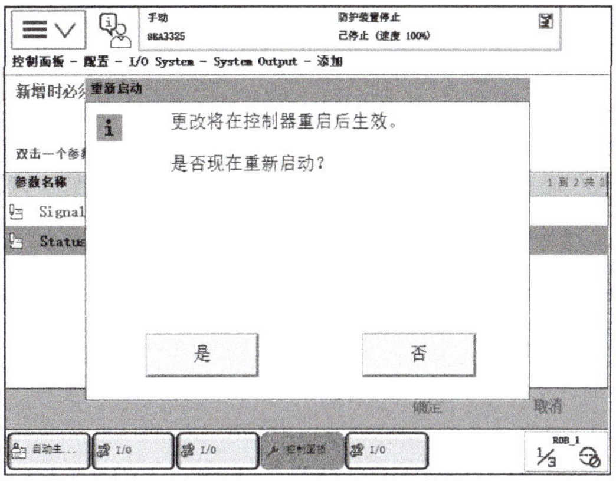

图 4-110　重启控制器

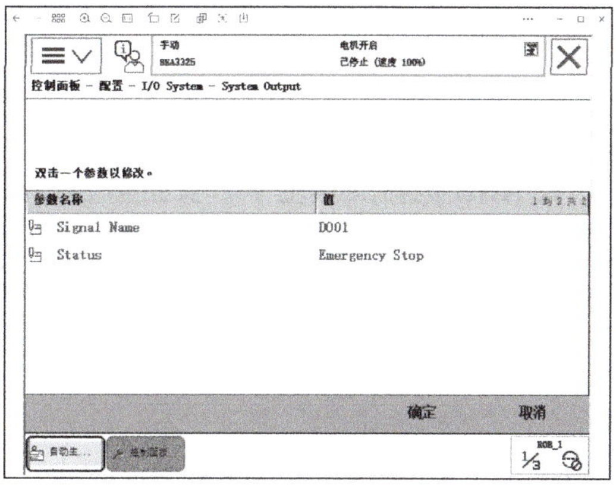

图 4-111　设置完成

任务习题

一、选择题

1. ABB 工业机器要设置系统输入信号，需要在配置界面中点击（　　）选项进行设置。

A. DeviceNet Device　　B. Signal

C. System Input　　D. System Output

2. ABB 机器人系统信号要反映机器人正在运行的状态，系统信号应关联（　　）。

A. Motors On　　B. Cycle On　　C. Start　　D. Continue

3. ABB 机器人系统输出信号要反映机器人电机已起动的状态，系统信号应关联（　　）。

A. Motors On　　B. Start　　C. Stop　　D. Continue

4. 下列属于 ABB 机器人常用系统输入信号的是（　　）。

A. Stop　　B. Motors off　　C. Screw_BVac　　D. Start

5. 下列属于 ABB 机器人常用系统输出信号的是（　　）。

A. Motors On　　B. Cycle On　　C. Auto On　　D. Motors Off

二、判断题

1. ABB 机器人系统信号关联“Motors On and Start”，可用模拟输出信号来反映机器人电机上电并起动运行。（　　）

2. 工业机器人的输出信号与系统输出 System Output 关联，可以实现工业机器人状态的控制。（　　）

任务 4.4　配置安全信号

任务描述

在 ABB 机器人系统中，安全信号的配置是确保机器人操作安全性的重要环节。通过正确配置安全信号，可以在机器人运行过程中提供必要的保护措施，避免人员受伤或设备损坏。本任务将详细介绍 ABB 机器人系统配置安全信号的接线方法和注意事项。

4.4.1　安全信号分类

ABB 机器人共有 4 种安全信号，见表 4-21。

表 4-21　ABB 机器人安全信号分类

序号	简称	功能
1	GS	常规模式安全保护停止：在自动和手动模式下都有效，主要由安全设备激活，例如光栅、安全光幕、安全垫等
2	AS	自动模式安全保护停止：在自动模式下有效，用于自动程序执行过程中被外在检测装置激活的安全机制，如门互锁开关、光束或敏感垫等
3	SS	上级安全保护停止：在任何模式下均有效（不适用于 IRC5 Compact），具有一般停止的功能，但是主要用于外部设备的连接
4	ES	紧急停止：无论机器人处于何种状态，一旦紧急信号激活，机器人将立即处于停止状态，且在报警没有消除的状态下，机器人无法起动。紧急停止需要在很紧急情况下才能使用，不正确地使用紧急停止可能会缩短机器人的使用寿命

4.4.2　安全信号接线

IRB120 机器人采用 IRC5 型紧凑型控制器，其安全信号位于顶部 XS7、XS8、XS9 接口上，其电气图如图 4-112 所示。

机器人出厂时安全信号端子默认为短接状态，使用该功能时可以取下跳线连接线，进行功能接线，如图 4-113 所示。

控制器采用双回路急停保护机制，分别位于 XS7 和 XS8 上。两回路共同作用，即只有当 XS7 和 XS8 同时接通时才能消除急停，只要两路端子上任何一路断开，急停功能即生效。XS7、XS8 接线如图 4-114 所示。

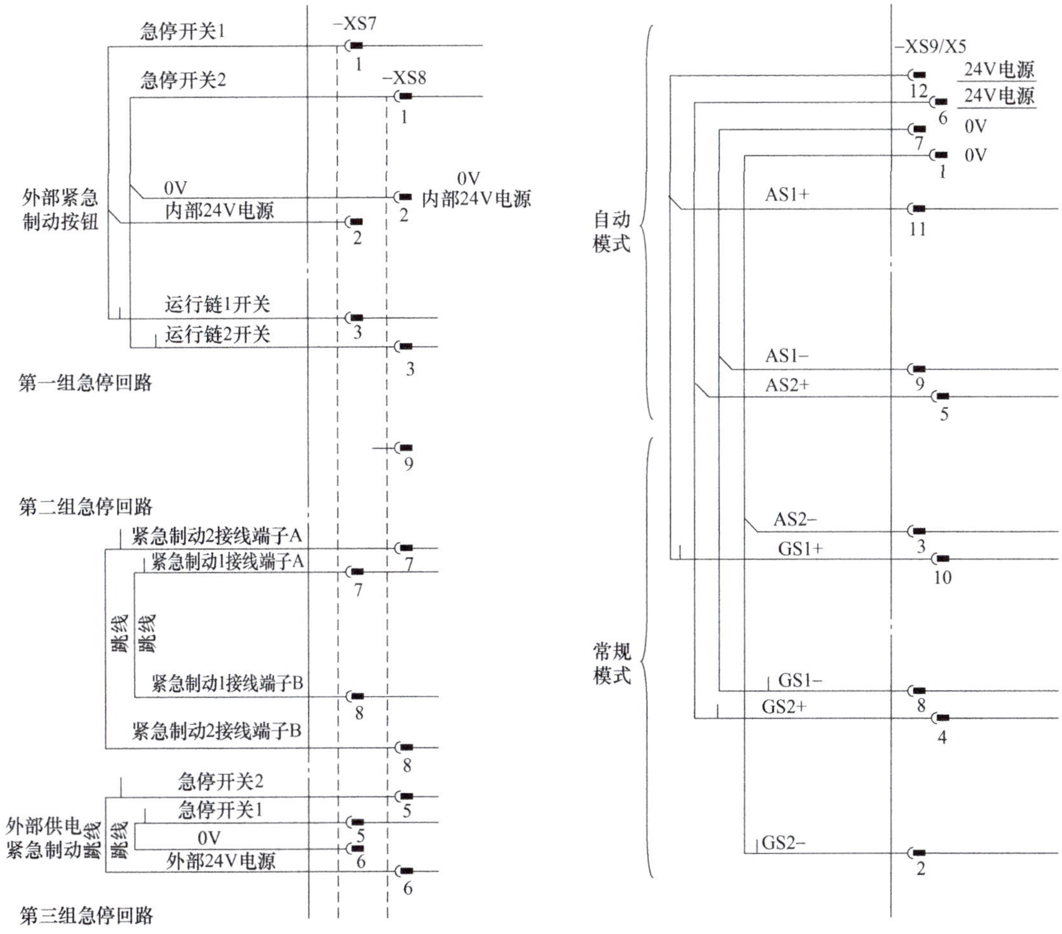

图 4-112 IRB120 机器人控制器安全信号电气图

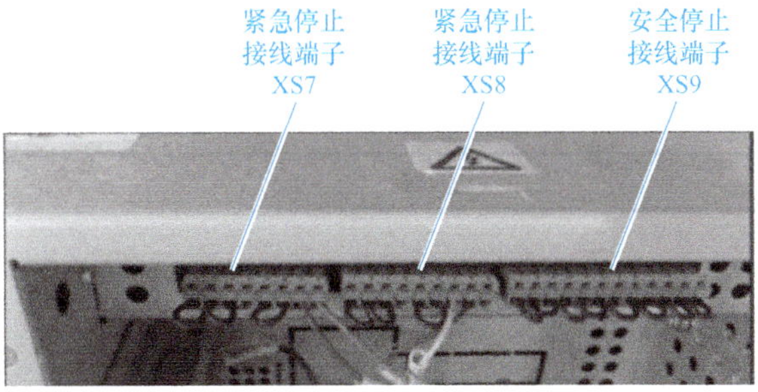

图 4-113 IRB120 机器人安全信号端子

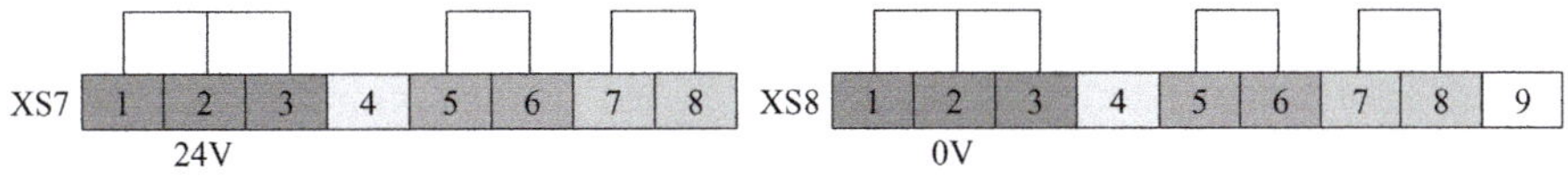

图 4-114 IRB120 机器人 XS7、XS8 接线图

任务习题

1. 下列属于 ABB 机器人安全保护信号的是（　　）。

A. GS　　B. AS　　C. SS　　D. ES

2. 安全门停止一般常用哪种保护机制？（　　）

A. 紧急停止　　B. 自动停止　　C. 常规停止　　D. 监控停止

“项目 4　工业机器人通信环境创建”项目评价

项目 4　工业机器人通信环境创建				
任务	考核内容	配分	评分标准	得分
配置 I/O 板	配置标准 I/O 板	10 分	能够配置常用的标准 I/O 板	
	标准 I/O 板地址设置	10 分	能够掌握不同地址的 I/O 板设置方法	
配置 I/O 信号	配置数字输入 / 输出信号	20 分	能够正确配置数字输入 / 输出信号	
	配置数字输入 / 输出组信号	20 分	能够正确配置数字输入 / 输出组信号	
配置系统 I/O 信号	配置机器人系统 I/O 信号	10 分	能够正确配置系统输入 / 输出信号	
信号监测	配置机器人监测信号	10 分	能够对常用的信号进行监测	
安全操作	安全上机操作	10 分	符合上机实训操作要求	
完成质量	工艺或者操作熟练程度	5 分	“未完成”：不得分 “完成”：根据完成情况打分	
	工作效率或者完成任务速度	5 分		
自我评价				
小组互评				
老师评价				
总分				

项目 5

工业机器人涂胶编程与调试

自动化涂胶具有涂装效率高、附着力好、涂层寿命长、涂层平滑细腻、涂层厚度均匀、容易到达拐角和空隙等优点，已经在汽车制造、家具建材、3C 产品等行业得到广泛应用。在汽车智能生产线上，涂胶机器人可实现汽车的玻璃涂胶、发动机盖涂胶、车门涂胶、前舱盖涂胶等。图 5-1 所示为涂胶机器人在汽车前挡风玻璃涂胶中的应用。与人工涂胶相比，涂胶机器人做工精细，涂胶质量有保证，提升了汽车的美观性，密封质量好。

图 5-1　汽车挡风玻璃涂胶案例

本项目主要学习机器人涂胶程序数据创建、目标点示教、程序编写及调试，最终完成整个涂胶任务。

学习目标

● 知识目标

了解常用的运动指令和数学运算指令。

了解手动运行模式下程序调试的方法。
了解工件坐标系与坐标偏移。
了解常用的程序数据类型、定义和赋值方法。
掌握程序模块及例行程序的建立方法。

- 技能目标

能够进行程序的示教编写和调试。
能通过更改运动指令参数实现轨迹示教。
能进行数据变量的定义和赋值。
能按要求编写涂胶机器人程序并检验其语法正确性。
能调试并运行涂胶机器人程序。

- 素养目标

培养爱岗敬业、严谨专注、精益求精的工匠精神。
培养久久为功，善作善成，尽力把每项工作做到尽善尽美的钻研精神。

任务 5.1　了解工业机器人涂胶

任务描述

涂胶机器人作为一种典型的自动化涂胶装备，具有工件涂层均匀、重复精度好、通用性强、工作效率高的优点，能够将工人从有毒、易燃、易爆的工作环境中解放出来，已在汽车、工程机械制造、3C 产品及家具建材等领域得到广泛应用。本任务旨在了解工业机器人涂胶的基本要求和涂胶机器人的工作流程。

5.1.1　工业机器人涂胶基本要求

工业机器人涂胶是指使用工业机器人来完成涂胶作业，这些机器人通常配备有涂胶系统，能够精确地控制胶水的涂抹量和涂抹轨迹。它们的主要功能是代替人工进行涂胶，提高工作效率和产品质量。

涂胶技术要求：

1）涂胶前，机器人处于一个安全位置，当工业机器人收到起动信号后便开始运行。

2）涂胶开始之前打开涂胶枪，等待 2s 后开始涂胶。

3）涂胶路径准确，涂胶枪末端不能高于涂胶表面 20mm。

4）涂胶完成后，机器人先关闭涂胶枪，再回到安全点位等待，并通知外部控制设备涂胶完毕。

5.1.2　工业机器人涂胶工作流程

1）确定涂胶材料和工艺要求：根据待涂胶工件的材料和涂胶要求（如胶水类型、厚度、涂胶面积等），确定最适合的涂胶材料和工艺要求。

2）设计涂胶路径和程序：根据涂胶要求，设计机器人的涂胶路径和程序，以确保涂胶均匀、完整、无漏涂等。

3）确定机器人工作站：选择适合的 ABB 机器人工作站，考虑机器人的载重能力、工作范围等因素。

4）安装涂胶设备：根据涂胶工艺要求，安装涂胶设备，如涂胶枪、涂胶控制系统等。

5）训练机器人操作员：为机器人操作员提供充分的培训和指导，使其能够熟练掌握涂胶工艺和机器人操作方法。

6）验证涂胶质量：进行涂胶质量验证，检查涂胶效果是否符合要求，如出现问题及时调整涂胶工艺和机器人程序。

任务习题

1. 简述涂胶机器人需要达到的技术要求。
2. 简述机器人涂胶装配的工作流程。

任务 5.2　学习机器人基本指令

任务描述

工业机器人接收到涂胶信号时，首先运动到涂胶起始位置点，涂胶枪打开，根据工艺要求的涂胶轨迹进行涂胶，最后回到机械原点。本任务主要学习机器人涂胶相关的基本指令，涵盖了基本运动指令、赋值指令、运动控制指令、计数与计时指令以及其他指令等。这些指令共同构成了机器人执行涂胶任务的基础，并使其能够灵活、高效地完成任务。

5.2.1　机器人基本运动指令

1. 关节运动指令（MoveJ）

关节运动指令是在对路径精度要求不高的情况下，机器人的工具中心点以最快捷的方式从一个位置移动到目标位置，两个位置之间的路径不一定是直线，移动过程中机器人运动姿态不完全可控，但运动路径保持唯一，如图 5-2 所示。

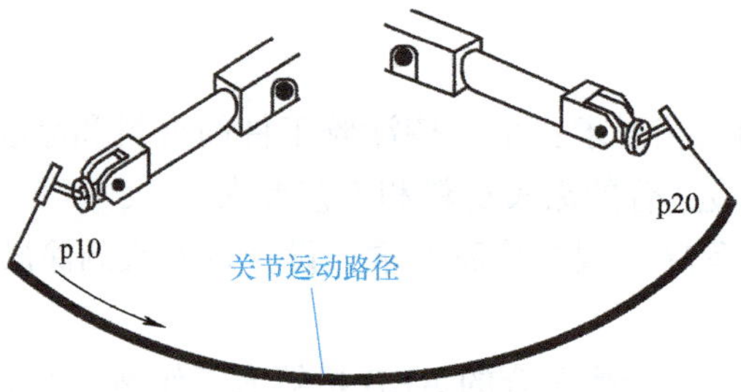

图 5-2　关节运动示意图

关节运动指令主要用在对运动路径精度要求不高，运动空间范围相对较大，不易发生碰撞的情况下，在运动过程中不容易发生关节轴进入机械奇异点的问题。但是需要注意的是，运用 MoveJ 指令实现两点间的移动时，两点间整个空间区域需确保无障碍物，以防止由于运动路径不可预知所造成的碰撞。

关节运动指令格式：

MoveJ　p10，v500，z50，tool1\WObj：=wobj1；

关节运动指令各参数含义见表 5-1。

表 5-1　关节运动指令各参数含义

参数	含义
MoveJ	关节运动指令
p10	目标点位置数据
v500	运动速度数据，速度为 500mm/s
z50	转弯区数据，单位为 mm，转弯区的数值越大，机器人的动作越圆滑与流畅
tool1	工具坐标数据
wobj1	工件坐标数据

2. 线性运动指令（MoveL）

线性运动指令也称直线运动指令，可以使机器人的工具中心点 TCP 起点到终点之间的路径始终保持为直线，如图 5-3 所示。在此运动指令下，机器人运动状态可控，运动路径保持唯一。

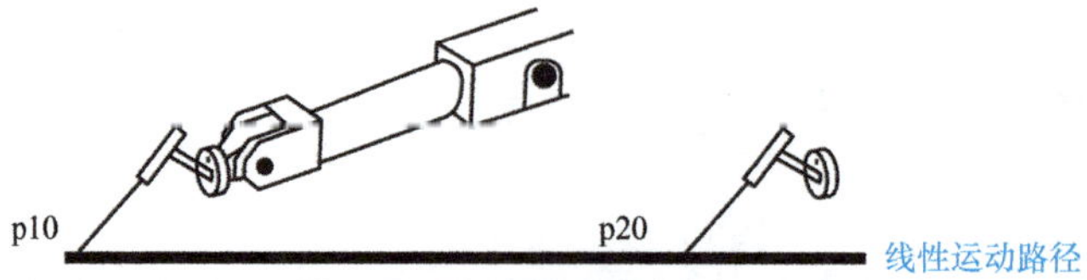

图 5-3　线性运动示意图

线性运动指令的运动路径是相对固定的直线轨迹，运动路径精度高，常用于要求机器人运动状态可控，对路径精度要求高的场合，如焊接、涂胶等，但运动中可能出现死点。

线性运动指令格式：

MoveL　p10，v500，z50，tool1\WObj：=wobj1；

线性运动指令各参数含义见表 5-2。

表 5-2　线性运动指令各参数含义

参数	含义
MoveL	线性运动指令
p10	目标点位置数据
v500	运动速度数据，速度为 500mm/s
z50	转弯区数据，单位为 mm，转弯区的数值越大，机器人的动作越圆滑与流畅
tool1	工具坐标数据
wobj1	工件坐标数据

3. 圆弧运动指令（MoveC）

圆弧运动指令也称圆弧插补运动指令，是机器人以圆弧移动方式运动至目标点，如图 5-4 所示。当前点、中间点与目标点 3 点决定一段圆弧，第 1 个点是圆弧的起点，第 2 个点用于圆弧的曲率，第 3 个点是圆弧的终点。需要注意的是一个整圆的运动路径不可能仅通过一个 MoveC 指令完成。

圆弧运动指令的机器人运动状态可控，运动路径保持唯一，常用于机器人在工作状态中的圆弧运动。

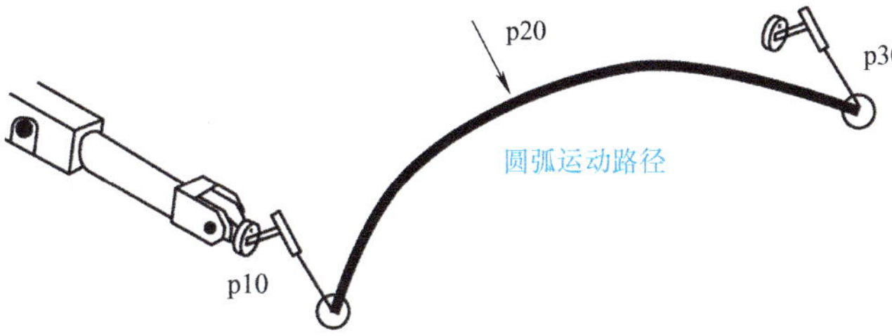

图 5-4　圆弧运动示意图

圆弧运动指令格式：

MoveL　p10，v500，z50，tool1\WObj：=wobj1；

MoveC　p20，p30，v500，z50，tool1\WObj：=wobj1；

圆弧运动指令各参数含义见表 5-3。

表 5-3　圆弧运动指令各参数含义

参数	含义
p10	目标点位置数据，p10 点作为圆弧的起点
MoveC	圆弧运动指令
p20	目标点位置数据，p20 点为圆弧上的一点

（续）

参数	含义
p30	目标点位置数据，p30 点为圆弧上的终点
v500	运动速度数据，速度为 500mm/s
z50	转弯区数据，单位为 mm，转弯区的数值越大，机器人的动作越圆滑与流畅
tool1	工具坐标数据
wobj1	工件坐标数据

4. 绝对运动指令（MoveAbsJ）

绝对运动指令是机器人的运动使用 6 个轴和外侧的角度值来定义目标位置数据，是机器人以单轴运行的方式运动至目标点，绝对不存在死点，运动状态完全不可控，应避免在正常生产中使用此指令。

绝对运动指令常用于检查机器人零点位置、使机器人回到机械原点或 Home 点。Home 点又称工作原点，是一个机器人远离工件和周边机器的安全位置。

绝对运动指令格式：

MoveAbsJ　*\NoEOffs，v500，z50，tool1\WObj：=wobj1；

绝对运动指令各参数含义见表 5-4。

表 5-4　绝对运动指令各参数含义

参数	含义
MoveAbsJ	绝对运动指令
*	目标点位置数据
\NoEOffs	外轴不带偏移数据
v500	运动速度数据，速度为 500mm/s
z50	转弯区数据，单位为 mm，转弯区的数值越大，机器人的动作越圆滑与流畅
tool1	工具坐标数据
wobj1	工件坐标数据

需要注意的是，工业机器人自动运行状态下的速度一般限制为最高 5000mm/s，在手动限速状态下，所有的运动速度通常被限速在 250mm/s。转弯区数据 fine 指机器人 TCP 达到目标点，在目标点速度降为零。机器人动作有所停顿然后再向下运动，一段路径的最后一个点一定要将转弯区数据设为 fine。

5.2.2　指令编辑基本操作

建立好程序模块和所需的例行程序后，便可进行程序编辑。在示教器上进行指令编辑的基本操作步骤如下：

1）点击“ABB”，选择“程序编辑器”，如图 5-5 所示。

2）选择所要编辑的例行程序“path（)”，点击“显示例行程序”进入程序编辑界面，如图 5-6 所示。

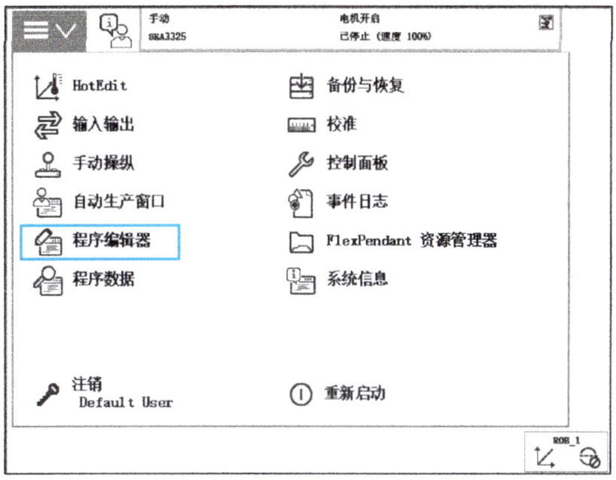

图 5-5　选择“程序编辑器”

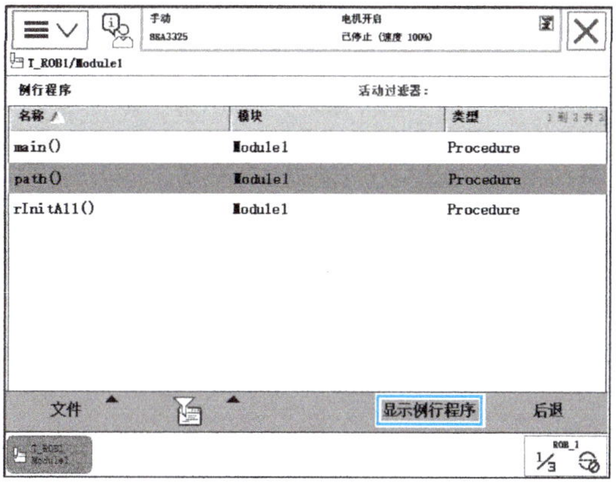

图 5-6　显示例行程序

3）点击“<SMT>”，然后点击“添加指令”菜单，如图 5-7 所示。

4）在“Common”指令列表中选择所需的指令选项，完成指令添加，如图 5-8 所示。

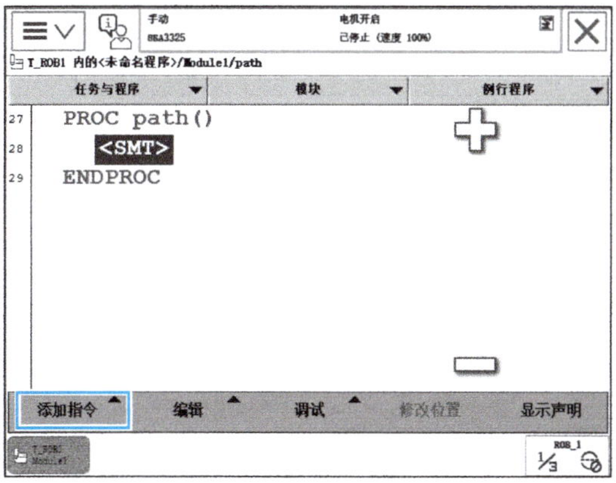

图 5-7　编程程序

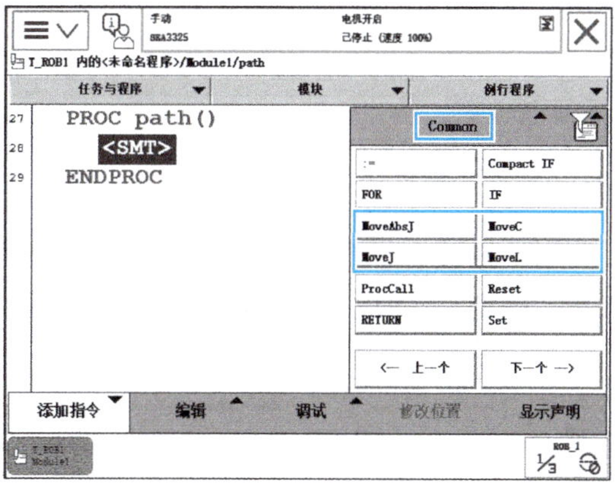

图 5-8　打开常用指令列表

5）点击“MoveAbsJ”添加其指令语句，如图 5-9 所示。

6）双击语句中符号“*”，可以对示教点进行修改，如图 5-10 所示。

7）在弹出窗口中，点击“新建”，建立一个关节位置点，如图 5-11 所示。

8）对位置点基本声明进行设置后，点击“初始值”，修改位置点位置数据，如图 5-12 所示。

9）进入到位置参数数值修改界面，设置 1 ～ 6 轴的初始角度，如图 5-13 所示。

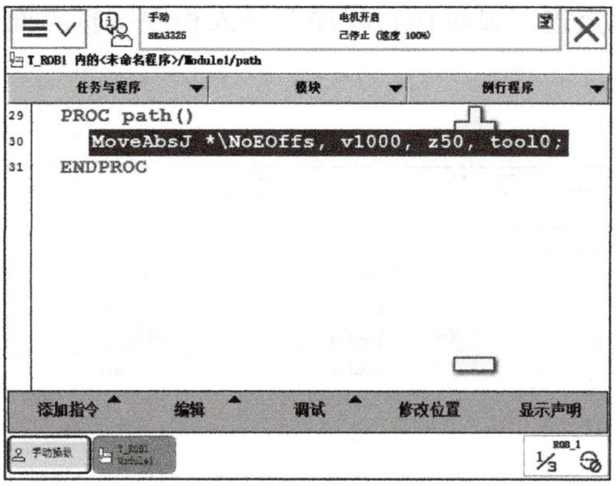

图 5-9　添加运动指令

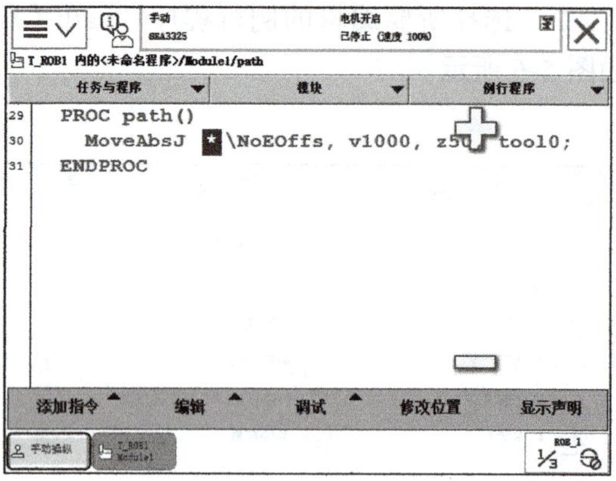

图 5-10　修改点位信息

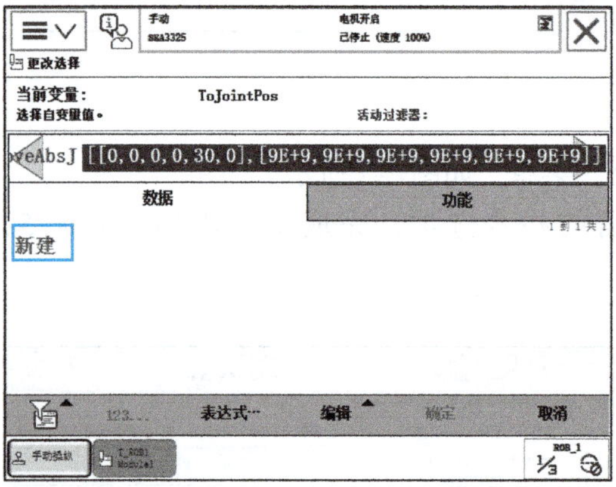

图 5-11　新建关节位置点

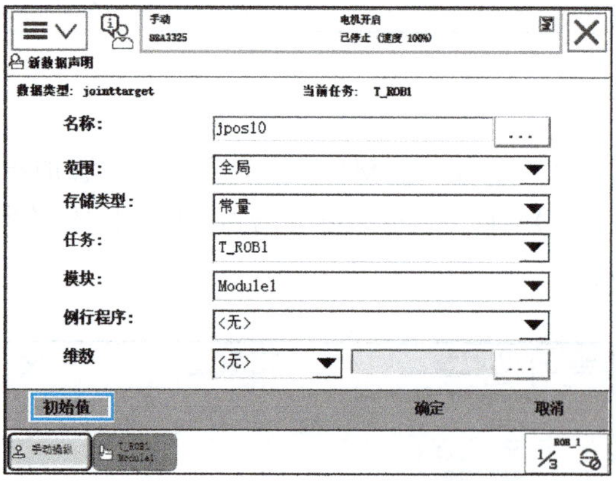

图 5-12　修改位置点位置数据

10）修改各轴参数，将机器人除 5 轴外，其他轴的角度设置为 0°，5 轴角度为 90°，点击“确定”，完成工作原点位置的设置，如图 5-14 所示。

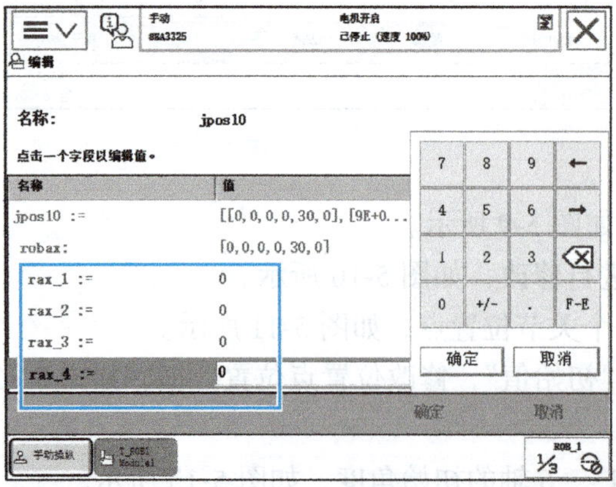

图 5-13　角度设置窗口

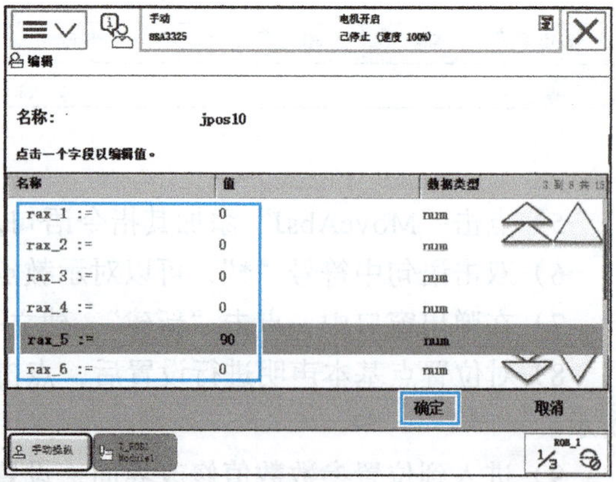

图 5-14　完成设置

11）回到程序编辑界面，查看已编写的语句，如图 5-15 所示。

12）再次点击“Common”指令列表中的“MoveJ”指令，如图 5-16 所示。

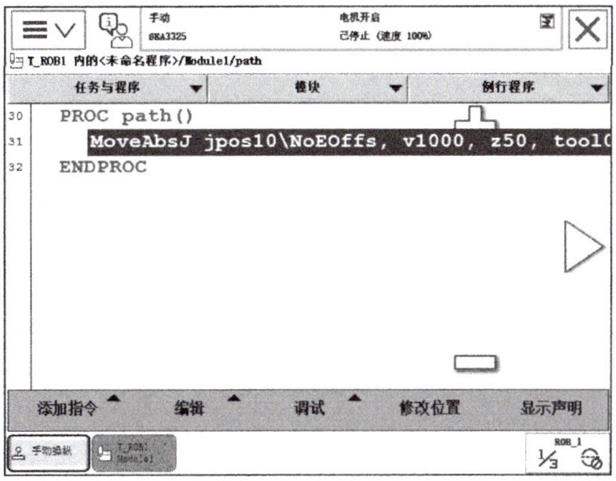

图 5-15　查看程序

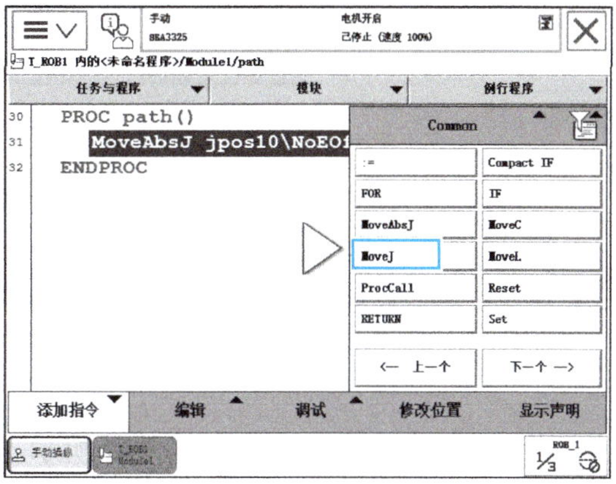

图 5-16　添加指令

13）在弹出的窗口中，选择“下方”，如图 5-17 所示，则添加的指令在选定项目的下方。

14）选择指令中目标点位置数据“*”，双击进入变量更改界面，如图 5-18 所示。

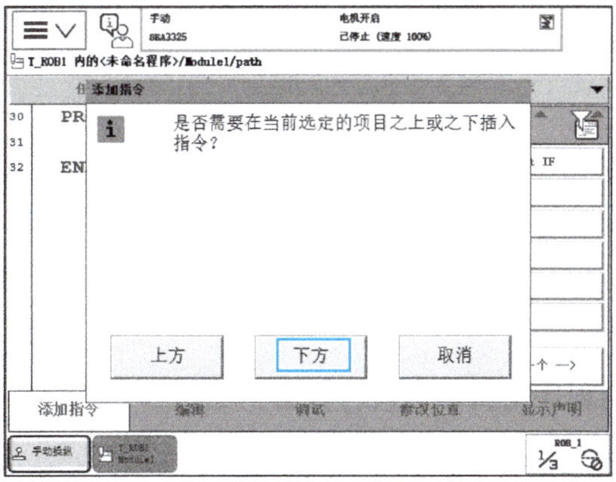

图 5-17　插入选定项目下方

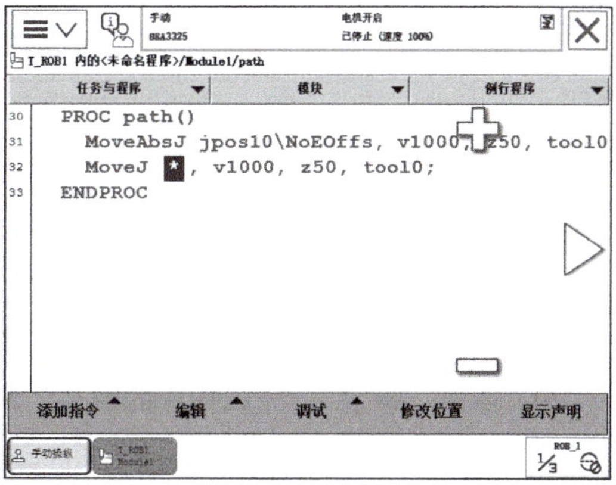

图 5-18　修改目标点位置数据

15）选择目标点位置数据，若系统中没有目标点位置数据，点击“新建”创建新的“位置数据”，如图 5-19 所示。

16）根据需要设置位置数据“名称”“存储类型”等相关参数，点击“确定”完成操作，如图 5-20 所示。

17）返回程序编辑界面后，选择指令中的任一项双击进行数据修改，例如：修改关节运动指令的速度“v1000”项目，双击该项目进入运动指令参数修改界面，选择合适的速度参数，点击“确定”，图 5-21 所示。若选项中没有合适的参数供选择，可以点击“新建”重新创建该程序数据。

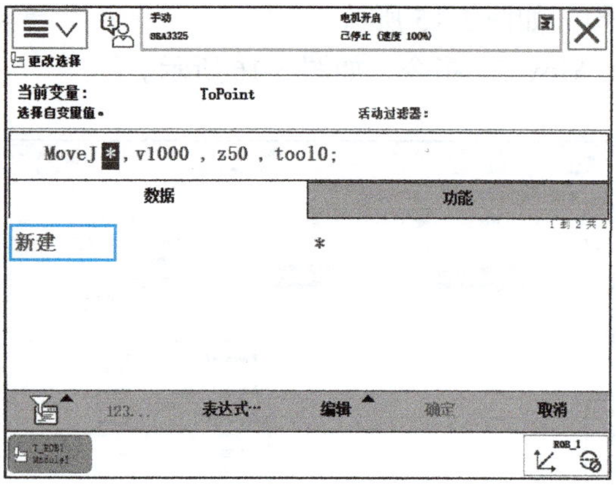

图 5-19　新建点位

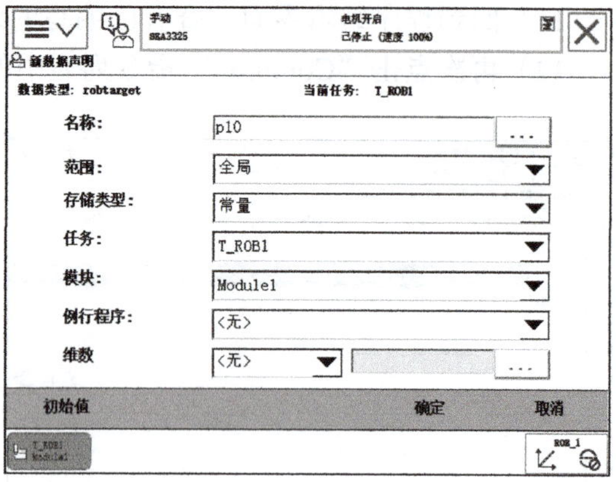

图 5-20　设置点位参数

18）转弯区数据的设置如图 5-22 所示。

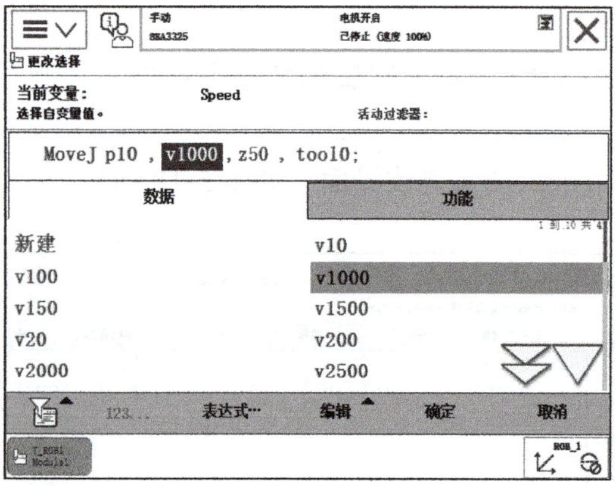

图 5-21　设置速度

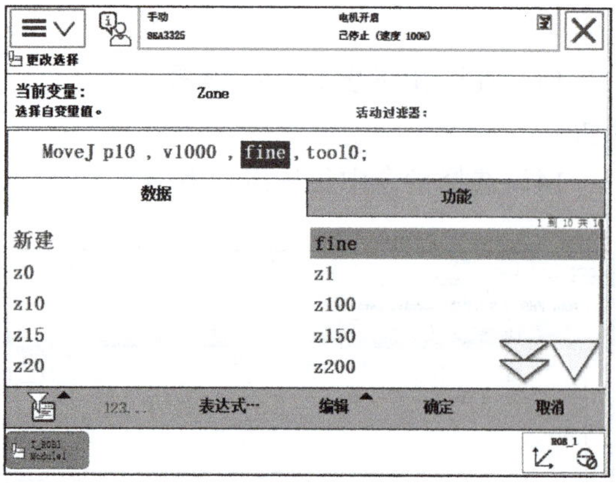

图 5-22　设置转弯区数据

19）工具坐标数据的设置如图 5-23 所示。

20）点击“确定”，完成程序的编写，回到程序编辑界面进行查看，如图 5-24 所示。

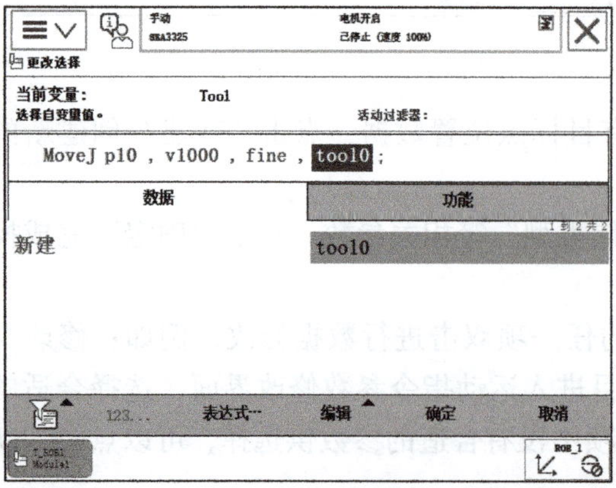

图 5-23　设置工具坐标数据

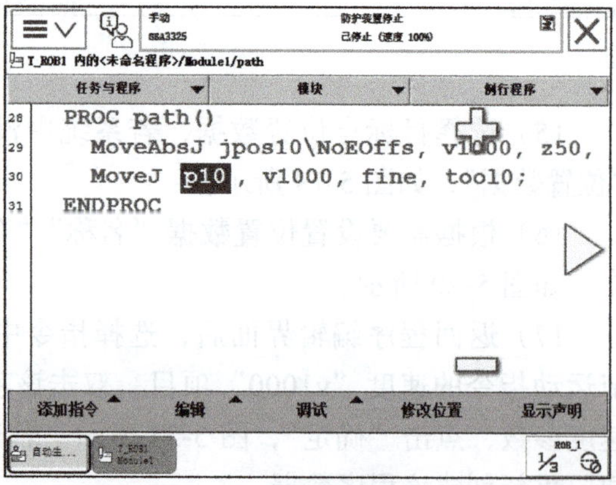

图 5-24　完成程序的编写

5.2.3　程序调试

在完成程序的编辑后，通常需要对程序进行调试。示教器上程序运行控制按钮如图 5-25 所示。

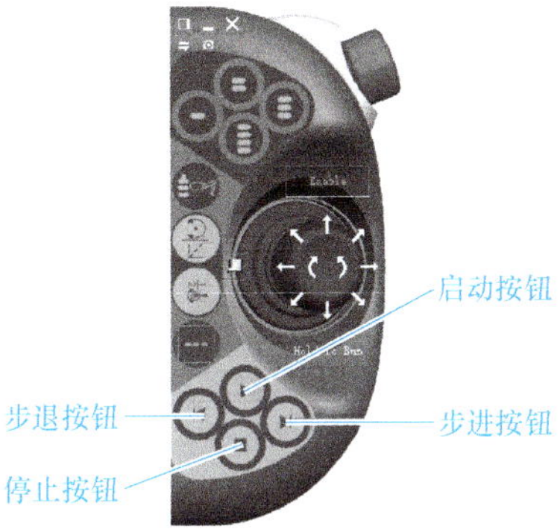

图 5-25　程序运行控制按钮

调试的目的有两个：

1）检查程序中位置点是否正确。

2）检查程序中的逻辑控制是否合理和完善。

程序调试操作步骤如下：

1）在调试前，先自行检查程序，点击“调试”—“检查程序”，对程序的语句进行检查，如图 5-26 所示。

2）程序没有错误时，会弹出图 5-27 所示的对话框，点击“确定”即可。如果有错误，就会提示出错的具体位置和建议操作，然后进行程序的调试。

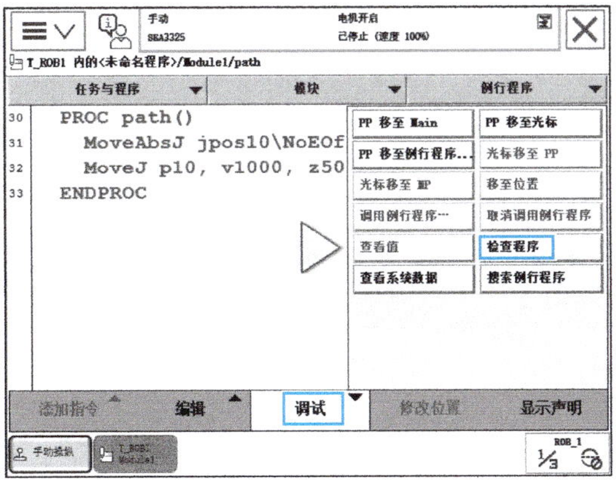

图 5-26　检查程序

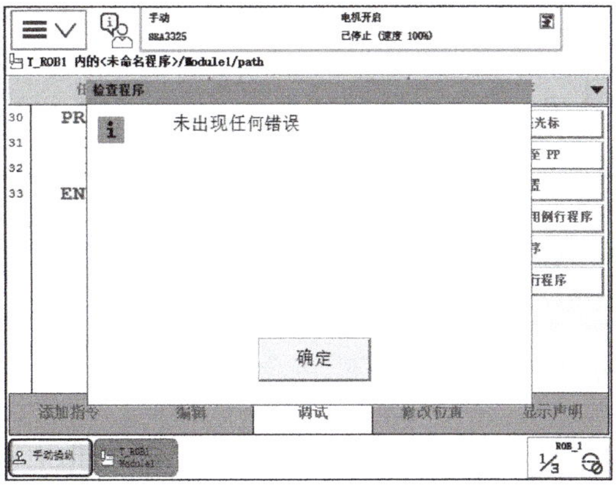

图 5-27　程序检查完成

3）在程序编辑界面，点击“调试”打开调试菜单，点击“PP 移至例行程序 ...”，如图 5-28 所示。如果是调试主程序，就选择“PP 移至 Main”。

4）选中需要调试的例行程序，然后点击“确定”，如图 5-29 所示。

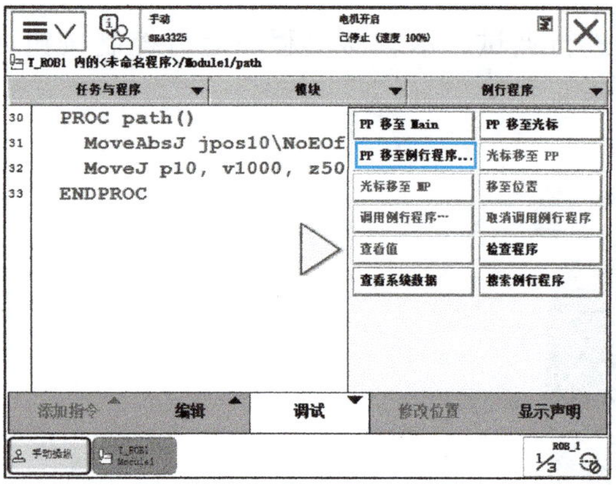

图 5-28　移动程序指针

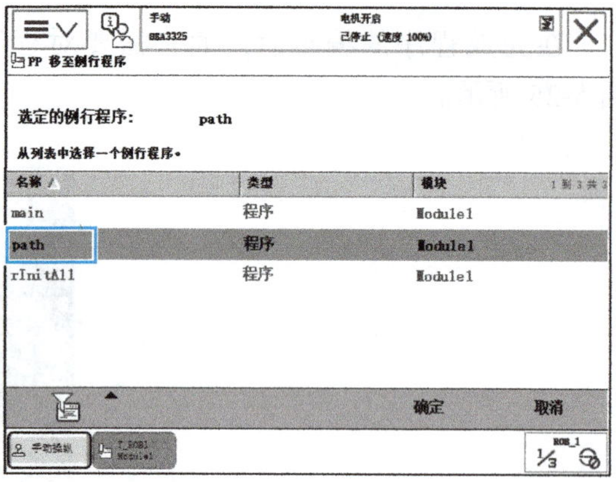

图 5-29　选择例行程序

5）点击“确定”后，会自动返回程序编辑页面，并可以看到程序指针出现，如图 5-30 所示。

6）按下使能键，进入电机起动状态，按一下步进按钮，小心观察机器人的移动，如图 5-31 所示。当指令的左侧出现一个小机器人，说明机器人到达指令目标位置。先单步操作，程序没有错误了，按下停止按钮后，松开使能键。然后再重复调试步骤，按启动按钮，连续运行程序，运行程序时，注意调整程序的速度，不要过快。

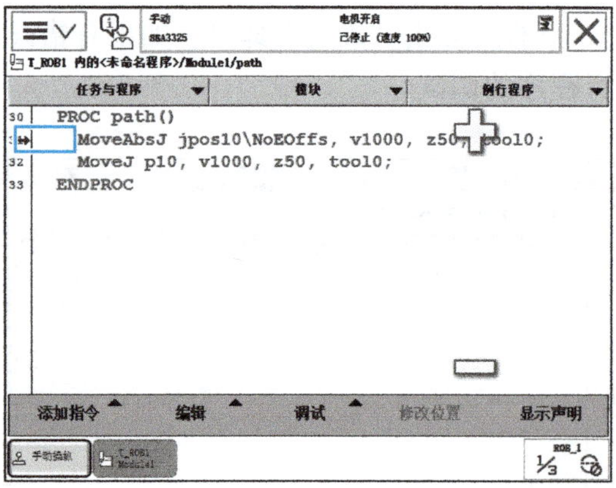

图 5-30　程序指针

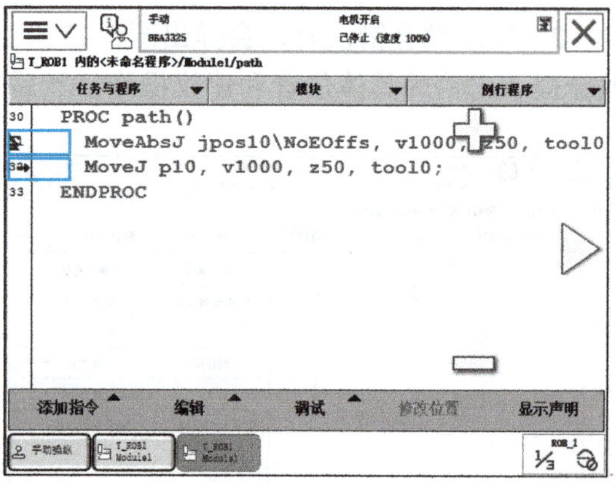

图 5-31　运行程序

7）程序调试好后，将机器人控制柜上的模式选择旋钮的钥匙旋转到“自动模式”。示教器上会弹出切换为自动模式提示，点击“确定”，如图 5-32 所示。

8）按下总控单元操作面板“起动”按钮，起动电机。接着按下示教器的“程序启动”按钮，程序就会开始自动运行，如图 5-33 所示。

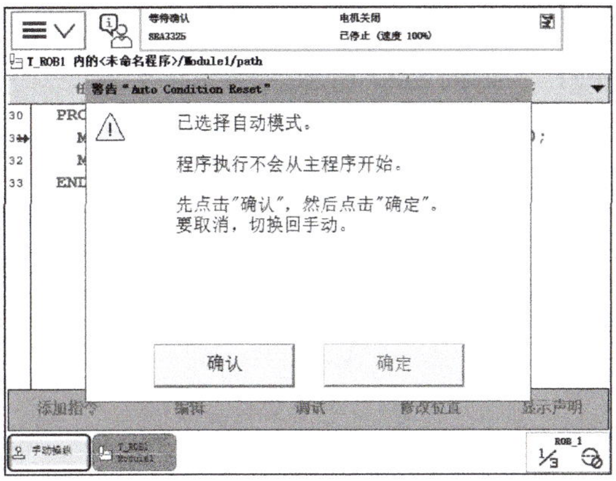

图 5-32　自动模式切换

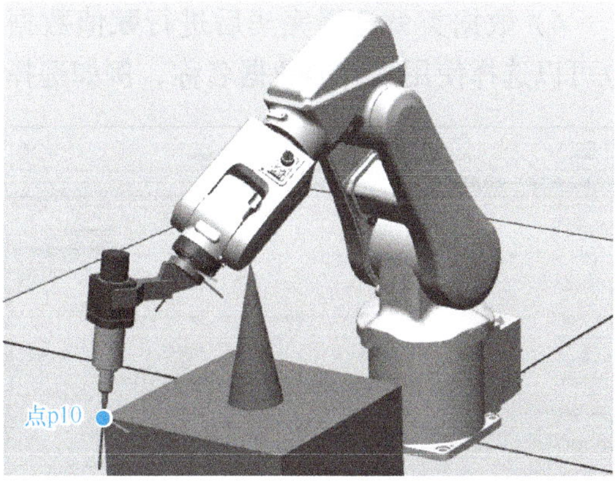

图 5-33　运行效果图

5.2.4　赋值指令（：=）

赋值指令可以把一个常量或一个数学表达式赋给指定变量或可变量。

赋值指令格式：

Data:=Value;

Data：将被分配新值的数据，可以是所有数据类型。

Value：期望值，数据类型和 Data 保持一致。

1. 添加常量赋值指令

常量赋值是指用固定的常量值进行赋值，可以是数字量、字符串、布尔量等。

添加常量赋值指令的操作步骤如下：

1）在指令列表中点击“:=”指令，如图 5-34 所示。

2）在“插入表达式”界面点击“更改数据类型…”，如图 5-35 所示。

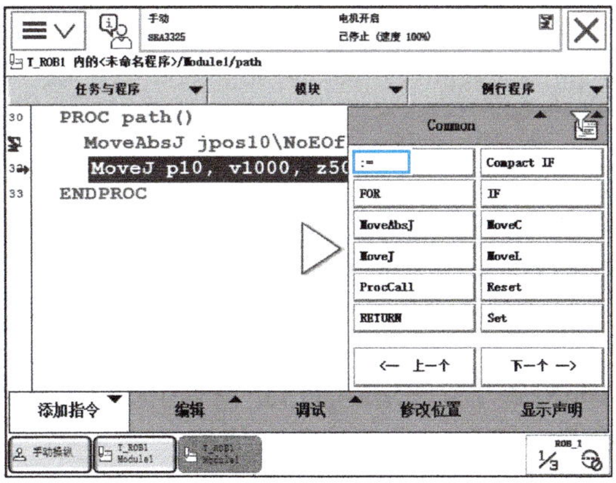

图 5-34　添加赋值指令

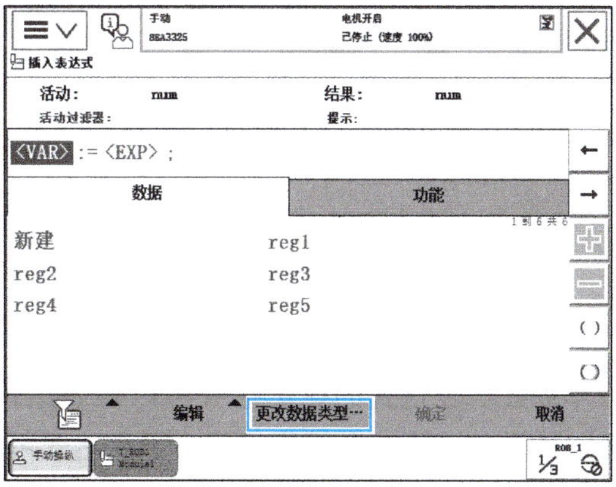

图 5-35　修改变量

3）在“更改数据类型…”界面中，选择“num”数字型数据并点击“确定”，如图 5-36 所示。

4）数据类型选择完毕后进行赋值数据名称创建，可以通过点击“新建”进行创建，也可以选择使用现有的数据名称，例如选择“reg1”，如图 5-37 所示。

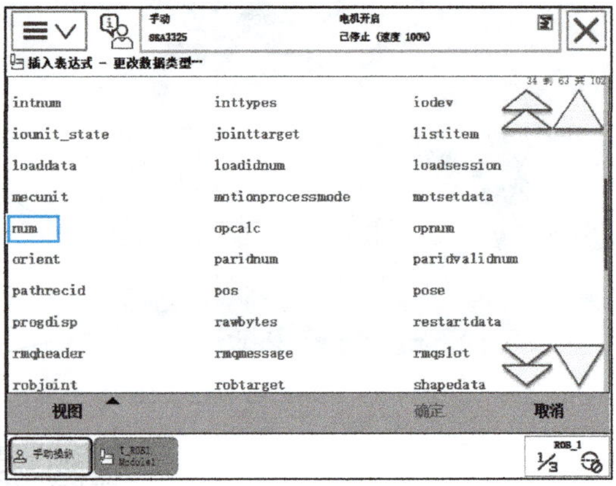

图 5-36　修改数据类型

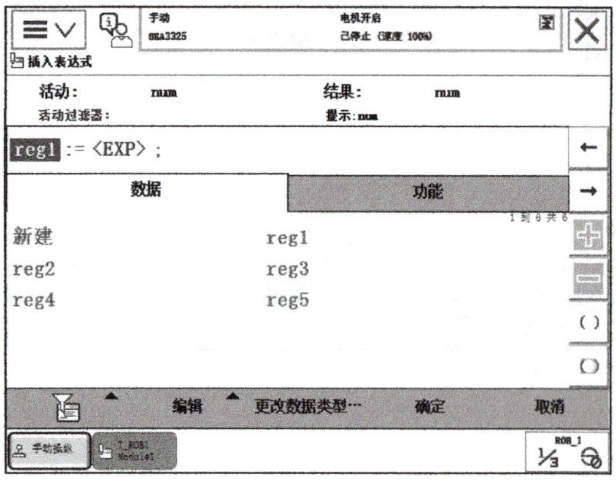

图 5-37　选择变量

5）选中赋值语句表达式中 <EXP> 部分，然后打开“编辑”菜单，选择“仅限选定内容”，如图 5-38 所示。

6）通过软键盘输入所需要的值，然后点击“确定”，如图 5-39 所示。

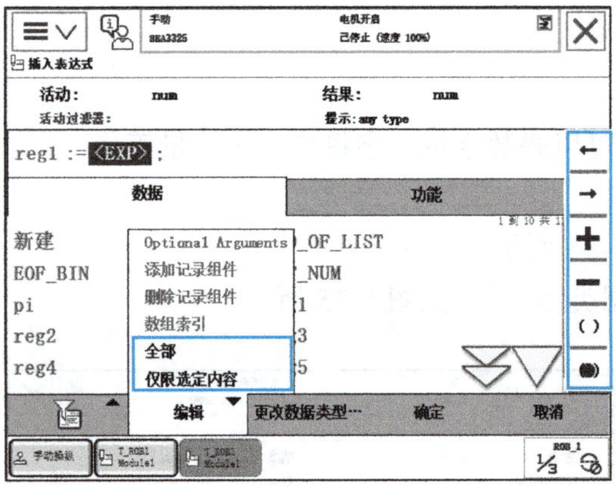

图 5-38　修改数据

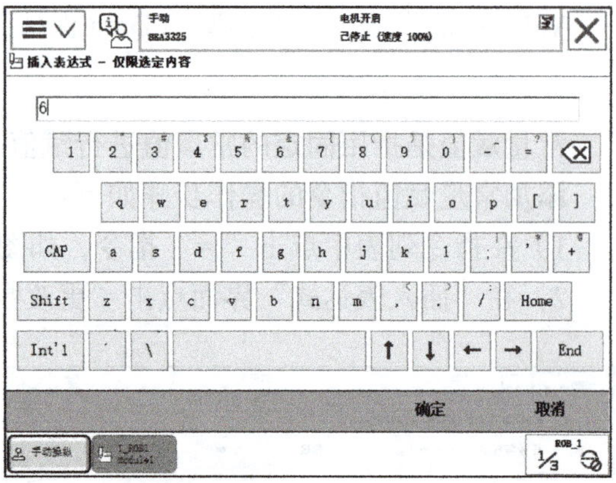

图 5-39　输入数值

7）在“插入表达式”界面中点击“确定”，如图 5-40 所示。

8）在程序编辑窗口中可以看见所添加的赋值指令语句，如图 5-41 所示。

2. 添加带数学表达式的赋值指令

带数学表达式的赋值指令可以在表达式内部对各个子表达式进行一些相关的数学运算，最终以计算结果赋值。每个子表达式可以是数字常量，也可以是赋值值。

这里以将 reg1+6 赋值给 reg2 来介绍具体的操作，操作步骤如下：

1）在指令列表中点击“:=”指令，在数据中选择“reg2”，如图 5-42 所示。

2）选中“<EXP>”，显示为蓝色高亮，在数据中选择“reg1”，如图 5-43 所示。

3）然后在界面右侧的符号中点击“+”，如图 5-44 所示。

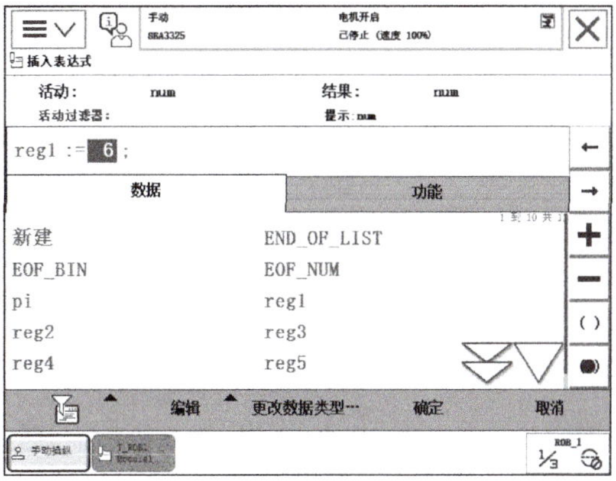

图 5-40　设置完成

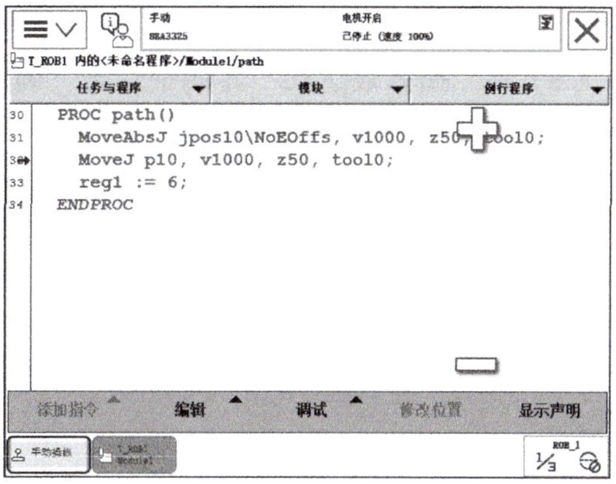

图 5-41　查看指令

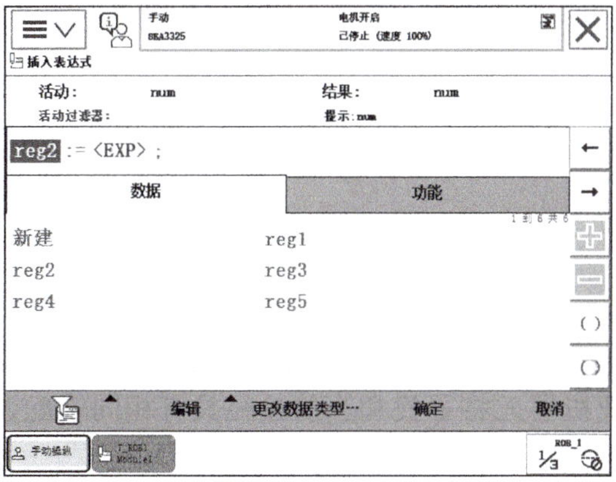

图 5-42　选择变量

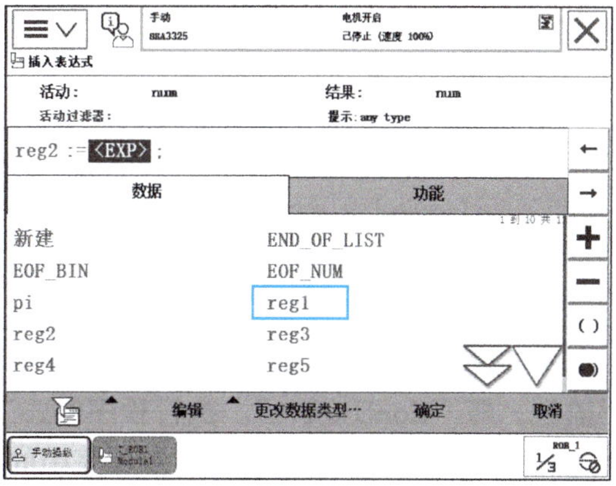

图 5-43　设置变量数据

4）再选中“<EXP>”，显示为蓝色高亮，然后点击“编辑”菜单，选择“仅限选定内容”，如图 5-45 所示。

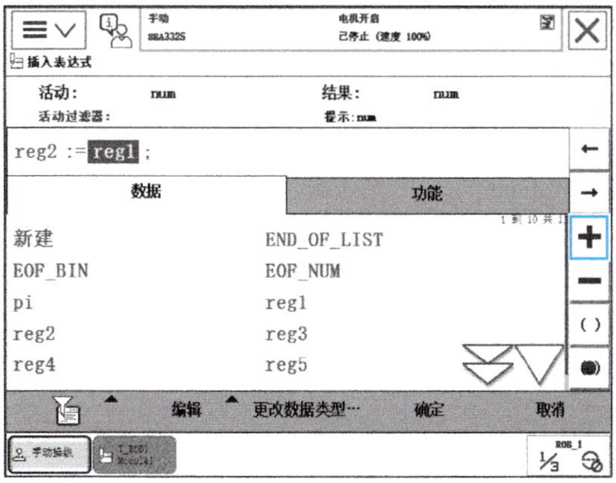

图 5-44　添加表达式

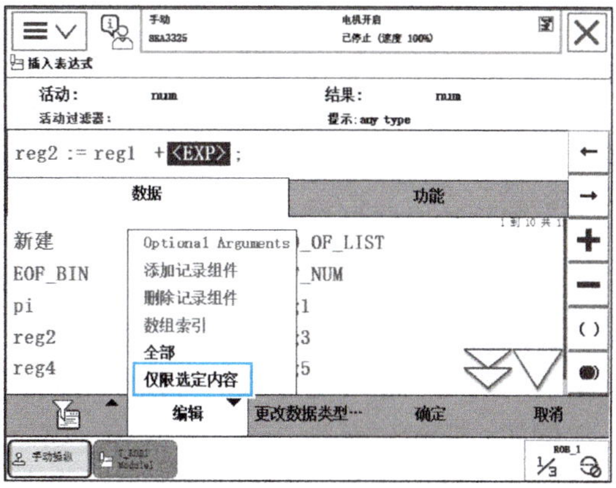

图 5-45　修改内容

5）在弹出的窗口中，输入数字“6”，然后点击“确定”，如图 5-46 所示。

6）在“插入表达式”界面中点击“确定”，如图 5-47 所示，在程序编辑窗口中可以看见所添加的赋值指令语句。

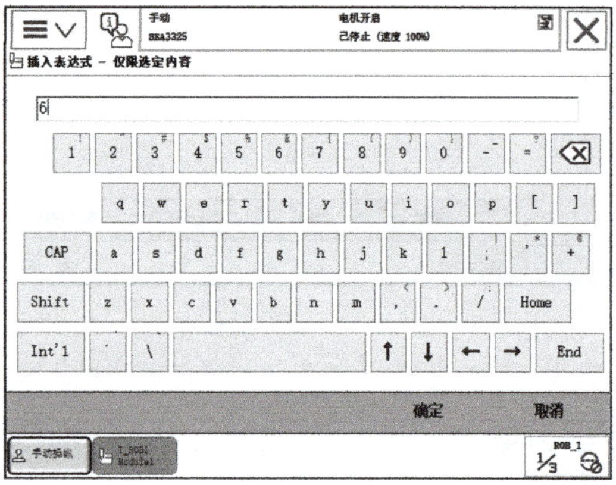

图 5-46　输入数字

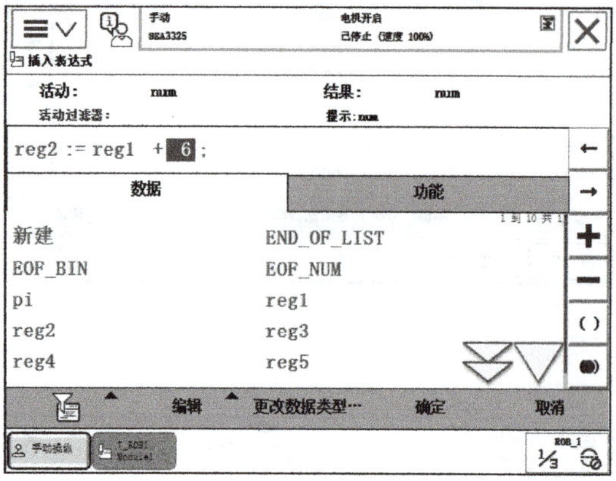

图 5-47　设置完成

5.2.5　运动控制指令

1. 关节运动轴配置指令（ConfJ）

关节运动轴配置指令用于指定在关节运动过程中是否监视工业机器人的轴配置。如果不监视，即“ConfJ\off；”。执行程序时，工业机器人将寻找和当前途径具有相同轴配置的途径来完成关节运动，这可能和程序中的轴配置不同。

例如：ConfJ\on;

MoveJ *，v1000，fine，tool1；

表示工业机器人按照程序中的轴配置移动到编程位置和方向，如果无法完成，程序将停止执行。

又如：ConfJ\off;

MoveJ *，v1000，fine，tool1；

表示工业机器人移动到编程位置和方向，如果可以用多种不同的方式、采用多种轴配置来实现，则将选择最相近的配置。

2. 线性运动轴配置指令（ConfL）

线性运动轴配置指令用于指定在线性或者圆弧运动过程中是否监视工业机器人的轴配置。如果不监视，执行程序时的轴配置可能和程序中的轴配置不一样。当模式改变为关节运动的时候，也可能导致不可预知的运动。

例如：ConfL\on;

MoveL *，v1000，fine，tool1；

表示工业机器人按照程序中的轴配置运动到编程位置和方向，如果不能到达，程序将停止执行。

又如：ConfL\off;

MoveJ *，v1000，fine，tool1；

表示机器人移动到编程位置和方向，但将采用最近的可能轴配置，这可能和程序中的轴配置不同。

3. 加速度设置指令（AccSet）

当机器人运行速度改变时，对所产生的相应加速度进行限制，使机器人高速运行时更平缓，但会延长循环时间，系统默认值为“AccSet 100，100；”。

格式：AccSet Acc，Ramp；

Acc：机器人加速度百分率。

Ramp：机器人加速度坡度。

4. 速度设置指令（VelSet）

对机器人运行速度进行限制，机器人运动指令中均带有运行速度，在执行运动速度控制指令 VelSet 后，实际运行速度为运动指令规定的运行速度乘以机器人运行速率，并且不超过机器人最大运行速度，系统默认值为“VelSet 100，5000；”。

格式：VelSet Override，Max；

Override：机器人运行速率（%）。

Max：最大运行速度（mm/s）。

该指令运行之后，机器人所有的运动指令均受其影响，直至下一条 VelSet 指令执行。此速度设置与示教器端速度百分比设置并不冲突，两者相互叠加，例如示教器端机器人运行速度百分比为 50%，VelSet 设置的百分比为 50%，则机器人实际运动速度为两者的叠加，即 25%。

另外，在运动过程中单凭一味地加大、减小速度有时并不能明显改变机器人的运行速度，因为机器人在运动过程中还会受到加减速的影响。

5.2.6　计数与计时指令

1. 计数指令

（1）增加数值指令（Add）　在一个数值数据上增加相应的值，可以用赋值指令替代。

格式：Add Name，AddValue；

Name：数据名称，数据类型为 num。

AddValue：增加的值，数据类型为 num。

例如：“Add reg1，3；”等同于“reg1:=reg1+3；”。

（2）清除数值指令（Clear）　将一个数值数据的值归零，可以用赋值指令替代。

格式：Clear Name；

Name：数据名称，数据类型为 num。

例如："Clear reg1；" 等同于 "reg1:=0；"。

（3）Incr 指令　在一个数值数据上增加 1，可以用赋值指令替代，一般用于产量计数。

格式：Incr Name；

Name：数据名称，数据类型为 num。

例如："Incr reg1；" 等同于 "reg1:=reg1+1；"。

（4）Decr 指令　在一个数值数据上减少 1，可以用赋值指令替代，一般用于产量计数。

格式：Decr Name；

Name：数据名称，数据类型为 num。

例如："Decr reg1；" 等同于 "reg1:=reg1-1；"。

2. 计时指令

（1）ClkReset 指令　重置用于定时的时钟。在使用时钟之前，可以使用 ClkReset 指令来重置时钟，以确保其从 0 开始计时。如果时钟正在运行，ClkReset 会先停止时钟，然后将其重置为 0。

格式：ClkReset clockX；

clockX：时钟变量的名称，X 代表具体的编号或标识符。

（2）ClkStart 指令　启动用于定时的时钟。在 ClkReset 之后，使用 ClkStart 指令来启动时钟，此时时钟开始计时。

格式：ClkStart clockX；

（3）ClkStop 指令　停止用于定时的时钟。在需要结束计时的时候，使用 ClkStop 指令来停止时钟，停止后的时钟可以进行读数、重启或再次重置，也可以在 ClkStart 和 ClkStop 指令之间，添加需要计时的程序逻辑。

格式：ClkStop clockX；

（4）ClkRead 指令　读取时钟的当前值。ClkRead 是一个功能函数，通常在 ClkStop 之后，可以使用 ClkRead 指令来读取时钟的计时结果，该结果通常以秒为单位，并将读取的结果返回为数值类型。

格式：ClkRead（clockX）；

也可以将读取的数值赋值给变量，例如："reg1:=ClkRead（clockX）；"。

任务习题

一、选择题

1. 关节运动指令为（　　）。

A. MoveL　　B. MoveC　　C. MoveJ　　D. MoveAbsJ

2. 以下关节运动指令使用错误的是（　　）。

A. MoveJ p10，v1000，z50，tool1；

B. MoveJ p10，v300，z50，tool1\Wobj：=wobj0；

C. MoveJ p10，v800，fine，tool0；

D. MoveJ p10，v1000，z50，tool1，wobj1；

3. 关节运动指令使用的目标点位数据类型为（　　）。

A. robotarget　　B. jointtarget　　C. tooldate　　D. wobjdate

4. 采用关节运动指令控制机器人移动时，如果需要准确到达目标点，则应使用（　　）。

A. z5　　B. z50　　C. fine　　D. tool0

5. 机器人程序中，MoveL 指令可实现（　　）。

A. 线性移动　　B. 关节移动　　C. 圆弧移动　　D. 快速移动

6. 线性运动指令采用的目标点位数据类型为（　　）。

A. wobjdate　　B. jointtarget　　C. tooldate　　D. robotarget

7. 指令"MoveL p30，v100，fine，tool0；"中，v100 表示（　　）。

A. 移动速度为 100mm/min　　B. 移动速度为 100mm/s

C. 移动距离为 100m　　D. 移动距离为 100mm

8. 以下线性运动指令使用错误的是（　　）。

A. MoveL p10，v1000，fine，tool1；

B. MoveL p20，v300，z50，tool1\Wobj：=wobj0；

C. MoveL p20，v800，fine，tool0；

D. MoveL p10，v100，z50，tool1，wobj1；

9. 机器人需要以圆弧移动方式运动到目标点，采用的指令是（　　）。

A. MoveAbsJ　　B. MoveC　　C. MoveL　　D. MoveJ

10. 机器人确定圆弧轨迹的原理是（　　）。

A. 圆心与半径　　B. 两点定圆弧

C. 三点定圆弧　　D. 起点、终点与半径

11. 以下圆弧运动指令格式正确的是（　　）。

A. MoveC p10，v1000，z50，tool0；

B. MoveC p10，v1000，z50，wobj0；

C. MoveC p10，p20，v1000，z50，tool0；

D. MoveC p10，p20，v1000，z50，wobj0；

12. 圆弧运动指令能使机器人（　　）保持走出圆弧轨迹。

A. PTP　　B. PCP　　C. PCT　　D. TCP

13. 绝对运动指令采用的目标点位数据类型为（　　）。

A. robotarget　　B. jointtarget　　C. tooldate　　D. wobjdate

14. 绝对运动指令为（　　）。

A. MoveL　B. MoveC　C. MoveJ　D. MoveAbsJ

15. 绝对运动指令是将机器人（　）运动至给定位置。

A. 各关节轴　B. TCP 点　C. PC 点　D. PCP 点

16. 以下绝对运动指令格式错误的是（　）。

A. MoveAbsJ jpos10，v1000，fine，tool0；

B. MoveAbsJ jpos10，v300，z50，tool1；

C. MoveAbsJ jpos10，v800，fine，tool0；

D. MoveAbsJ jpos10，v100，z50，wobj1；

17. ABB 工业机器人中，将一个变量的数值每次增加 1，所采用的计数指令是（　）。

A. Incr　B. Add　C. Decr　D. Clear

18. ABB 工业机器人中，将一个变量的数值每次减少 1，所采用的计数指令是（　）。

A. Incr　B. Add　C. Decr　D. Clear

19. ABB 工业机器人中，将一个变量的数值清零，所采用的计数指令是（　）。

A. Incr　B. Add　C. Decr　D. Clear

20. 下列计数指令使用正确的是（　）。

A. Decr（reg1）；　B. Decr（reg1；）

C. Clear（reg1）；　D. Clear　reg1；

二、判断题

1. 调试菜单中的“PP 移至 Main”，可快速将程序指针移动至 main 程序第 1 行。（　）

2. 对于 IRB120 机器人的示教器来说，如果在“程序编辑器”和其他视图之间切换并再次返回，程序指针可能会移动位置。（　）

3. 机器人的运动轨迹无直线或圆弧要求时，一般采用 MoveL 指令。（　）

4. 语句“Incr reg1；”与语句“reg1：=reg1+1；”的运行效果是一致的。（　）

5. ABB 工业机器人中，计数指令可在 Common 指令组中找到。（　）

6. 关节运动指令是在对路径精度要求不高的情况下，工业机器人的工具中心点 TCP 快速从一个点运动到另一个点。（　）

7. ABB 工业机器人系统中，运动指令 MoveL 的轨迹不一定是直线。（　）

8. 使用 MoveL 指令时，机器人运动状态不完全可控，但运动路径保持唯一。（　）

9. 一个 MoveC 指令能运行出一段圆弧或运行出一个完整的圆形轨迹。（　）

10. 圆弧运动时，机器人运动状态可控，运动路径保持唯一，常用于机器人工作状态的移动。（　）

11. 采用绝对运动指令控制机器人运行时，机器人运动姿态可控，常在机器人恢复为

某一姿态时使用。　(　　)

12. MoveAbsJ 指令可使机器人以单轴运行的方式运动至目标点，绝对不存在死点。(　　)

任务 5.3　控制机器人程序流程

任务描述

ABB 机器人在工业自动化领域扮演着至关重要的角色，其高效的程序流程控制指令使得机器人能够完成复杂且精准的工艺流程。本任务将详细介绍 ABB 机器人中常用的程序流程控制指令，帮助学习者更好地理解和应用这些指令。

5.3.1　条件逻辑判断指令

条件逻辑判断指令用于对条件进行判断后，执行相应的操作，是 RAPID 中重要的组成部分。

1. 紧凑型条件判断指令（Compact IF）

紧凑型条件判断指令用于当一个条件满足以后，就执行一条指令。

例如：如果 reg1 的值为 6，则 count1 被置为 0。

紧凑型条件判断指令创建步骤如下：

1）打开“添加指令”界面，点击“Common”下拉菜单，如图 5-48 所示。

2）选择添加“Prog.Flow”，如图 5-49 所示。

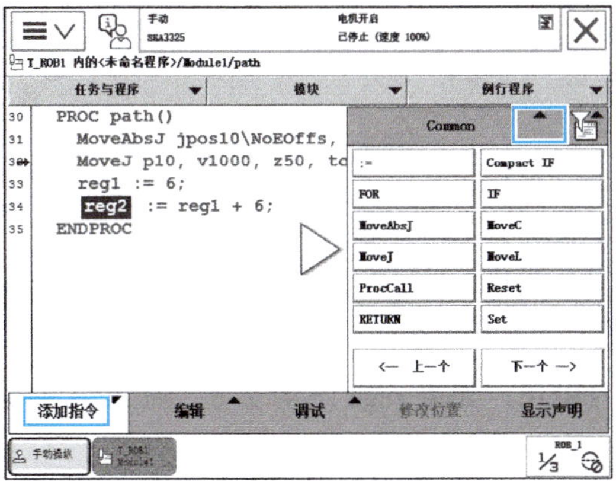

图 5-48　添加指令

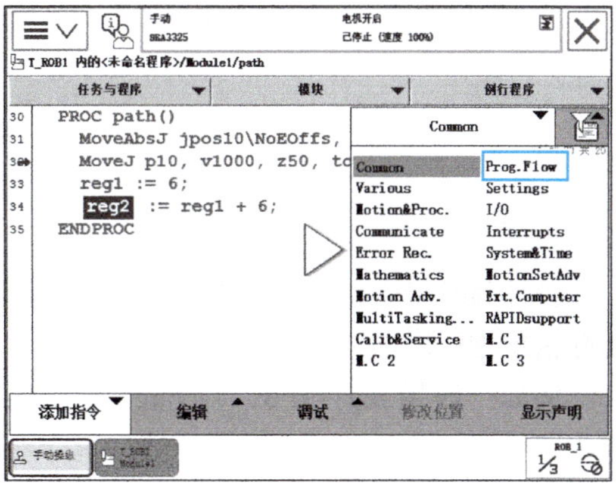

图 5-49　选择“Prog.Flow”指令集

3）进入“Prog.Flow”指令集界面，选择添加“Compact IF”，如图 5-50 所示。

4）在弹出插入表达式界面中，点击“取消”，如图 5-51 所示。

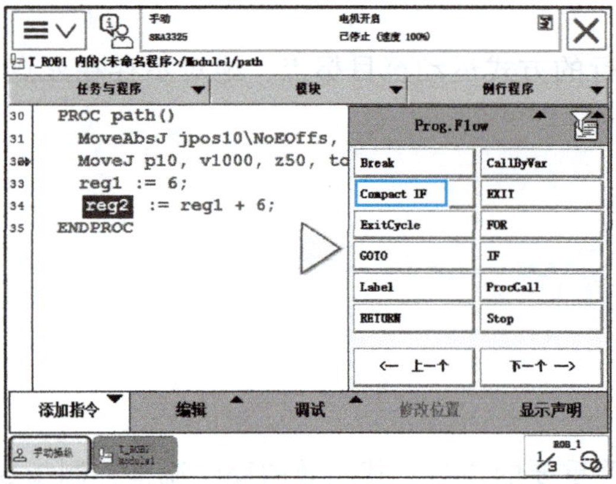

图 5-50　添加“Compact IF”指令

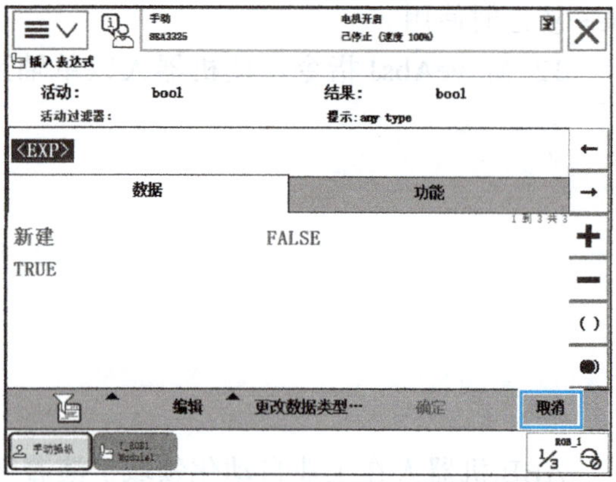

图 5-51　关闭窗口

5）程序编辑界面出现如图 5-52 所示的新语句，其中 <EXP> 为条件判断语句，<SMT> 为条件满足时，程序所执行的语句。

6）根据程序实际情况，依次点击“Compact IF”语句中的参数进行设置，紧凑型条件判断指令创建完成，如图 5-53 所示。

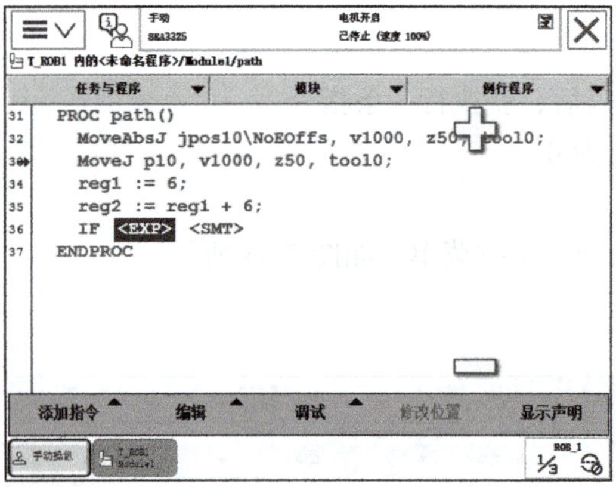

图 5-52　添加判断条件

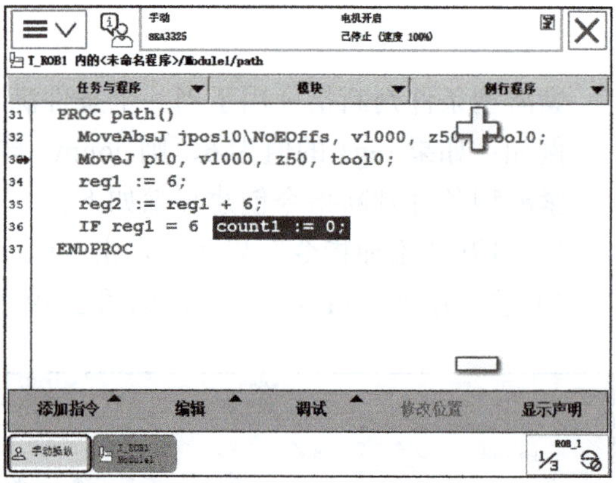

图 5-53　添加执行语句

2. 条件判断指令（IF）

条件判断指令就是根据不同的条件去执行不同的指令。条件判定的条件数量可以根据实际情况进行增加与减少。

例如：如果 reg1 为 6，则 flag1 会赋值为 TRUE；如果 reg1 不等于 6，则 flag1 会赋值为 FALSE。

条件判断指令创建步骤如下：

1）在“添加指令”界面中进入“Prog.Flow”指令集界面，选择添加“IF”指令，如图 5-54 所示。

2）在弹出的插入表达式界面中，点击“取消”，程序编辑界面中出现“IF”条件判断指令，其中 <EXP> 为条件判断语句，<SMT> 为条件满足时，程序所执行的语句，如图 5-55 所示。

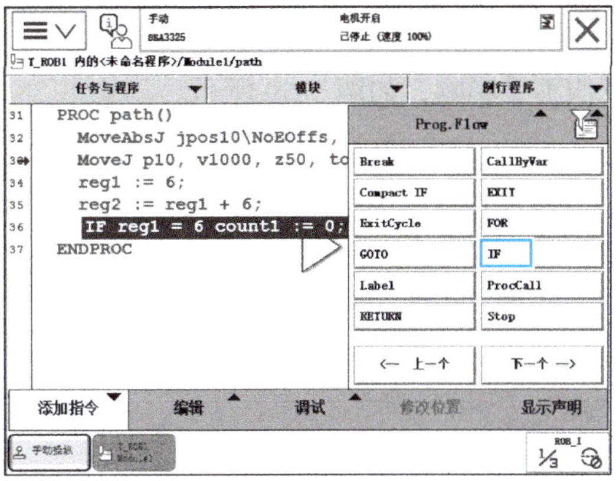

图 5-54　添加“IF”指令

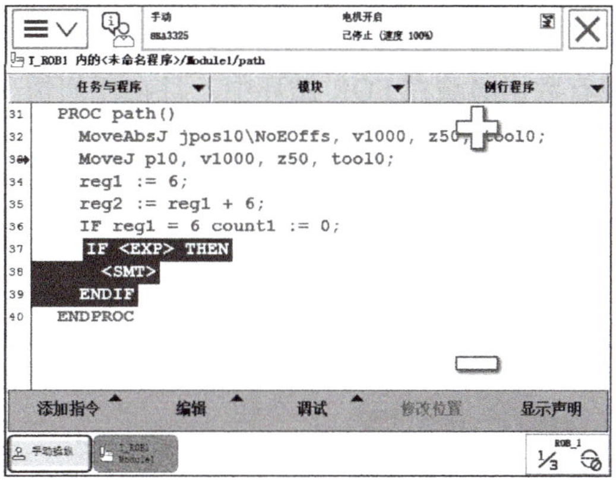

图 5-55　查看生成的指令

3）选中“IF”指令行，点击“编辑”菜单，然后选择“更改选择内容…”，进入“IF”语句添加判断条件界面，在这个界面中可以添加或删除判断条件，或进行子条件嵌套，如图 5-56 所示。

4）依次点击“IF”语句中的参数进行设置，完成条件判断指令创建，如图 5-57 所示。

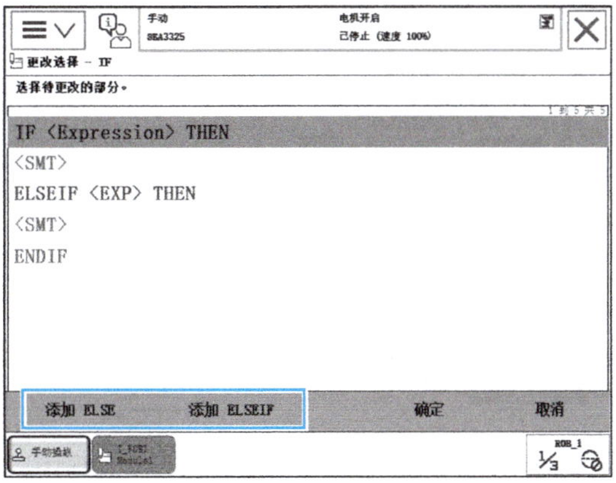

图 5-56　输入指令内容

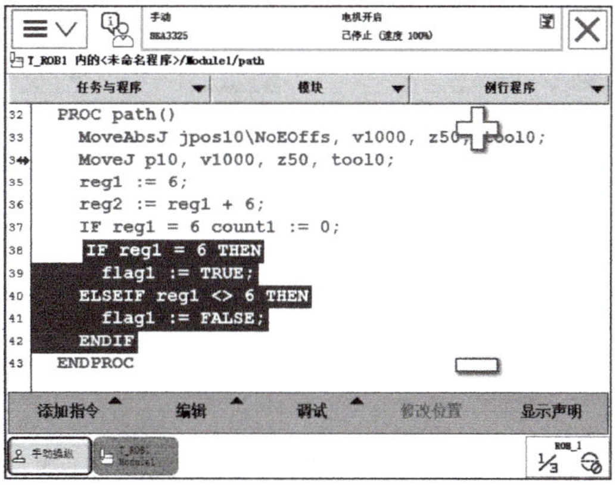

图 5-57　指令创建

5.3.2　循环指令

1. 重复执行循环指令（FOR）

重复执行循环指令适用于一个或多个指令需要重复执行数次的情况。

例如：赋值语句“count1:=count1+1；”，累积重复执行 10 次。

重复执行循环指令创建步骤如下：

1）在“添加指令”界面中进入“Prog.Flow”指令集界面，选择添加“FOR”指令，如图 5-58 所示。

2）程序编辑界面中出现“FOR”指令，其中 <ID> 为当前循环计数器数值的数据名称，该数据可以自动声明。如果该数据名称与实际范围中存在的任意数据名称相同，则将现有数据隐藏在 FOR 循环中，且在任何情况下均不受影响，如图 5-59 所示。

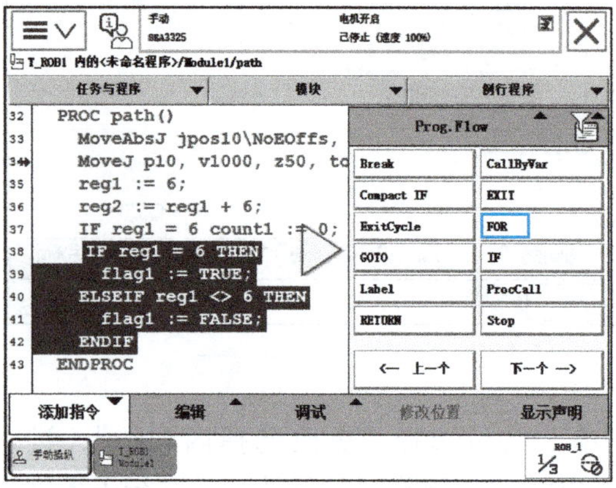

图 5-58　添加“FOR”指令

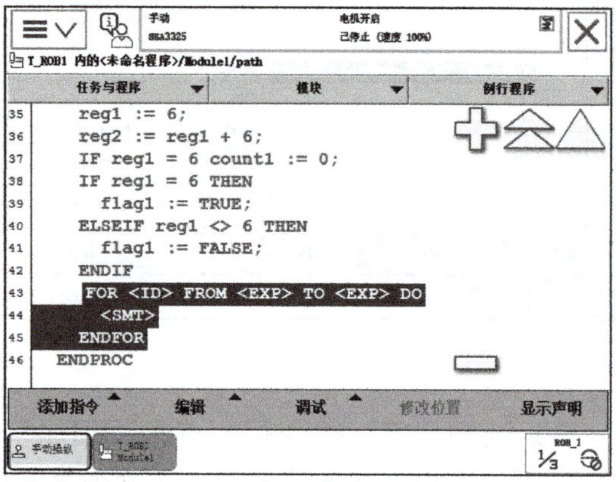

图 5-59　生成语句

3）该指令定义了循环计数器的起始值和结束值，通常为整数值，如图 5-60 所示。

4）<SMT> 为条件满足时，程序所执行的语句，如图 5-61 所示。

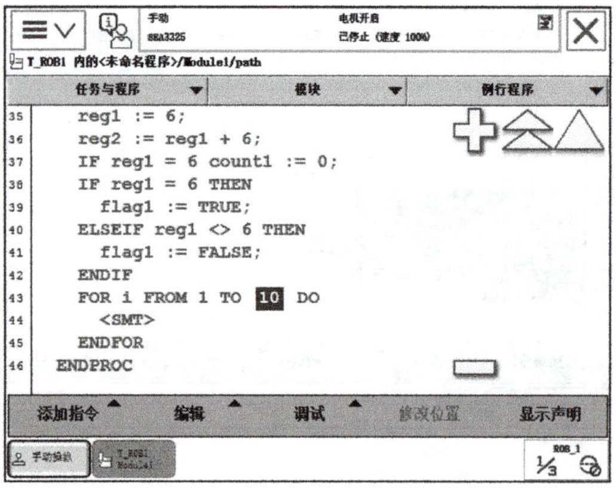

图 5-60　设置指令内容

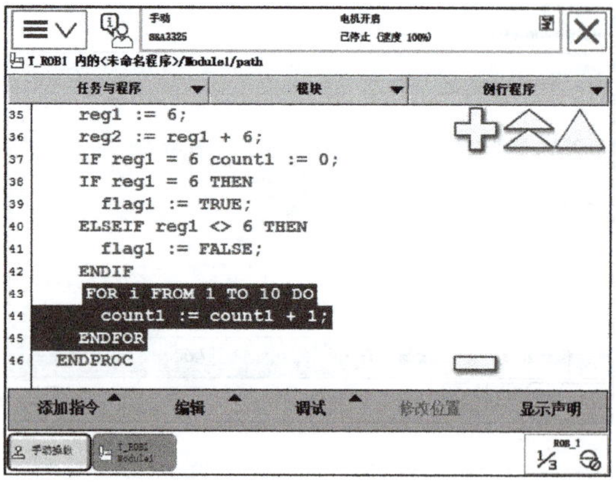

图 5-61　查看指令

2. 条件判断循环指令（WHILE）

条件判断循环指令用于给定条件满足的情况下，一直重复执行对应的指令。

例如：当 reg1>reg2 的条件满足时，就一直执行 count1：=count1−1 的操作，添加“WHILE”指令如图 5-62 所示，添加完成后，如图 5-63 所示。

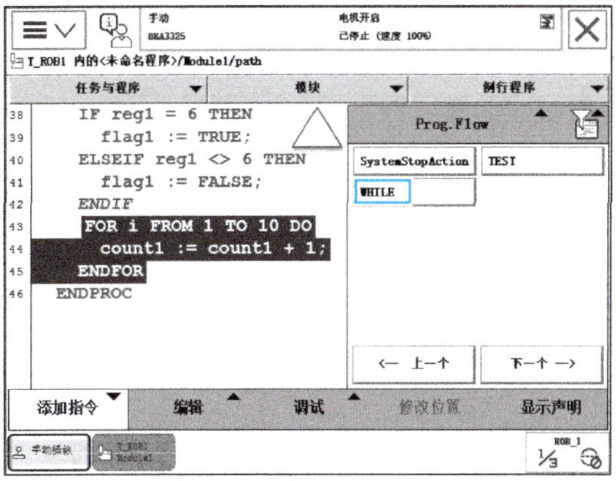

图 5-62　添加“WHILE”指令

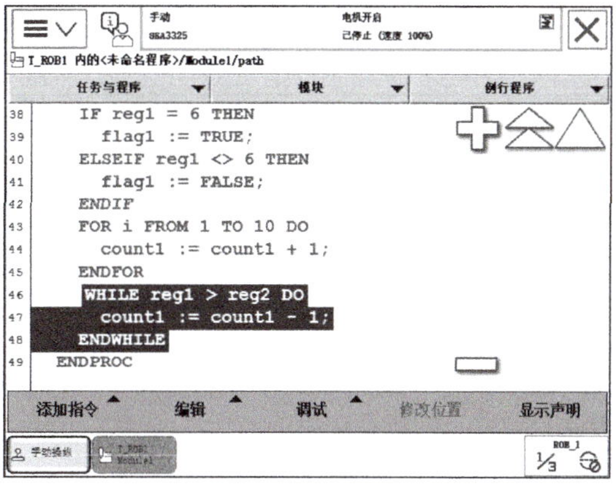

图 5-63　指令完成效果

5.3.3　流程控制指令

1. 调用例行程序指令（ProcCall）

调用例行程序指令主要是实现主程序调用子程序的功能。通过调用对应的例行程序，当机器人执行到对应程序时，就会执行对应例行程序里的程序。一般在程序中指令比较多的情况，通过建立对应的例行程序，再使用 ProcCall 指令实现调用，方便管理。

ProcCall 指令在指定位置调用例行程序的操作步骤如下：

1）选择“<SMT>”，在“Common”中选择“ProcCall”指令，如图 5-64 所示。

2）选择要调用的例行程序，点击“确定”，调用例行程序完毕，如图 5-65 所示。

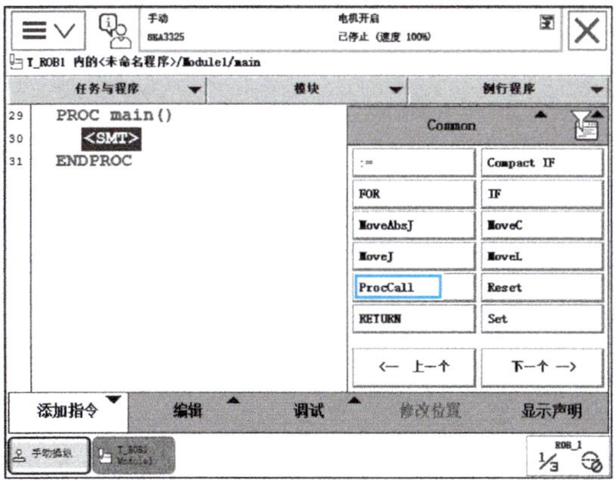

图 5-64　添加“ProcCall”指令

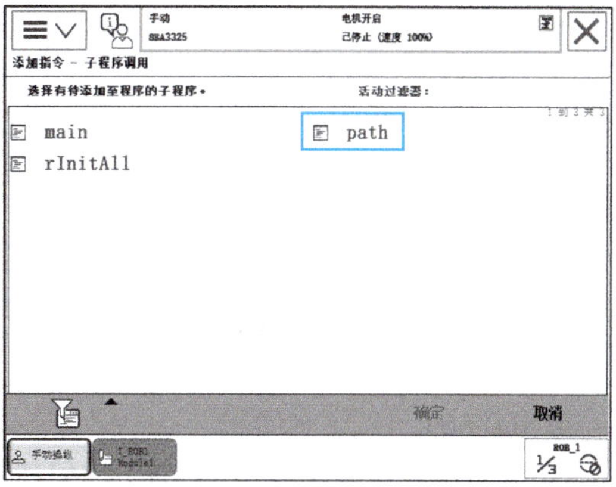

图 5-65　选择例行程序

2. 返回例行程序指令（RETURN）

当此指令被执行时，则马上结束本例行程序的执行，返回程序指针到调用此例行程序的位置。

例：当 reg1=6 时，执行“RETURN”指令，程序指针返回到调用 path 的位置并继续向下执行 MoveAbsJ 这个指令，如图 5-66 所示。

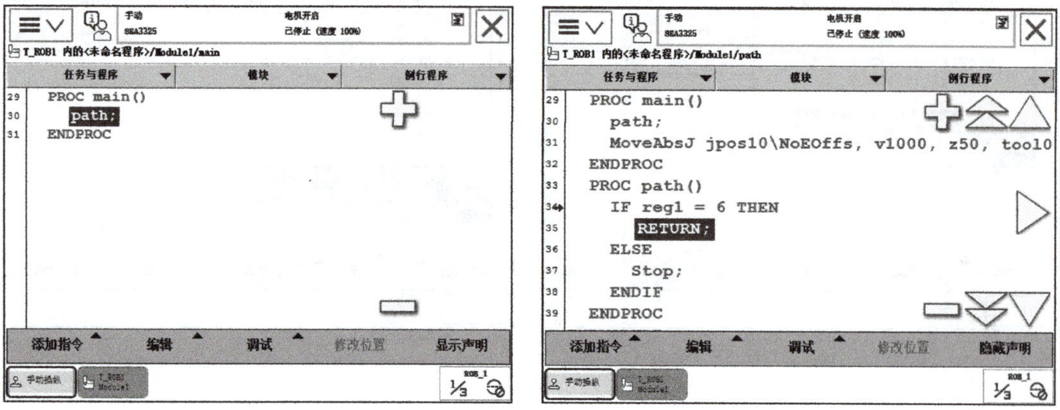

图 5-66 “RETURN”返回例行程序指令

3. 条件分支指令（TEST）

条件分支指令根据表达式或数据的值去执行不同的指令或程序段。它通过对测试数据进行判断，根据 CASE 指定的值执行不同的指令或程序。

TEST 指令将测试数据与第 1 个 CASE 条件中的测试值进行比较。如果测试数据与第 1 个 CASE 条件匹配，则执行该 CASE 下的指令。如果测试数据不匹配第一个 CASE 条件，则继续与其他 CASE 条件进行比较。如果测试数据不匹配任何 CASE 条件，则执行与 DEFAULT 相关的指令。

例如：

```
TEST reg1
    CASE 1，2，3：
        routine1；
    CASE 4：
        routine2；
    DEFAULT：
        TPWrite "Illegal choice"；
        Stop；
ENDTEST
```

在这个示例中，根据变量 reg1 的值执行不同的程序段。如果 reg1 的值为 1、2、3，则执行 routine1；如果 reg1 的值为 4，则执行 routine2；如果 reg1 的值不匹配任何 CASE 条件，则打印出错误消息并停止执行。

需要注意的是，TEST 指令可以对所有数据类型进行判断，但是进行判断的数据必须拥有值。该指令可以添加多个“CASE”，但只能有一个“DEFAULT”，如果没有太多的替代选择，可以考虑使用 IF…ELSE 指令。

4. 标签（Label）与跳转指令（GOTO）

Label 是一个位置标签，它本身不执行任何操作，只是为 GOTO 指令提供一个跳转的目标位置。在编写程序时，需要为 Label 指定一个唯一的名称，以便在 GOTO 指令中引用。

GOTO 指令是一个跳转指令，当程序执行到 GOTO 指令时，会根据指定的 Label 名称跳转到相应的标签位置继续执行。GOTO 指令只能跳转到同一程序内的标签，不能跨程序跳转。

例如：

```
reg1:=1;
next:
reg1:=reg1+1;
IF reg1 <=5 THEN;
  GOTO next;
ENDIF;
```

在这个示例中，程序首先初始化 reg1 为 1，然后定义了一个标签 next。在标签 next 下面，程序将 reg1 的值加 1，并判断 reg1 的值是否小于或等于 5。如果条件成立，则通过 GOTO 指令跳转到标签 next 处继续执行，形成一个循环。当 reg1 的值大于 5 时，条件判断失败，程序将跳出循环并继续执行后续指令。

需要注意的是，在使用 GOTO 指令时，需要确保跳转逻辑正确，避免形成死循环。如果程序陷入死循环，可能会导致机器人无法正常工作或损坏。虽然 GOTO 指令可以实现灵活地跳转逻辑，但过多的跳转会降低程序的可读性和可维护性。因此，在编程时应尽量减少跳转指令的使用，保持程序的清晰和简洁。

任务习题

一、选择题

1. WHILE 指令主要用于（　　）。

A. 跳转到例行程序内标签的位置

B. 跳转标签

C. 条件满足时，重复执行对应的程序

D. 满足不同的条件时，执行对应的程序

2. 下列属于循环指令的是（　　）。

A. Compact IF　　B. IF

C. TEST　　D. WHILE

3. 要实现图 5-67 所示的运行结果，机器人语句编写正确的是（　　）。

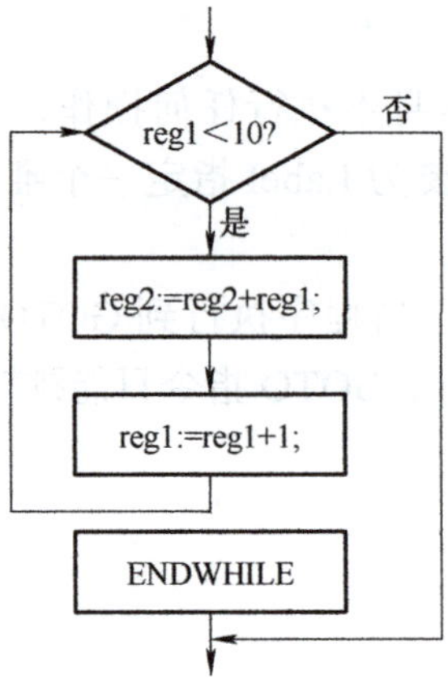

图 5-67　题 3 图

A.

```
reg1：=1;
reg2：=0;
WHILE reg1<10;
    reg2：=reg1+reg2;
    reg1：=reg1+1;
ENDWHILE
```

B.

```
reg1：=1;
reg2：=0;
WHILE reg1<10    DO
    reg2：=reg1+reg2;
    reg1：=reg1+1;
ENDWHILE
```

C.

```
reg1：=1;
reg2：=0;
WHILE reg1<10
    reg2：=reg1+reg2;
    reg1：=reg1+1;
ENDWHILE;
```

D.

```
reg1：=1;
reg2：=0;
WHILE reg1<10    DO;
    reg2：=reg1+reg2;
    reg1：=reg1+1;
ENDWHILE;
```

4. 下列语句运行一次后，reg2 的值为（　　）。

```
reg1：=1;
reg2：=0;
WHILE reg1<6    DO
    reg2：=reg1+reg2;
    reg1：=reg1+1;
ENDWHILE
```

A. 10　　B. 15　　C. 17　　D. 21

5. 在 RAPID 语言中，不可实现分支结构功能的指令语句是（　　）。

A. FOR　　B. IF

C. COMPACT IF　　D. TEST

6. 要实现图 5-68 所示的运行结果，机器人语句编写正确的是（　　）。

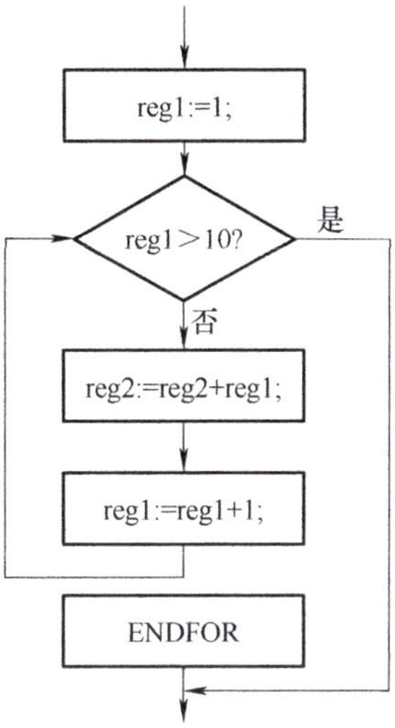

图 5-68　题 6 图

A.
```
FOR reg1 FROM 1 TO 10 DO;
    reg2: =reg1+reg2;
ENDFOR;
```

B.
```
FOR reg1 FROM 1 TO 10 DO
    reg2: =reg1+reg2;
    reg1: =reg1+1;
ENDFOR
```

C.
```
FOR reg1 FROM 1 TO 10 DO
    reg2: =reg1+reg2;
ENDFOR
```

D.
```
FOR reg1 FROM 1 TO 10 STEP2 DO
    reg2: =reg1+reg2;
ENDFOR
```

7. 下列语句运行一次后，reg2 的值为（　　）。

```
reg2: =0;
FOR reg1 FROM 1 TO 5 DO
    reg2: =reg1+reg2;
ENDFOR
```

A. 10　　B. 15　　C. 17　　D. 21

8. GOTO 指令主要用于（　　）。

A. 跳转到例行程序内标签的位置

B. 跳转标签

C. 条件满足时，重复执行对应的程序

D. 满足不同的条件时，执行对应的程序

9. Label 指令主要用于（　　）。

A. 跳转到例行程序内标签的位置

B. 跳转标签

C. 条件满足时，重复执行对应的程序

D. 满足不同的条件时，执行对应的程序

10. 下列语句运行后 reg6 的值为（　　）。

```
reg6：=1；
Label2：
reg6：=reg6+2；
IF reg6<5 THEN
    GOTO Label2；
ENDIF
```

A. 5　　B. 6　　C. 7　　D. 8

11. IF 指令主要用于（　　）。

A. 跳转到例行程序内标签的位置

B. 跳转标签

C. 条件满足时，重复执行对应的程序

D. 满足不同的条件时，执行对应的程序

12. 以下 IF 语句格式错误的是（　　）。

A.

```
IF A<5 THEN
    GOTO BBB；
ENDIF
```

B.

```
IF A<5 THEN
    GOTO BBB；
ELSE
    GOTO CCC；
ENDIF
```

C.

```
IF A<5 THEN
    GOTO BBB；
ENDIF
ELSEIF A>5 THEN
    GOTO CCC；
ENDIF
```

D.

```
IF A<5 THEN
    GOTO BBB；
ENDIF
IF A>5 THEN
    GOTO CCC；
ENDIF
```

13. 当信号 gi1 的值为 3 时，跳转到 CCC 程序段。下列语句编写正确的是（　　）。

A.

```
IF gi1==3 THEN
    GOTO CCC；
```

B.

```
IF gi1=3 THEN
    GOTO CCC；
ENDIF
```

C.

```
IF gi1=3 THEN；
    GOTO CCC；
ENDIF
```

D.

```
IF gi1==3 THEN
    GOTO CCC
```

14. 使用 Compact IF 语句编写程序时，条件有（　　）个分支。

A. 2　　B. 3　　C. 9　　D. 无穷

15. 要实现图 5-69 所示的运行结果，机器人语句编写正确的是（　　）。

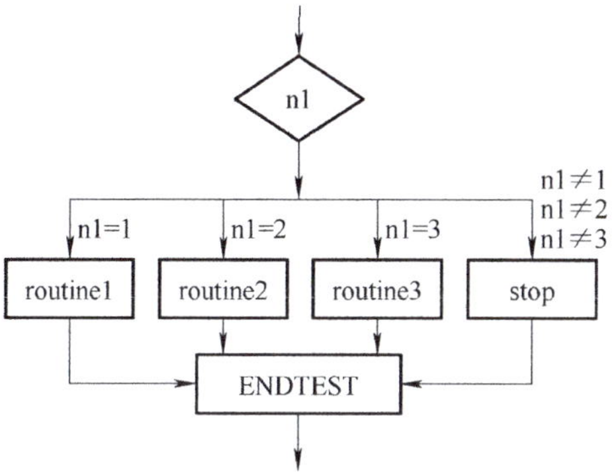

图 5-69　题 15 图

A.

TEST n1：

CASE 1：routine1；

CASE 2：routine2；

CASE 3：routine3；

ELSE：stop；

ENDTEST

B.

TEST n1

CASE 1　routine1；

CASE 2　routine2；

CASE 3　routine3；

DEFAULT　stop；

ENDTEST

C.

TEST n1

CASE 1：routine1；

CASE 2：routine2；

CASE 3：routine3；

DEFAULT：stop；

ENDTEST

D.

TEST n1：

CASE 1：routine1；

CASE 2：routine2；

CASE 3：routine3；

ELSE：stop；

ENDTEST

16. 下列语句编写错误的是（　　）。

A.

TEST n1

CASE 1，2：routine1；

CASE 3：routine2；

DEFAULT：routine3；

ENDTEST

B.

TEST n1：

CASE 1　routine1；

CASE 2　routine2；

CASE 3　routine3；

DEFAULT　routine4；

ENDTEST

C.
TEST n1
CASE 1：routine1；
CASE 3：routine2；
DEFAULT：routine3；
ENDTEST

D.
TEST n1
CASE 1：routine1；
CASE 2：routine2；
CASE 3：routine3；
ENDTEST

17. 使用 TEST 语句编写程序时，条件分支可以有（　　）个。

A. 2　　B. 3　　C. 9　　D. 若干

18. 若需要根据某一变量的多种不同数值结果来执行不同的运行语句，使用（　　）指令最方便。

A. TEST　　B. FOR　　C. WHILE　　D. IF

二、判断题

1. 在 TEST 中，一个 CASE 后只能列出一种数值结果。（　　）
2. DEFAULT 为所有 CASE 条件均不满足时执行，且 TEST 中可以没有 DEFAULT。（　　）
3. WHILE 指令中，当 WHILE 后的条件表达值为真时，执行 DO 和 ENDWHILE 之间的语句，并在执行完成后重新判断 WHILE 后的条件表达值是否为真。（　　）
4. 当 WHILE 后的条件表达值不为真时，执行一次 DO 和 ENDWHILE 之间的语句后，开始执行 ENDWHILE 之后的语句。（　　）
5. FOR 指令适用于一条或多条语句需要重复执行数次的情况。（　　）
6. FOR 指令后面的步长默认为 1，当步长不为 1 时，可在指令后面添加 STEP 来指明步长。（　　）
7. Label 和 GOTO 指令搭配使用，通过跳转指令跳转到当前标签位置后继续向下执行。（　　）
8. 同一例行程序中，只能使用一次 GOTO 指令进行跳转。（　　）
9. 紧凑型条件判断指令，用于当 IF 后的条件满足时，执行 IF 与 ENDIF 之间的指令。（　　）
10. IF…ELSE 根据不同的条件去执行不同的指令。最多可将程序分为 3 个路径，给程序多个选择。（　　）

任务 5.4　调用机器人功能函数

任务描述

在工业自动化或机器人应用中，ABB 机器人常用于执行各种复杂任务，如物料搬运、装配、焊接等，为了实现这些任务，通常需要调用 ABB 机器人提供的各种功能函数。

ABB 机器人的功能函数涵盖了多个方面，这些函数使得机器人能够执行更为复杂的任务，并实现精准操作。通过本任务的学习，读者可以掌握调用 ABB 机器人中指定功能函数的方法，以确保机器人能够按照预期完成相应的动作或任务。

5.4.1　取绝对值功能函数 Abs ( )

Abs ( ) 是对操作数的赋值取绝对值。

例如：对操作数 reg5 进行取绝对值的操作，然后将结果赋值给 reg1。

操作步骤如下：

1）在图 5-70 所示的添加指令界面中，选择 “:=” 赋值指令进入赋值指令参数设置界面。

2）选择 “<VAR>”，变量设为 “reg1”，如图 5-71 所示。

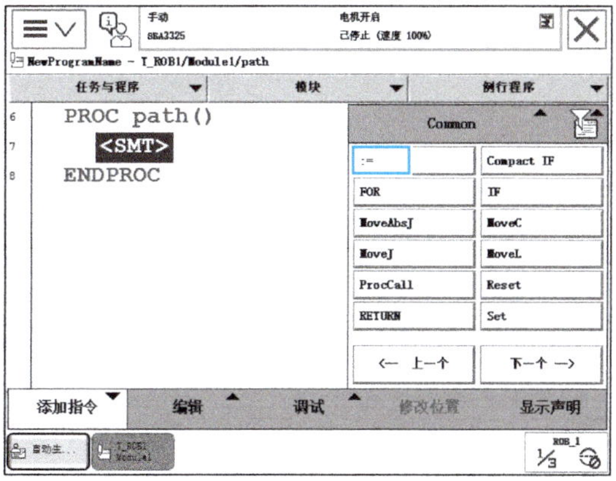

图 5-70　添加赋值指令

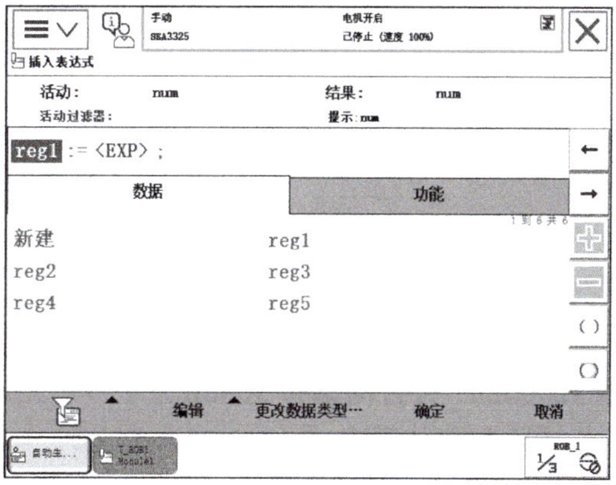

图 5-71　设置变量

3）选择 “<EXP>” 变量表达式，点击 “功能”，如图 5-72 所示。

4）选择 “Abs ( )”，如图 5-73 所示。

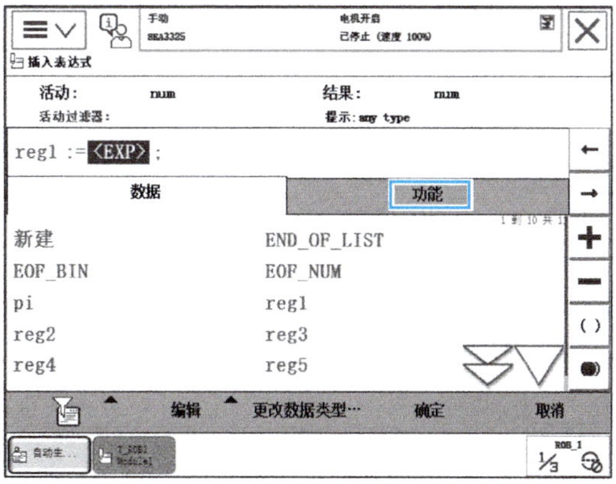

图 5-72　点击 “功能”

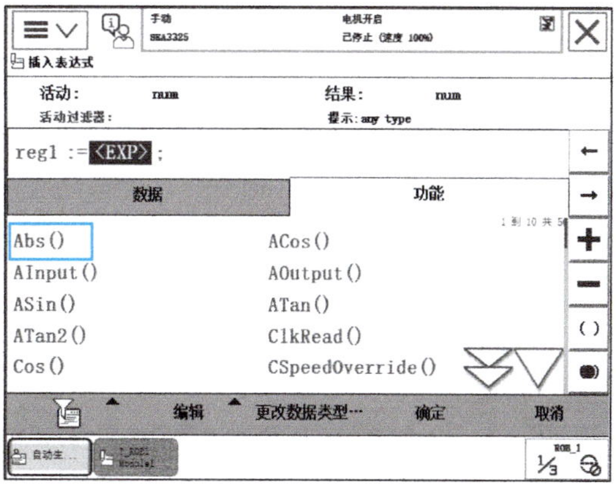

图 5-73　选择 “Abs ( )”

5）点击选项“reg5”，点击“确定”，如图 5-74 所示，完成对 reg5 取绝对值操作，语句最终显示如图 5-75 所示。

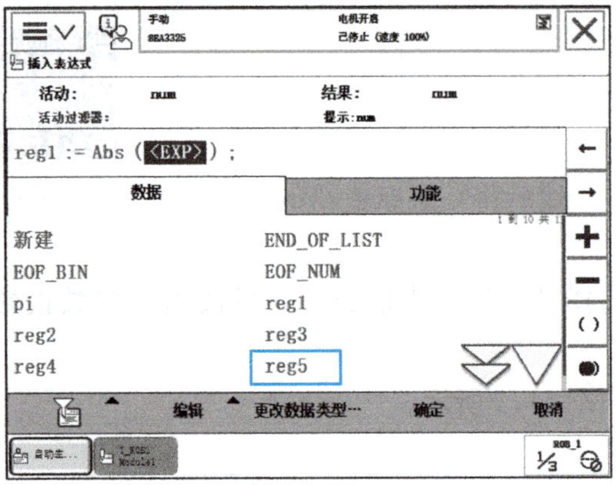

图 5-74　选择变量

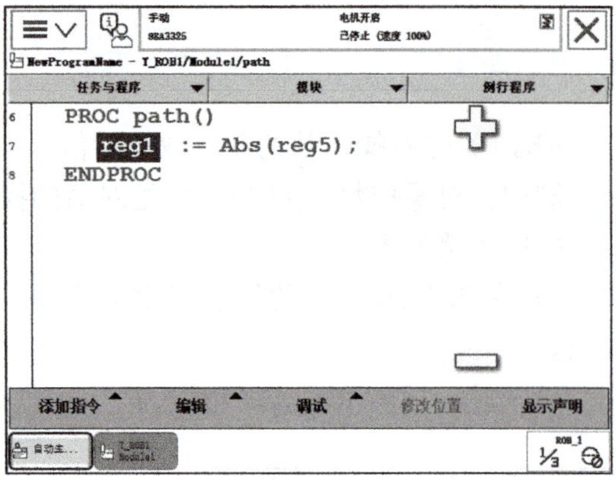

图 5-75　查看指令

5.4.2　偏移功能函数 Offs ( )

Offs () 的作用是基于目标点位置的 X、Y、Z 某一个方向上进行相应的偏移。Offs () 常用于安全过渡点和出入刀的设置。

例如：使用偏移功能将 p20 点相对于 p10 点在 X 方向偏移 100mm，Y 方向偏移 –200mm，Z 方向偏移 50mm。

操作步骤如下：

1）添加赋值指令“:=”，进入赋值指令参数设置界面，点击“更改数据类型…”，如图 5-76 所示。

2）选择“robtarget”数据类型，然后点击“确定”，如图 5-77 所示。

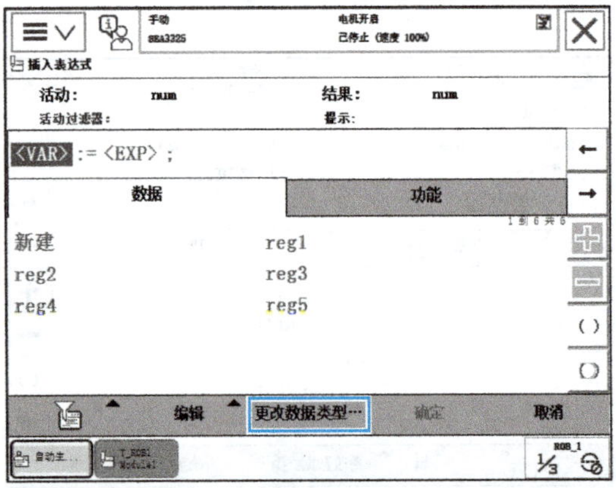

图 5-76　添加赋值指令

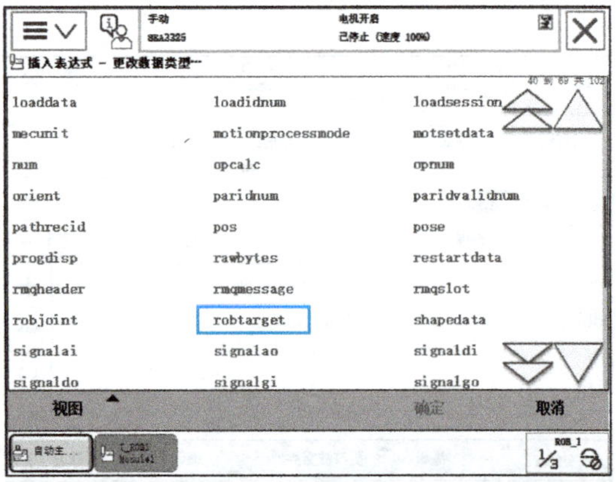

图 5-77　修改数据类型

3）点击“<VAR>”，然后选择要被赋值的“p20”点，如图 5-78 所示。如果没有

“p20”可以新建，但是要注意“p20”属于变量存储类型。

4）选择“<EXP>”，点击“功能”，如图 5-79 所示。

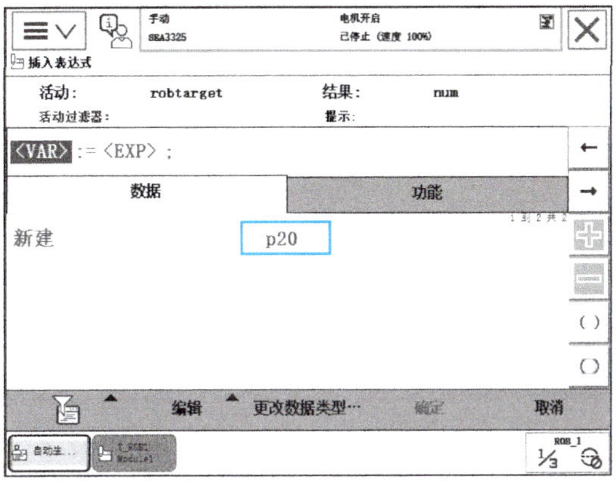

图 5-78　选择点位

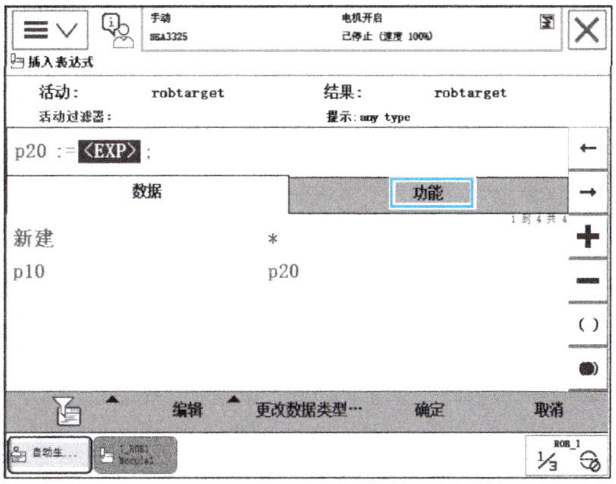

图 5-79　点击“功能”

5）选择“Offs ()”，如图 5-80 所示。

6）这里需要 4 个参数，第 1 个参数“<EXP>”为目标位置数据，选择偏移基准点“p10”，如图 5-81 所示。

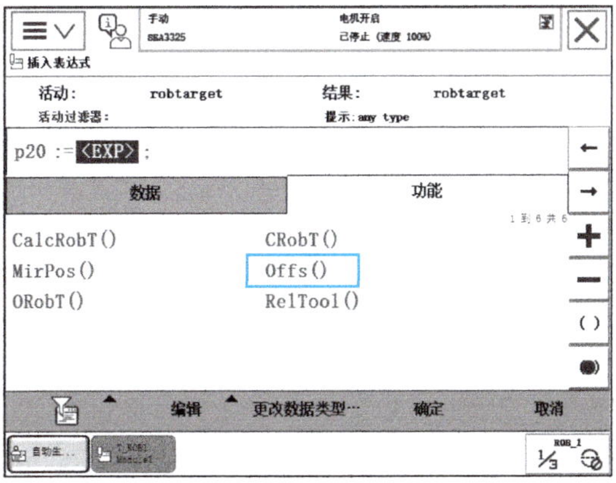

图 5-80　选择“Offs()”

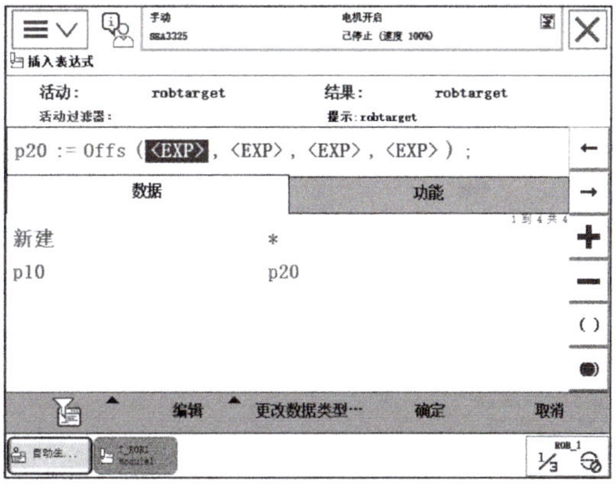

图 5-81　设置参数

7）其余 3 个参数分别输入 X、Y、Z 方向的偏移值，如图 5-82 所示。

8）点击“确定”，完成“Offs ()”创建，如图 5-83 所示。

5.4.3　工具位置及姿态偏移功能函数 RelTool ( )

RelTool () 用于将通过有效工具坐标系表达的位移和旋转增加至机械臂位置。其用法与前面介绍的 Offs () 基本相同。

例如：使用 RelTool () 将 p30 点相对于 p10 点沿工具的 Z 方向移动 100mm，并将工具围绕 Z 轴旋转 45°

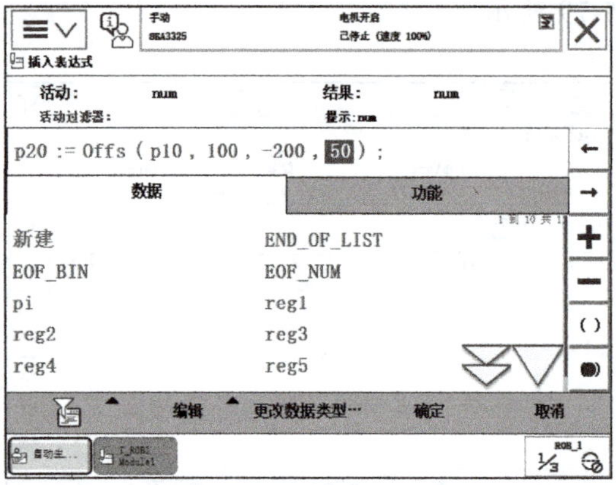

图 5-82 输入偏移数据

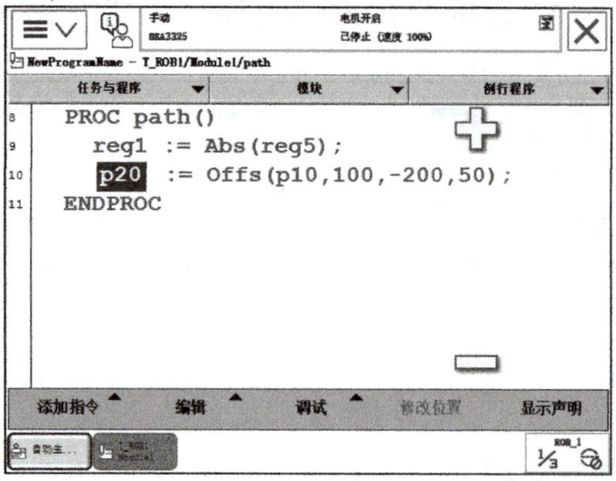

图 5-83 指令添加完成

操作步骤如下：

1）添加赋值指令“：=”，进入赋值指令参数设置界面，点击“更改数据类型…”，如图 5-84 所示。

2）选择“robtarget”数据类型，然后点击“确定”，如图 5-85 所示。

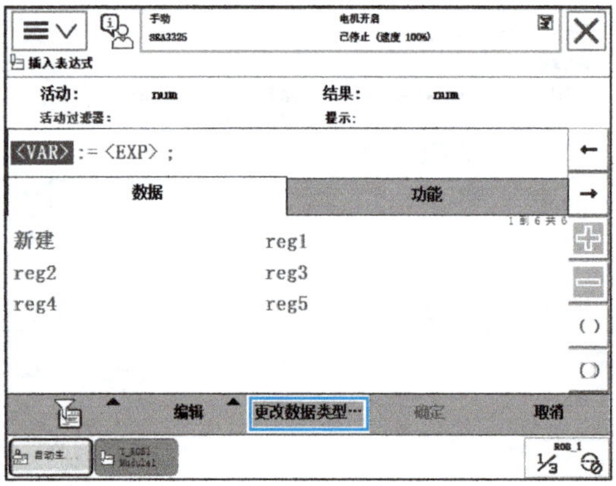

图 5-84 添加赋值指令

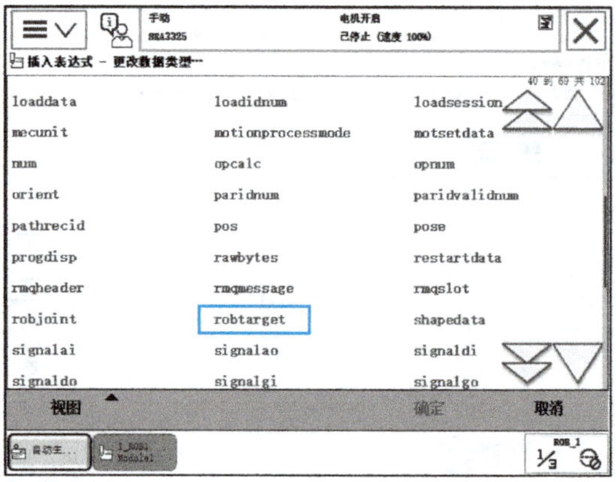

图 5-85 修改数据类型

3）点击“<VAR>”，然后选择要被赋值的“p30”点，如图 5-86 所示。如果没有“p30”可以新建，但是要注意“p30”属于变量存储类型。

4）选择“<EXP>”，点击“功能”，如图 5-87 所示。

5）选择“RelTool ()”，如图 5-88 所示。

6）这时提示要输入 4 个参数，点击 RelTool，选中整条指令，如图 5-89 所示。

7）点击“编辑”，选择“Optional Arguments”，如图 5-90 所示。

8）在弹出的页面中，启用“\Rz”，也就是将“\Rz”的状态由“未使用”转为“使用”，然后点击“关闭”，如图 5-91 所示。

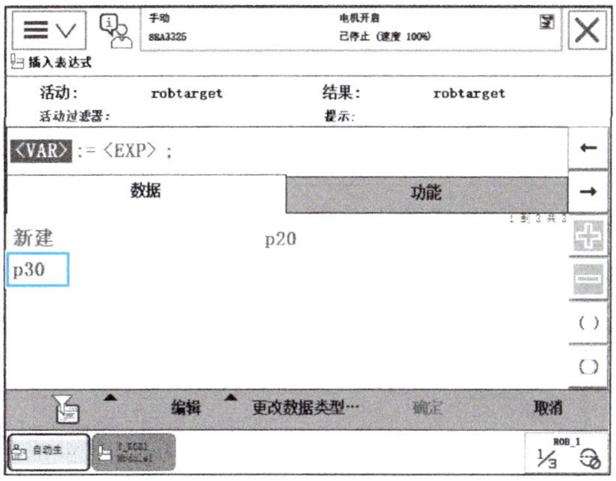

图 5-86　选择点位

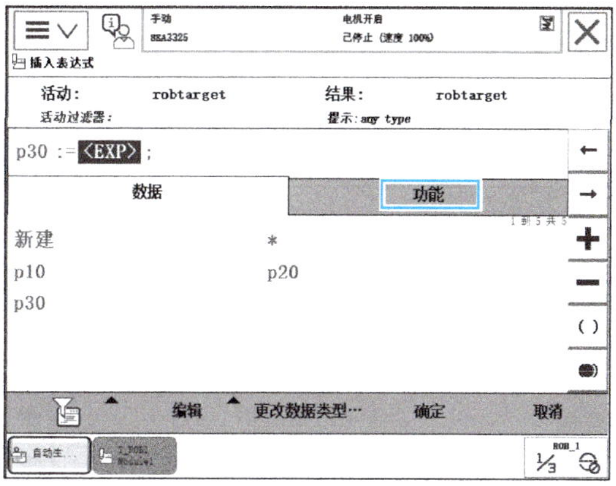

图 5-87　点击“功能”

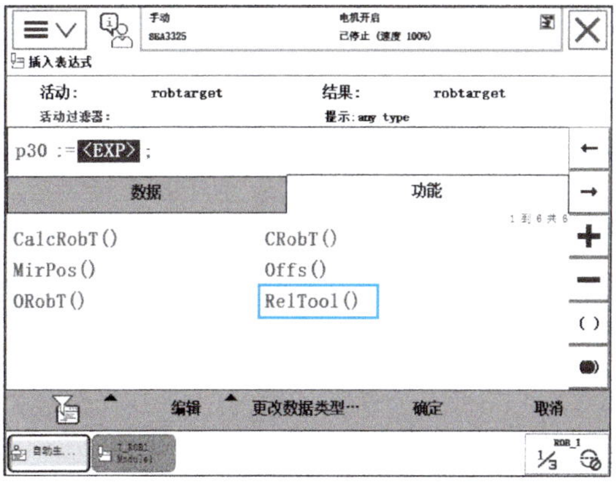

图 5-88　选择“RelTool（）”

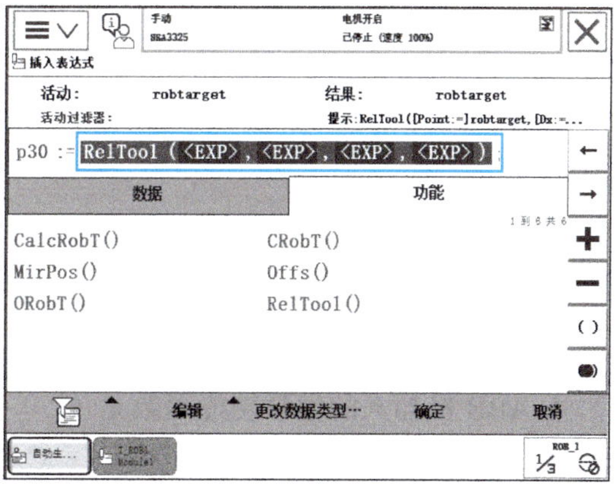

图 5-89　设置参数

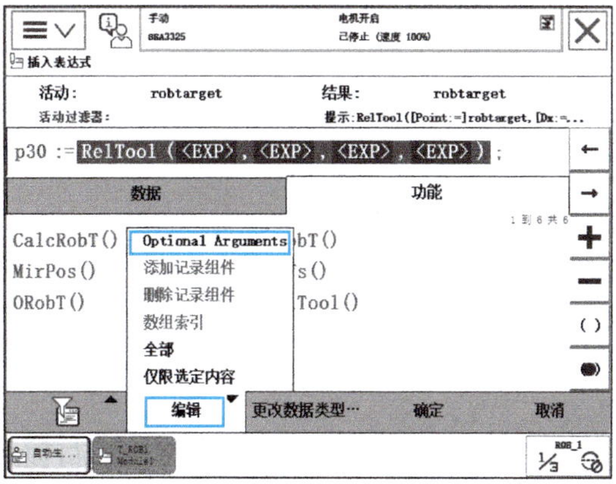

图 5-90　选择“Optional Arguments”

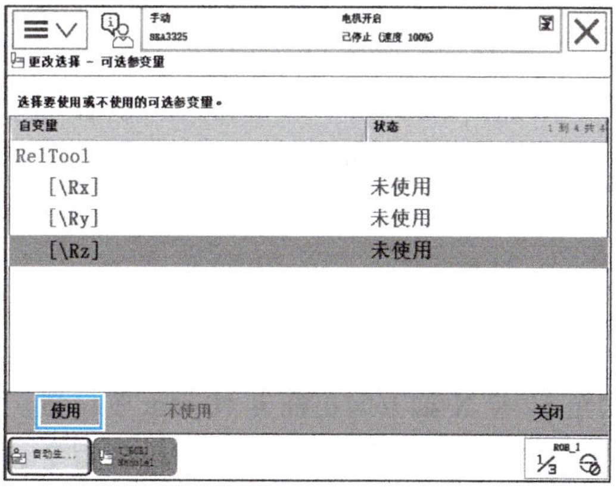

图 5-91　设置旋转轴

9）这时我们需要输入 5 个参数，第 1 个参数“<EXP>”为目标位置数据，选择偏移基准点“p10”，然后分别编辑输入 X、Y、Z 方向的偏移值，以及 Z 轴的旋转量，如图 5-92 所示。

10）点击“确定”，完成“RelTool ()”创建，如图 5-93 所示。

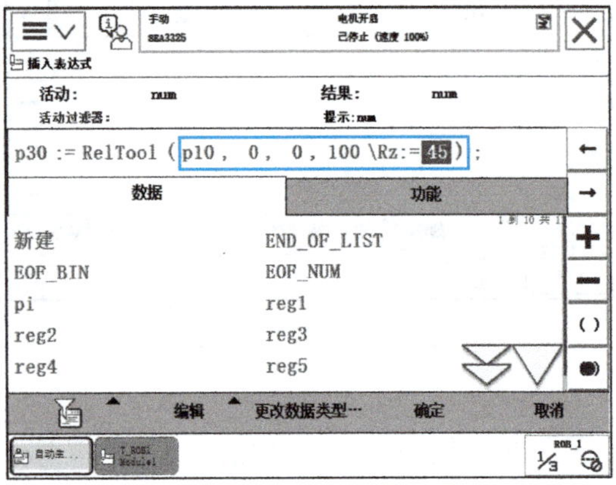

图 5-92 输入数据

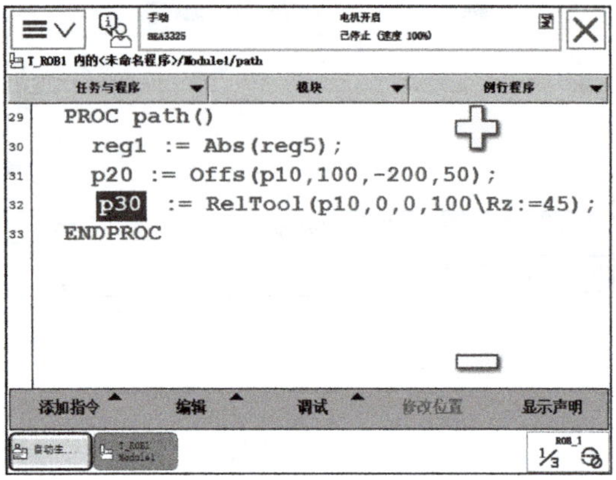

图 5-93 指令添加完成

任务习题

一、选择题

1. ABB 机器人的偏移功能函数是（　　）。

A. Offs　　B. EXP　　C. CRobT　　D. ORobT

2. 偏移功能函数可使实际目标位置在原有目标点的基础上对（　　）轴偏移一定距离。

A. X　　B. Y　　C. Z　　D. 以上均可

3. 偏移功能函数 Offs（P10，50，0，100）中，数值 50 为（　　）。

A. 点位数据　　B. X 方向偏移值　　C. Y 方向偏移值　　D. Z 方向偏移值

4. 偏移功能函数中默认的偏移值单位为（　　）。

A. 米　　B. 厘米　　C. 毫米　　D. 微米

二、判断题

1. 语句“MoveL Offs（p2，0，0，10），v500，z50，tool1；”的含义是将机械臂移动至 p2 点 X 轴方向正前方 10 mm 的位置。（　　）

2. 偏移功能函数常配合关节运动指令、线性运动指令使用，以运动指令选定的目标点为基准。（　　）

任务 5.5　编写与调试工业机器人涂胶程序

任务描述

在实际应用中，工业机器人的轨迹运动可应用于喷涂作业、焊接作业、切割作业等多种工业生产场合。为了使工业机器人按照既定的运动轨迹完成各种作业，应选择合适的运动模式，并根据实际要求设计工业机器人的工作流程。

本任务以完成图 5-94 所示的工作站中工件 1 和工件 2 涂胶作业为例，使机器人从初始位置 jHome 开始运动，沿工件 1 轨迹运动 2 圈，等待 2s 后，判断 reg1 是否为 1，如果条件成立，则沿工件 2 轨迹运动 1 圈，最后回到初始位置。如果条件不成立，reg1 计数加 1，机器人直接回到初始位置。

为了使 TCP 完成多边形轨迹运动，就需要定义必要的固定参考点。其中包括各直线的端点和两段圆弧的特征点，TCP 在各参考点间做线性运动、圆弧轨迹运动，因此需要定义至少 9 个参考点。此外，还应定义 TCP 的出入刀点和工作安全点。TCP 按照一定的顺序依次通过各点，即可完成任务要求的轨迹运动。

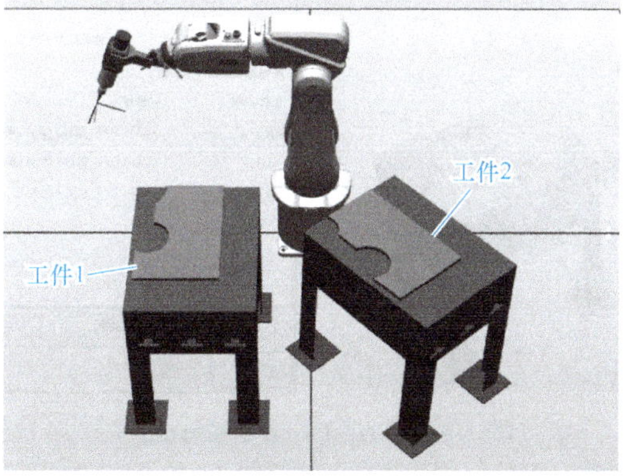

图 5-94　涂胶工作站

5.5.1　创建相关程序数据

1. 创建工具数据

为机器人本体安装带尖端工具，并建立工具坐标系 tool_GJ，mass 设置为 1kg，如图 5-95 所示。选择合适的带尖端工具，通过示教器上的可编程按钮对工具状态进行设置。采用 TCP+Z 法（N=4）进行工具标定，在标定工具坐标系时，应操纵机器人以不同的位姿使 TCP 与固定参考点接触。在标定点 4 时，应保持 tool_GJ 的 Z 轴方向与固定参考点所在平面垂直；在标定延伸器点 Z 时，应使 TCP 位于固定参考点正上方。

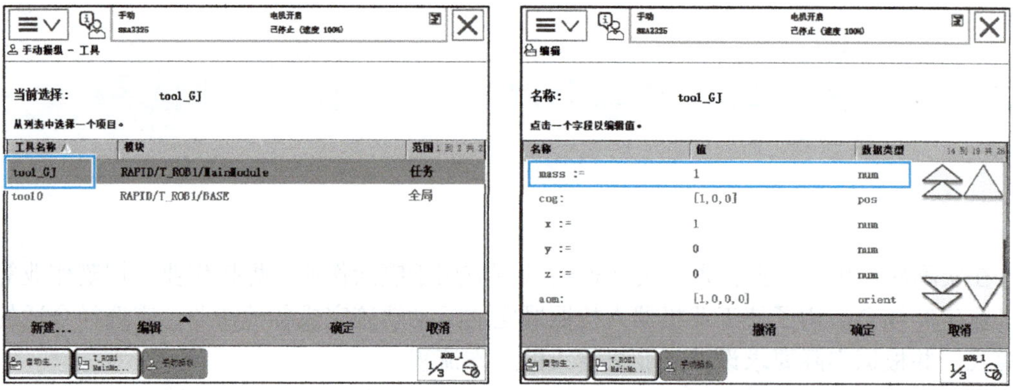

图 5-95　创建工具坐标系及参数设置

2. 创建工件数据

根据工件实际位置分别设置工件坐标系 wobj_1 和 wobj_2，如图 5-96、图 5-97 所示。在“程序数据”窗口中选择“wobjdata”选项，分别新建工件坐标系 wobj_1 和 wobj_2，通过选择“编辑”选项框中的“定义”选项，将“用户方法”设置为“3 点”，在工件所在平面选择合适的点作为固定参考点，分别对工件 1 和工件 2 进行标定。

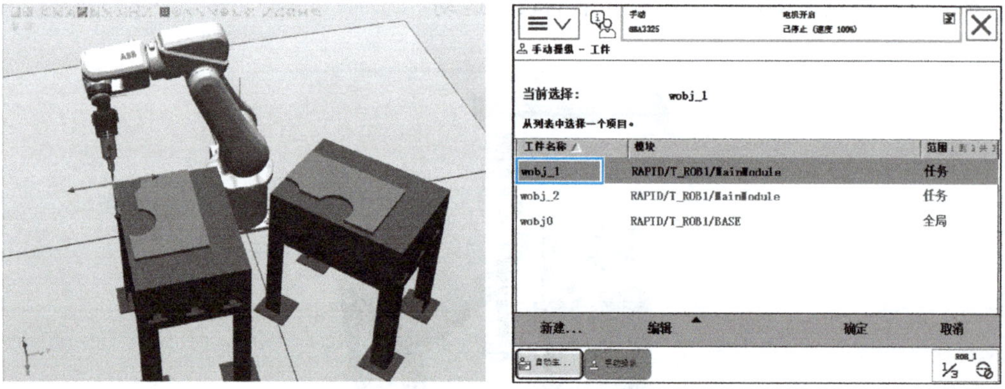

图 5-96　创建工件坐标系 wobj_1

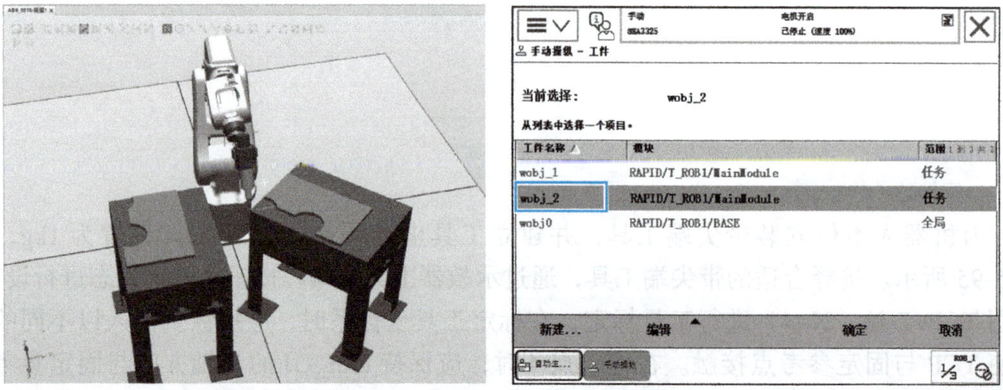

图 5-97　创建工件坐标系 wobj_2

5.5.2　构建程序框架

在工业机器人轨迹应用的 RAPID 程序中，需要用到 MoveAbsj、MoveJ、MoveL 和 MoveC 等运动控制指令，条件逻辑判断指令以及速度控制指令等。在进行编程时，应根据实际情况建立主程序和运动控制程序。

工业机器人做多边形轨迹运动的程序明细如图 5-98 所示。主程序 main () 中，调用了初始化程序 rInitAll ()、轨迹路径程序 path_1 () 和 path_2 () 以及回原点程序 rHome ()。因此，根据任务要求，建立 1 个程序模块 Module1，该模块中包含 5 个例行程序，其中 1 个主程序 main ()、1 个返回 j 原点程序 rHome ()、1 个初始化程序 rInitAll () 和 2 个轨迹路径程序 path_1 () 和 path_2 ()。

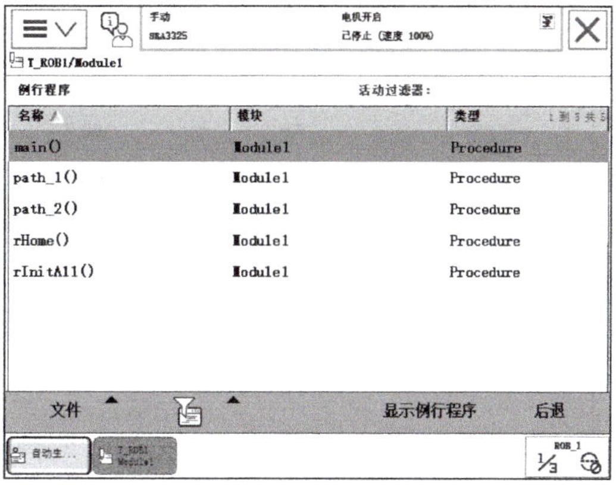

图 5-98　新建例行程序

5.5.3　编写涂胶程序

1. 回原点程序

在程序 rHome () 中添加绝对关节运动指令，目标点位置设置为 jHome，运动速度为 v1000，转弯区数据为 z50，工具坐标选择 tool_GJ，如图 5-99 所示。

2. 初始化程序

在程序 rInitAll () 中添加速度控制指令 AccSet、Velset 和 rHome () 的调用指令，如图 5-100 所示。

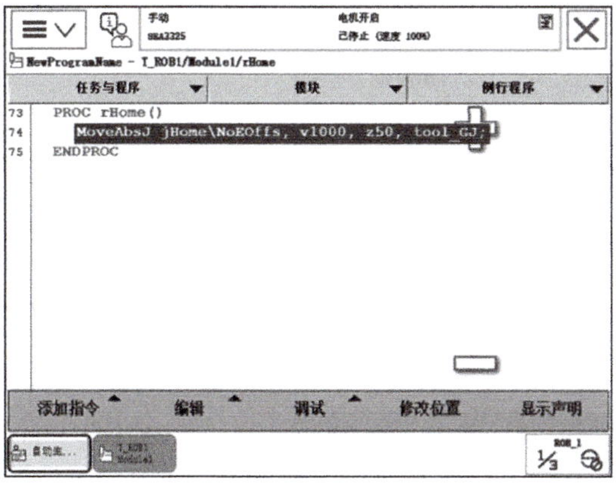

图 5-99　回原点程序指令编写

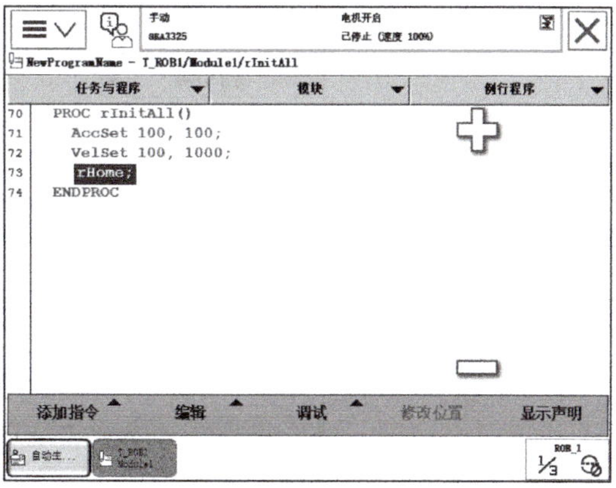

图 5-100　初始化例行程序

3. 轨迹路径程序

在轨迹路径程序 path_1（）中添加轨迹运动指令，工件坐标选择 wobj_1，如图 5-101 所示。复制 path_1 程序中所有指令至 path_2，工件坐标修改为 wobj_2，如图 5-102 所示。

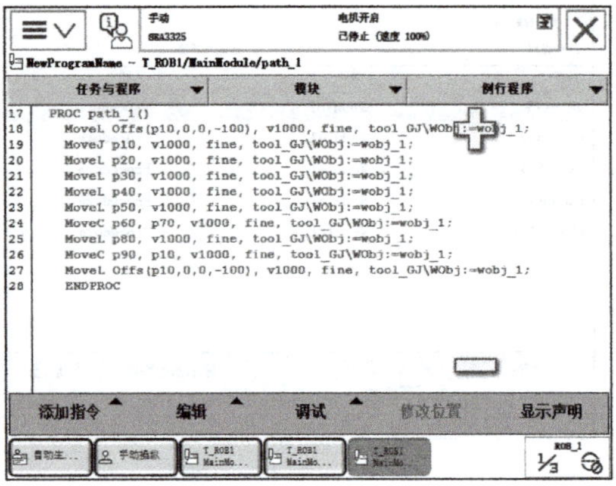

图 5-101 path_1（）轨迹路径程序

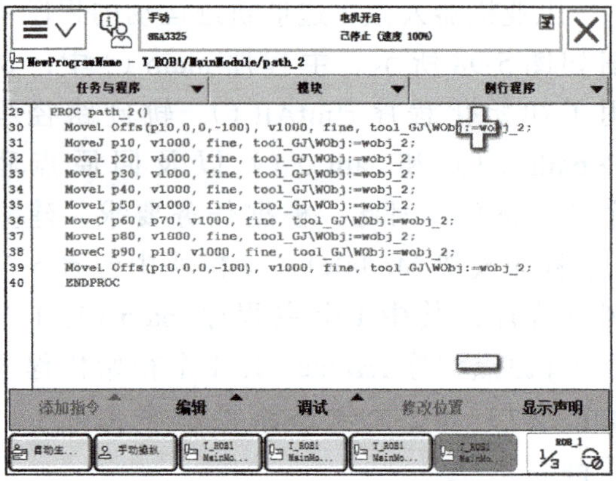

图 5-102 path_2（）轨迹路径程序

4. 主程序

根据任务要求，机器人从初始位置 jHome 开始运动，沿工件 1 轨迹运动 2 圈，等待 2s 后，判断 reg1 是否为 1，如果条件成立，则沿工件 2 轨迹运动 1 圈，最后回到初始位置。如果条件不成立，reg1 计数加 1，机器人直接回到初始位置。

机器人首先调用初始化程序，从初始位置 jHome 开始运动，通过 FOR 循环指令执行两次 path_1（）例行程序的调用，再通过 IF 条件判断指令，调用 path_2（）例行程序。具体程序如图 5-103 所示。

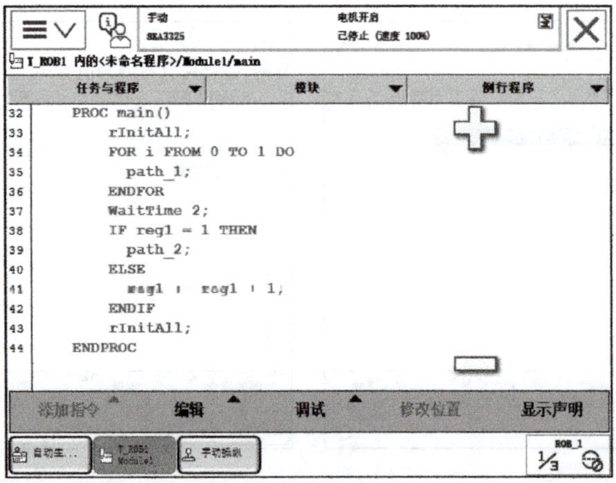

图 5-103 主程序编写

5.5.4　示教点位与调试

涂胶轨迹上的点位调试时一定要做到精确，并注意前后点位间的姿态变化。按照要求，涂胶轨迹点位与涂胶板之间的距离不能高于 20mm，最好使用线性运动，保证各个涂胶点与涂胶板之间的距离保持不变。

在调试涂胶机器人程序时，为保证设备与人身安全，最好先在虚拟仿真系统中进行，待操作熟练并确认程序调试无误后，再到实际设备上调试。

无论虚拟系统还是实际设备，调试时遵循以下操作步骤：

1）将程序中的点位修改到准确的目标位置，并确认。

2）手动单步调试运行。检查点位、程序指令、程序逻辑是否有错。若运行中有错，应立刻松开示教器上的使能键停止运行，进行查错、修改、记录错误情况。

3）手动单步调试运行两遍及以上均无误后，按“实施情况自查表”中的检查项目逐项检查并记录，看是否合格。

4）手动连续运行机器人程序，检查点位、程序指令、程序逻辑是否有错。若运行中有错，应立刻松开示教器上的使能键停止运行，进行查错、修改、记录错误情况。

5）自动运行机器人程序。若运行中有错，应立刻按下紧急停止按钮。

本任务中，需要示教的关键点位如图 5-104 所示。

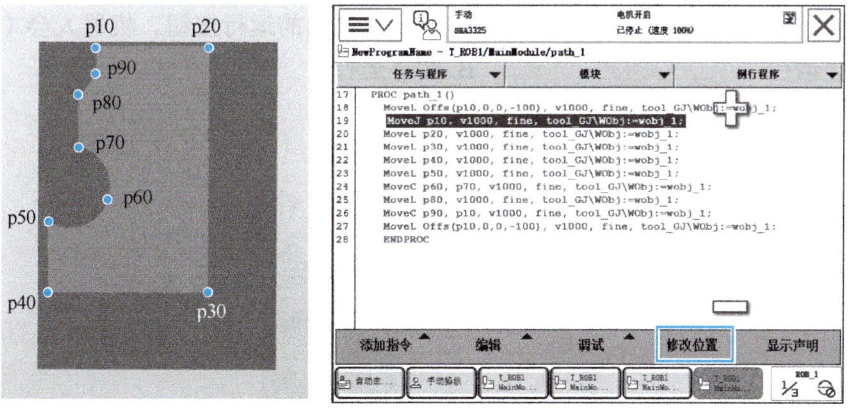

图 5-104　关键点位示教

值得注意的是，在实际应用中，做轨迹运动的工业机器人至少需要一个数字输出信号，以作为工具的动作信号，如涂胶作业中用于控制涂胶枪的开启和关闭、激光切割作业中用于控制激光的开启和关闭等。

在轨迹应用中，工业机器人多使用带有尖端的工具。因此，通常将工具坐标系原点及 TCP 设在工具尖端，坐标系的 Z 轴方向为工具末端的延伸方向。工具安装完成后应根据实际情况设置有效载荷和工具重心。

在设置工件坐标系时，需要根据选取的固定参考点进行标定。此时应选择合适的坐标轴方向，尤其是 Z 轴方向，否则可能会使后续的操作或程序调试无法进行。

工业机器人首次自动运行时，可先将运行速度适当调低些（如 25% 速度运行），待运行没有问题后再恢复至 100% 速度运行。

任务习题

一、选择题

1. 现场编程调试运行时，逐行执行当前行的程序语句，1 行结束后机器人动作暂停，应使用（　　）调试方法。

A. 连续运行　　B. 单步运行　　C. 点动　　D. 自动运行

2. 工业机器人手动调试程序过程中，关于程序指针的控制，下列说法正确的是（　　）。

A. 指针可以随意跳转至光标位置处

B. 同一程序中可同时出现多个程序指针

C. 光标可以随意跳转至程序指针处

D. 光标随指针的移动而移动

3. ABB 工业机器人在手动运行状态下，所有运动速度被限制在（　　）mm/s 之内。

A. 150　　B. 200　　C. 250　　D. 300

4. 手动运行机器人程序，按下图 5-105 所示方框内的运行按钮，机器人会（　　）。

A. 停止运行　　B. 暂停运行

C. 单段运行　　D. 连续运行

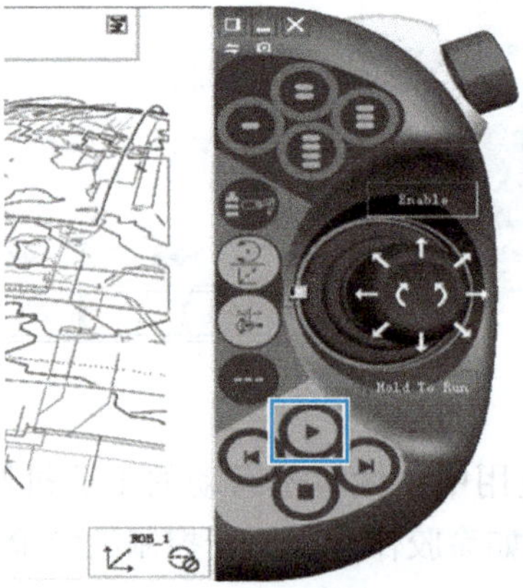

图 5-105　题 4 图

5. 将 ABB 机器人的原点命名为 jpos10，并设置在各关节轴旋转角度为（0，-30，30，0，90，0）的位置。要控制机器人到达该原点，正确的语句是（　　）。

A. MoveAbsJ jpos10，v300，fine，tool0;

B. MoveL jpos10，v300，fine，tool0;

C. MoveJ jpos10，v300，fine，tool0；

D. MoveC jpos10，v300，fine，tool0；

6. 回零点程序中往往使用“p_here.trans.z：=p_home.trans.z；”这条指令，其功能是（　　）。

A. 使 p_here 点位数据与 p_home 点位数据相同

B. 使 p_here 的 Z 值等于 p_home 的 Z 值

C. 判断 p_here 的 Z 值是否等于 p_home 的 Z 值

D. 机器人 Z 轴移动到 p_home 的 Z 值处

7. 机器人回原点时，若需要先将 Z 轴回到原点位置，就要将机器人当前位置赋值给一个点位，这个点位定义时为（　　）存储类型。

A. 变量　　B. 可变量

C. 常量　　D. 变量或可变量

8. 利用语句“MoveAbsJ jpos10，v300，fine，tool0；”使机器人回到原点，jpos10 必须定义为（　　）数据类型。

A. robotarget　　B. jointtarget　　C. tooldate　　D. wobjdate

二、判断题

1. 为保证安全，防止机器人回原点时与外部设备发生碰撞，机器人回原点时最好是先将 X、Y 轴回到原点位置后再将 Z 轴回到原点位置。（　　）

2. 工业机器人编程时，既可以使用 MoveJ 指令使机器人回原点，也可以使用 MoveAbsJ 指令使机器人回原点。（　　）

“项目 5　工业机器人涂胶编程与调试”项目评价

项目 5　工业机器人涂胶编程与调试				
任务	考核内容	配分	评分标准	得分
基本指令运用	常用运动指令的运用	15 分	能够运用基本运动指令编写简单路径	
流程指令运用	循环指令的运用	10 分	能够运用循环指令编写程序	
	条件判断指令的运用	10 分	能够运用条件判断指令编写程序	
	流程控制指令的运用	10 分	能够调用流程控制指令	
功能函数应用	工件坐标系与坐标偏移功能的运用	5 分	能够使用功能函数优化程序	
涂胶编程与调试	编写涂胶机器人程序并调试	30 分	能够合理规划涂胶路径，并实现编程与调试	
安全操作	安全上机操作	10 分	符合上机实训操作要求	
完成质量	工艺或者操作熟练程度	5 分	“未完成”：不得分 “完成”：根据完成情况打分	
	工作效率或者完成任务速度	5 分		

（续）

项目 5　工业机器人涂胶编程与调试				
任务	考核内容	配分	评分标准	得分
自我评价				
小组互评				
老师评价				
总分				

项目 6

工业机器人码垛编程与调试

码垛，就是把货物按照一定的摆放顺序与层次整齐地堆叠好。物件的搬运和码垛是现实生活中常见的一种作业形式，这种作业通常劳动强度大且具有一定的危险性。目前在国内外，已逐步使用工业机器人替代人工劳动，提高了工作效率，体现了劳动保护和文明生产的先进程度。

本项目以图 6-1 所示食品饮料行业中的“食品包装箱自动码垛”为案例，完成食品包装箱机器人的编程与调试工作。自动码垛工作对机器人的灵活性和精确性有较高要求，要求现场编程调试人员有更娴熟的技术技能。只有不断地练习、提高，团结协作，守正创新，才能更好提高工作质量。

图 6-1 食品包装箱自动码垛案例

学习目标

- 知识目标

了解常用的 I/O 控制指令和逻辑判断指令的用法。

掌握工业机器人中断程序和功能程序编制方法。

- 技能目标

掌握机器人系统信号、模拟信号创建方法。
能熟练使用循环控制指令进行机器人逻辑控制。
能熟练运用中断程序和功能程序。
能按要求编写码垛机器人程序并检验其语法正确性。

- 素养目标

养成良好的劳动习惯和劳动素养。
树立正确的劳动观和职业态度。
培养安全、规范、标准、责任意识。

任务 6.1　了解工业机器人码垛

任务描述

码垛机器人是机电一体化高新技术产品，可按照要求的编组方式和层数，用最优化的设计使得垛形紧密、整齐，完成袋装、罐装、盒装、瓶装等各种产品的自动码垛，被广泛运用于食品饮料、家具建材、汽车制造等行业。本任务旨在讲解工业机器人码垛的基本要求和码垛机器人的工作流程。

6.1.1　工业机器人码垛基本要求

工业机器人码垛的基本要求涉及多个方面，以确保码垛过程的安全性、稳定性和效率。通常情况下，工业机器人码垛主要有以下几点要求：

1）码垛前机器人处于一个安全位置，当工业机器人收到起动信号后便开始运行。

2）工件经过传送带到达传送带末端后，机器人开始进行抓取工件操作。

3）抓取完成后，在码垛盘已到位且未码满 4 层的前提下，将工件搬运到码垛区域。

4）计算出当前工件的码垛位置坐标后，将工件进行码垛，然后回到安全点。

5）若码满 4 层，通知外部更换码盘，直至新码盘到位后再重新开始码。

在应用工业机器人进行搬运码垛作业时，应根据实际的作业要求编写应用程序，需要对相关 I/O 信号进行配置，然后建立主程序、初始化程序、抓取程序、放置程序以及专门的放置点计算程序等。

6.1.2　工业机器人码垛工作流程

码垛是在搬运的基础上，将工件整齐、规则地摆放成货垛的作业形式。工业机器人码垛作业实质上是搬运作业的一种特殊形式，它需要事先对机器人进行路径规划，然后根据规划好的路径把工件从一个位置搬运到另一个位置，只是每次搬运工件的目标位置（放置点）有所不同。

工业机器人的搬运动作可分解为抓取工件、移动工件、放置工件等一系列子任务，因为采用的工具不同，具体的作业流程也有所不同。要使工业机器人完成搬运作业，需要依次完成 I/O 配置、创建程序数据、示教目标点、编写和调试程序等操作。在编写程序时，应合理选取示教目标点，并选择合适的运动模式，以避免机器人发生碰撞及姿态调整时工件脱落。搬运作业需要示教的目标点包括抓取靠近点、抓取点、放置靠近点、放置点以及 TCP 的空闲等待点等。

用于码垛作业的 ABB 工业机器人多为紧凑型 4 轴码垛机器人系列，如 IRB260、IRB460、IRB660 和 IRB760 等型号。标准码垛夹具有夹板式、吸盘式、夹爪式和托盘式等形式。在实际应用中，应根据工件的尺寸、材质和作业空间等因素，选择合适型号的工业机器人和夹具。

任务习题

1. 简述码垛机器人需要达到的技术要求。
2. 简述机器人搬运码垛的工作流程。

任务 6.2　调用 I/O 控制指令

任务描述

I/O 控制指令用于控制 I/O 信号，在 ABB 机器人的 RAPID 编程中，当涉及控制 I/O 信号时，通常会使用 SetDO 和 ResetDO 来控制机器人的数字输出信号，以及通过读取 DI 信号来检查外部信号的状态，以达到与机器人周边设备进行通信的目的。本任务通过理解 I/O 指令的基本概念，使学习者掌握 I/O 指令的语法和用法，并根据实际需求，编写包含 I/O 指令的程序，对其进行调试和优化，以确保程序的正确性和稳定性。

6.2.1　常用 I/O 控制指令

1. 数字信号置位指令（Set）

数字信号置位指令用于将数字输出（Digital Output）置位为 1，实现对外部设备的通断电控制。

数字信号置位指令格式：

Set <Signal>;

数字信号置位指令各参数含义见表 6-1。

表 6-1　数字信号置位指令各参数含义

参数	含义
Set	数字信号置位指令
Signal	数字输出信号名称

2. 数字信号复位指令（Reset）

数字信号复位指令用于将数字输出复位为 0，与置位指令配合使用。

数字信号复位指令格式：

Reset <Signal>;

数字信号复位指令各参数含义见表 6-2。

表 6-2　数字信号复位指令各参数含义

参数	含义
Reset	数字信号复位指令
Signal	数字输出信号名称

3. 模拟信号置位指令（SetAO）

模拟信号置位指令用于改变模拟量输出信号所定义的端子上的输出电压，电压值由输出信号值根据等比运算的方法确定。模拟信号置位指令常用于由模拟量电压信号所控制的设备。

模拟信号置位指令格式：

SetAO <Signal>，<Value>;

模拟信号置位指令各参数含义见表 6-3。

表 6-3　模拟信号置位指令各参数含义

参数	含义
SetAO	模拟信号置位指令
Signal	模拟输出信号名称
Value	输出信号值

4. 数字信号置位指令（SetDO）

数字信号置位指令用于改变数字量输出信号所定义的端子上的输出电压，电压值由输出信号值根据等比运算的方法确定。数字信号置位指令常用于由数字量电压信号所控制的设备。该指令与指令 Set 和 Reset 雷同，并且可以设置延时，延时范围为 0.1 ～ 32s，默认状态为没有延时。

数字信号置位指令格式：

SetDO <Signal>，<Value>;

数字信号置位指令各参数含义见表 6-4。

表 6-4　数字信号置位指令各参数含义

参数	含义
SetDO	数字信号置位指令
Signal	数字输出信号名称
Value	输出信号值

5. 组合信号置位指令（SetGO）

组合信号置位指令用于改变机器人相应组合输出信号所定义的端子上的输出电压，电压值由输出信号值（采用 8421 码）根据等比运算的方法确定。组合信号置位指令常用于由机器人组合电压信号所控制的设备。该指令可以设置延时输出，延时范围为 0.1 ～ 32s，默认状态为没有延时。

组合信号置位指令格式：

SetGO <Signal>，<Value>；

组合信号置位指令各参数含义见表 6-5。

表 6-5　组合信号置位指令各参数含义

参数	含义
SetGO	组合信号置位指令
Signal	组合输出信号名称
Value	输出信号值

6.2.2　其他常用指令

1. 时间等待指令（WaitTime）

时间等待指令用于程序在等待一个指定的时间以后，再继续向下执行。

例如：例行程序“path ()”在等待 4s 以后，才会继续向下执行，等待指令添加方法如图 6-2 所示。

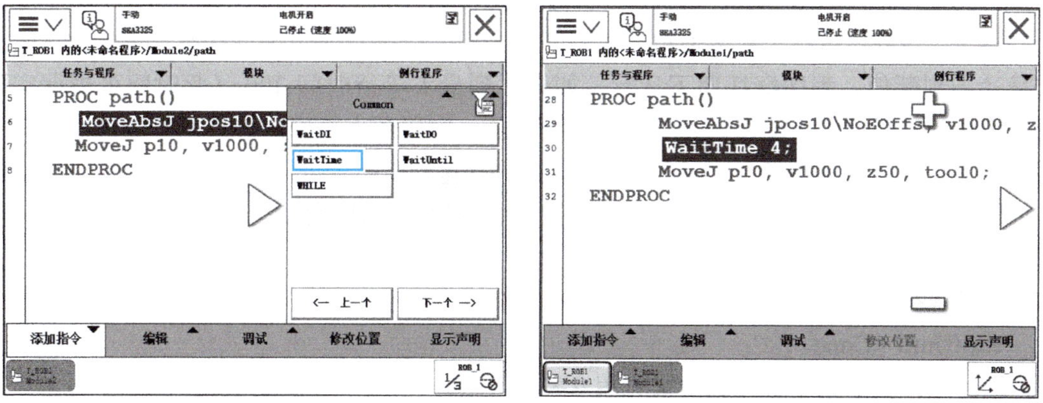

图 6-2　等待指令添加方法

2. 信号判断类指令

（1）数字输入信号判断指令（WaitDI） 数字输入信号判断指令用于判断数字输入信号的值是否与目标值一致。

数字输入信号判断指令格式：

WaitDI <Signal>，<Value>;

数字输入信号判断指令各参数含义见表 6-6。

表 6-6 数字输入信号判断指令各参数含义

参数	含义
WaitDI	数字输入信号判断指令
Signal	数字输入信号名称
Value	输入信号判断目标值

这里需要注意的是：当程序运行至数字输入信号判断指令后，会一直处于等待状态，直到数字输入信号达到判断值，程序继续向下运行；如果达到最大等待时间 300s（此时间可根据实际进行设置）以后，数字输入信号还未达到判断值，则机器人报警或进入出错处理程序。

（2）数字输出信号判断指令（WaitDO） 数字输出信号判断指令用于判断数字输出信号的值是否与目标值一致。

数字输出信号判断指令格式：

WaitDO <Signal>，<Value>;

数字输出信号判断指令各参数含义见表 6-7。

表 6-7 数字输出信号判断指令各参数含义

参数	含义
WaitDO	数字输出信号判断指令
Signal	数字输出信号名称
Value	输出信号判断目标值

同样，当程序运行至数字输出信号判断指令后，会一直处于等待状态，直到数字输出信号达到判断值，程序继续向下运行；如果达到最大等待时间 300s（此时间可根据实际进行设置）以后，数字输出信号还未达到判断值，则机器人报警或进入出错处理程序。

（3）条件等待判断指令（WaitUntil） 条件等待判断指令可用于布尔量、数字量和 I/O 信号值的判断，如果条件达到指令中的设置值，程序继续往下执行，否则就一直等待，除非设置了最大等待时间。

条件等待判断指令格式：

WaitUntil <Cond>;

条件等待判断指令各参数含义见表 6-8。

表 6-8　条件等待判断指令各参数含义

参数	含义
WaitUntil	条件等待判断指令
Cond	等待逻辑表达式

任务习题

一、选择题

1. 对于 ABB 工业机器人，“WaitDI FrPigReady，1；”语句解释正确的是（　　）。
A. 等待数字输入信号 FrPigReady 的值为 1
B. 等待数字输出信号 FrPigReady 的值为 1
C. 等待模拟输入信号 FrPigReady 的值为 1
D. 以上都不对
2. 下列哪个指令可用于等待一个数字输入信号？（　　）
A. WaitDO　　B. WaitDI　　C. WaitAI　　D. WaitTime
3. WaitUntil 指令的功能是（　　）。
A. 等待一个指定的时间
B. 等待一个条件满足后，程序继续往下执行
C. 等待一个输入信号状态为设置值
D. 等待一个输出信号状态为设置值
4. 下列语句使用错误的是（　　）。
A. WaitDI Di1，1；　　B. WaitUntil di1=1；
C. WaitDO do4=1；　　D. Set Do1；
5. WaitDO 指令的功能是（　　）。
A. 等待一个指定的时间
B. 等待一个条件满足后，程序继续往下执行
C. 等待一个输入信号状态为设置值
D. 等待一个输出信号状态为设置值
6. Set 指令的功能是（　　）。
A. 设置组输出信号的值　　B. 设置数字输出信号的值
C. 设置模拟输出信号的值　　D. 将数字输出信号置为 1
7. 下列语句中与“ReSet Do1；”功能相同的是（　　）。
A. SetDO Do1，0；　　B. SetDO Do1，1；
C. SetDO Do1=0；　　D. SetDO Do1=1；
8. 对于 ABB 工业机器人，“Set FrPigReady；”语句解释正确的是（　　）。
A. 将数字输入信号 FrPigReady 的值置位为 0

B. 将数字输出信号 FrPigReady 的值置位为 0
C. 将数字输入信号 FrPigReady 的值置位为 1
D. 将数字输出信号 FrPigReady 的值置位为 1

二、判断题

1. SetDO 指令可设置延迟时间，如“SetDO \SDelay：=0.2，Do1，1；”。（ ）
2. 在程序编辑器中添加 Set 指令时，不能在 Common 指令组中进行添加。（ ）
3. “WaitDI Di1，1；”语句的功能与“WaitUntil Di1，1；”语句的功能相同。（ ）
4. WaitUntil 比 WaitDI 应用范围更广，不仅用于信号的条件判断，还可用于各类数据的条件判断。（ ）

任务 6.3　使用机器人中断程序

任务描述

中断程序的创建是 ABB 机器人编程中的一项重要任务。它允许机器人在执行主程序时，能够响应并处理特定的外部事件或内部条件。本任务通过讲解中断程序的基本概念，使学习者掌握中断程序的语法和用法，并根据实际需求，编写中断程序。

6.3.1　中断程序基本概念

中断程序常用于处理需要快速响应的中断事件，使用时需要用户将中断程序与中断数据连接起来，并且在允许中断后，才能响应中断信号并进入中断程序执行。使用中断程序时应该注意以下几点：

1）中断程序不是子程序调用的普通程序，机器人运动类指令不能出现在中断程序中。

2）中断程序执行时，原程序处于等待状态。为了避免系统等候时间过长造成设备操作异常，中断程序应该尽量短小，从而减少中断程序的执行时间。

3）中断程序不能嵌套，即中断程序中不能再包含中断。

4）可以使用中断失效指令来限制中断程序的执行。

建立中断程序的操作步骤如下：

1）在“程序编辑器”例行程序界面下，选择“新建例行程序...”，如图 6-3 所示。

2）修改例行程序名称，并将“类型”改为“中断”，点击“确定”，如图 6-4 所示。

3）双击程序列表中新建的中断程序“trap1”，即可进行中断程序的指令编辑，如图 6-5 所示。

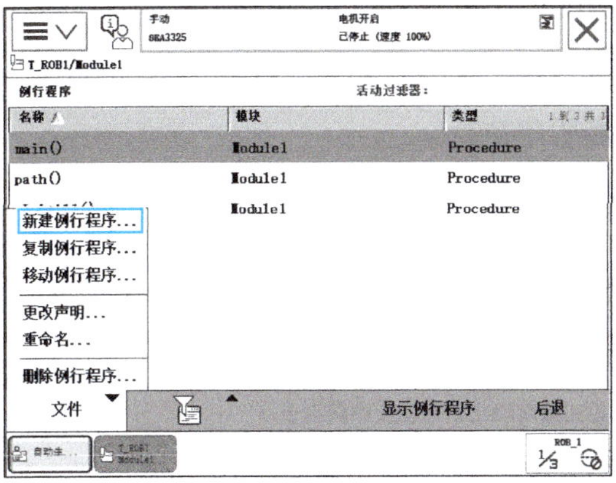

图 6-3　新建例行程序

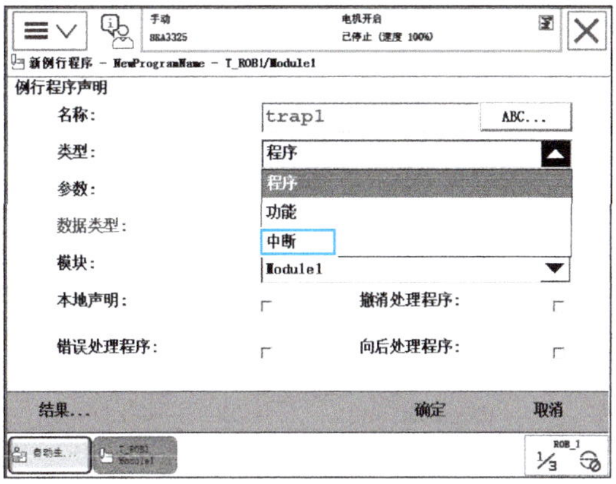

图 6-4　选择“中断”类型

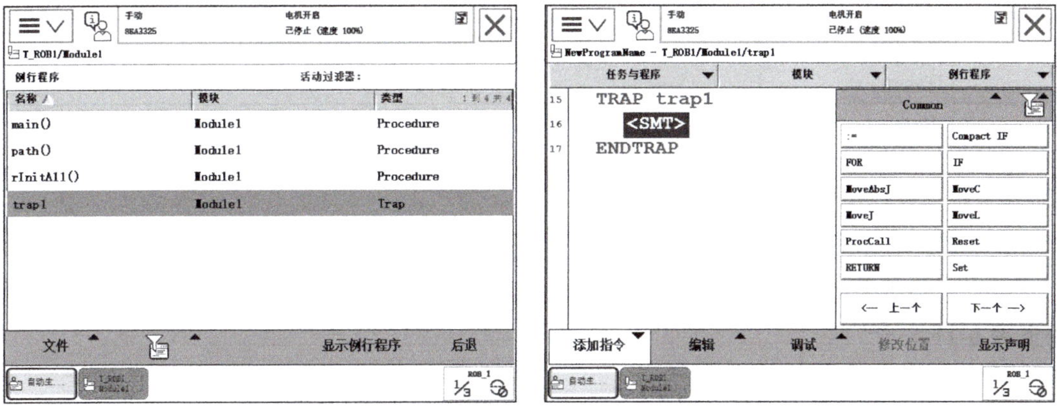

图 6-5　编写中断程序

6.3.2　中断指令

1. 中断连接指令（CONNECT）

中断连接指令用于建立中断程序和中断标识符的联系。实现中断首先需要创建数据类型为变量的中断标识符，标识符代表某一种中断类型或事件，然后通过 CONNECT 指令将标识符与处理此标识符中断的中断例行程序关联。

中断连接指令格式：

CONNECT　<VAR>　WITH　<ID>

中断连接指令各参数含义见表 6-9。

表 6-9　中断连接指令各参数含义

参数	含义
CONNECT	中断连接指令
<VAR>	中断标识符
<ID>	中断例行程序名称

2. 中断触发指令

中断触发指令用于定义中断程序的触发信号、触发条件，同时下达中断指令使中断生效，一旦中断程序触发条件满足将立即转入中断程序执行。

中断触发指令及其使用说明见表 6-10。

表 6-10　中断触发指令及其使用说明

指令	说明
ISignalDI	使用数字输入信号触发中断指令
ISignalDO	使用数字输出信号触发中断指令
ISignalGI	使用组输入信号触发中断指令
ISignalGO	使用组输出信号触发中断指令
ISignalAI	使用模拟输入信号触发中断指令
ISignalAO	使用模拟输出信号触发中断指令
ITimer	使用定时触发中断指令
IPers	变更永久数据对象时触发中断指令
IErrors	出现错误时触发中断指令

3. 中断生效指令与中断失效指令

还有一些指令可以用来控制中断是否生效，中断生效指令与中断失效指令及其使用说明见表 6-11。

表 6-11　中断生效指令与中断失效指令及其使用说明

指令	说明
ISleep	单一中断失效
IWatch	单一中断生效
IDisable	所有中断失效
IEnable	所有中断生效

4. 中断分离指令（IDelete）

中断分离指令用于分离中断程序和中断标识符的联系。

中断分离指令格式：

IDelete　<EXP>

中断分离指令各参数含义见表 6-12。

表 6-12　中断分离指令各参数含义

指令	说明
IDelete	中断分离指令
<EXP>	中断标识符

6.3.3　程序停止指令

为处理突发事件，中断例行程序的功能有时会设置为让机器人程序停止运行。下面对程序停止指令进行介绍。

1. 永久停止指令（EXIT）

永久停止指令用于永久地终止程序执行，随后仅可从主程序第一个指令重启程序。当出现致命错误或永久地停止程序执行时，应当使用 EXIT。

在执行指令 EXIT 后，程序指针消失，机器人会立即停止运动，无论机械臂是否到达目标点。如要继续执行程序，也无法从程序中的该位置继续往下执行，需要重新设置程序指针。

2. 临时停止指令（Stop）

临时停止指令用于停止程序执行。在 Stop 指令就绪之前，将完成当前执行的所有移动任务，Stop 指令可以同时停止当前正在执行的逻辑任务与运动任务。

例如：机器人在往 P1 点运动的过程中，Stop 指令就绪时，机器人仍将继续完成到 P1 点的动作。如果继续往下执行机器人运动至 P2 点的指令，则不需要再次设置程序指针。

3. 中断停止指令（Break）

中断停止指令用于立即中断程序执行，机械臂立即停止运动。为排除故障，临时终止程序执行过程。

与 Stop 指令不同的是，当机器人执行 Break 指令时，会立即停止当前所有运动，即使当前的运动指令没有执行完也会停止。程序指针会直接跳转至下一行程序，即机器人会放弃当前被中断的运动指令，再次启动时会直接从下一条指令开始执行。

例如：机器人在往 P1 点运动过程，Break 指令就绪时，立即中断程序执行，并使机器人立即停止运动，如果继续往下执行机器人运动至 P2 点的指令，不需要再次设置程序指针。

以上的停止指令在 ABB 机器人的编程和操作中起着至关重要的作用，在实际应用中，应根据具体场景和需求选择合适的停止指令，以确保机器人的安全和高效运行。

6.3.4　中断实例

完整的中断过程包括触发中断、处理中断、结束中断。

触发中断原因可以是多种多样的，有可能是将输入信号和输出信号置位为 1 或 0，也可能是按照给定的时间间隔，还可能是到达指定位置。在中断条件为真时，触发中断，程序指针跳转至与对应中断标识符关联的程序中进行相应的处理。在处理结束后，程序指针返回至被中断的地方，继续往下执行程序。

中断的整个实现过程：首先通过扫描中断标识符，扫描到与中断标识符关联起来的触发条件，然后判断中断触发的条件是否满足。当触发条件满足后，程序指针跳转至通过 CONNECT 指令与标识符关联起来的中断例行程序。

以下面的情况为例，创建一个中断程序。

1）在正常情况下，signaldi1 的信号为 0。

2）如果 signaldi1 的信号从 0 变为 1，就对 reg1 数据进行加 1 的操作。

创建步骤如下：

1）创建一个中断程序 trap1，在“类型”中选择“中断”，然后点击“确定”，如图 6-6 所示。

2）在新建的中断程序中添加赋值指令，格式为“reg1：=reg1+1；”，如图 6-7 所示

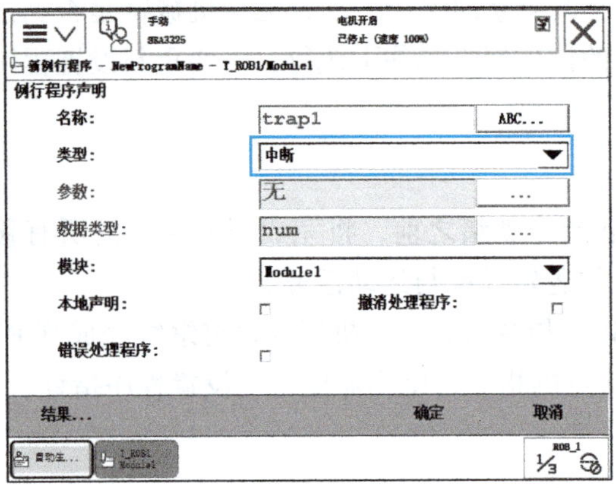

图 6-6　新建中断程序

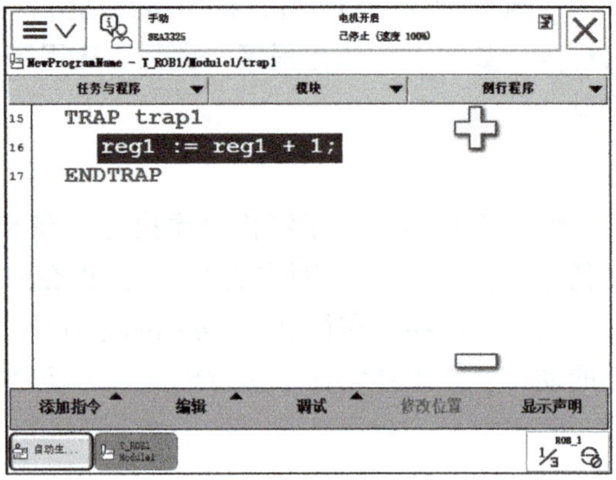

图 6-7　输入赋值指令

3）在 main 主程序中添加中断分离指令“IDelete”，如图 6-8 所示。

4）在 IDelete 中选择一个中断标识符“intnol”，如果没有，就新建一个，然后点击“确定”，如图 6-9 所示。

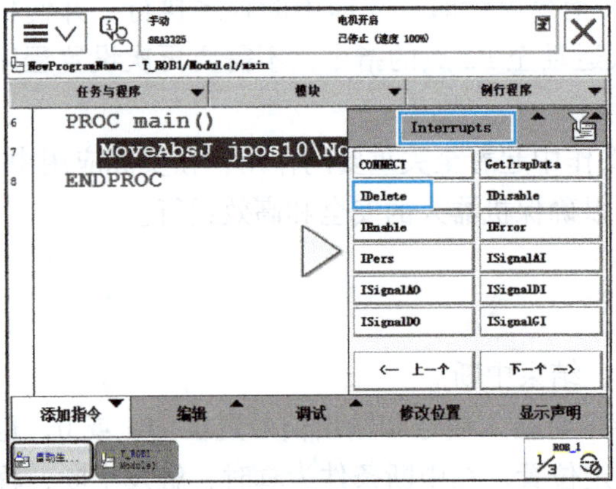

图 6-8　添加中断分离指令

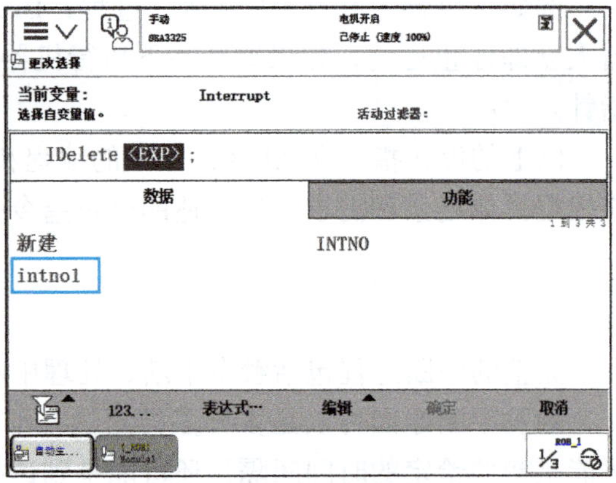

图 6-9　选择中断标识符

5）添加中断连接指令“CONNECT”，用于建立中断标识符与中断程序的连接，如图 6-10 所示。

6）双击“<VAR>”进行设置，如图 6-11 所示。

7）选择中断标识符“intnol”，然后点击“确定”，如图 6-12 所示。

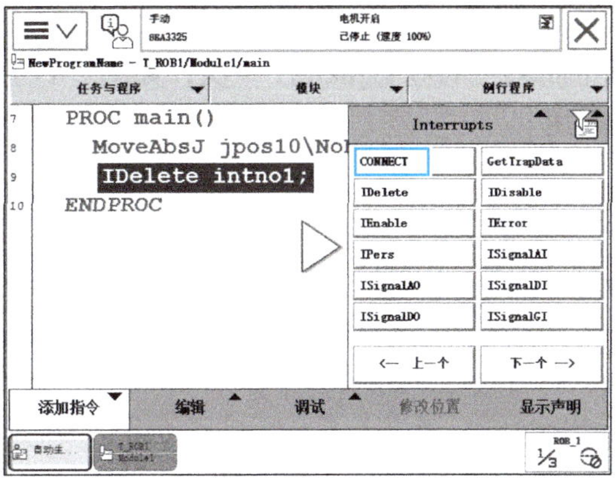

图 6-10　关联中断标识符

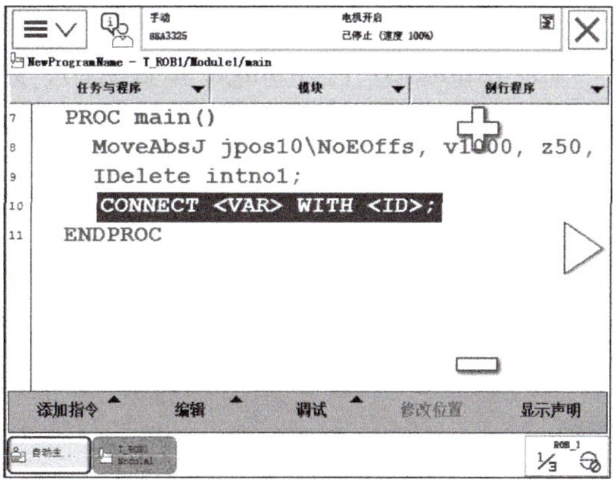

图 6-11　设置参数

8）双击“<ID>”进行设置，如图 6-13 所示。

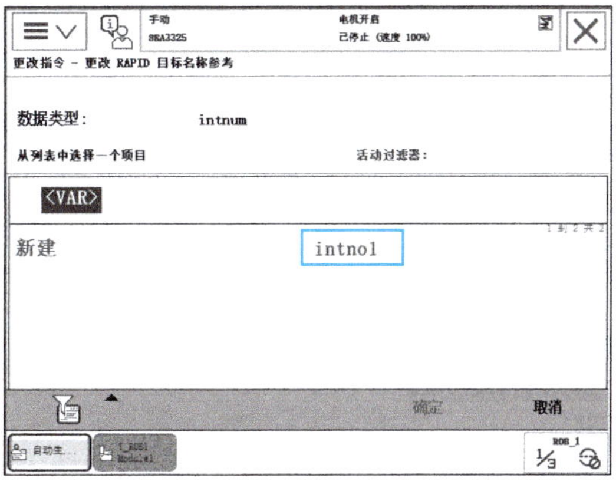

图 6-12　选择中断标识符

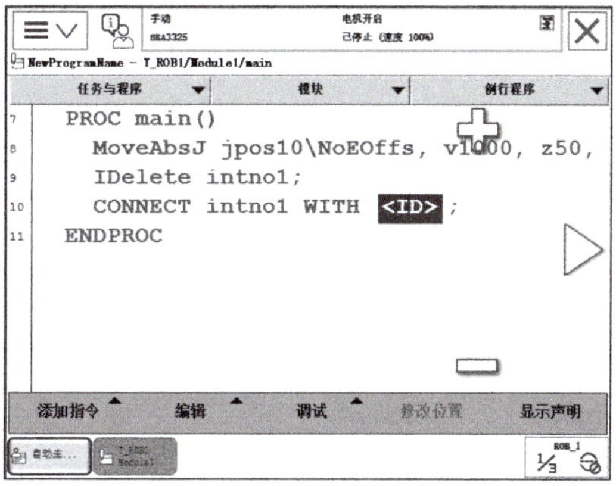

图 6-13　设置参数

9）选择要关联的中断程序“trap1”，然后点击“确定”，如图 6-14 所示。

10）添加一个中断触发指令“ISignalDI”，如图 6-15 所示。

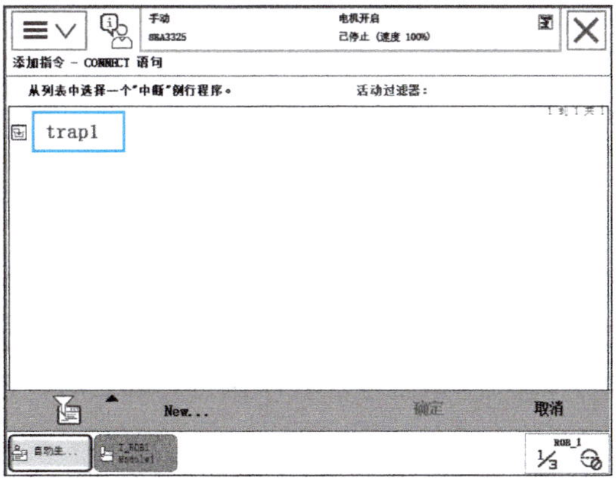

图 6-14　选择中断程序

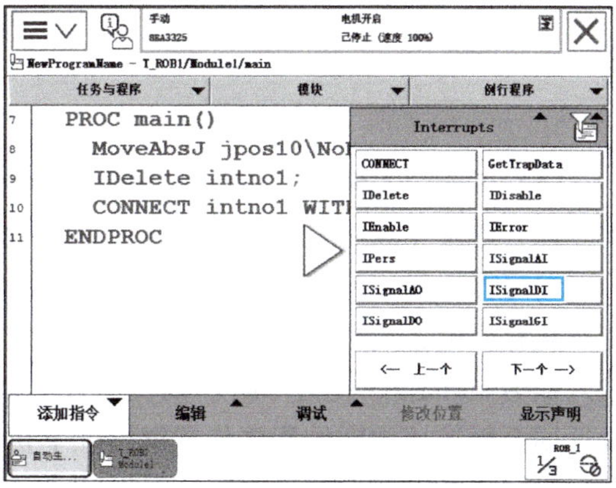

图 6-15　添加中断触发指令

11）选择触发中断信号“signaldi1”，如图 6-16 所示。

12）ISignalDI 中的 Single 参数启用，则此中断只会响应 signaldi1 一次，如图 6-17 所示；若要重复响应，则需要将 Single 设置为不使用。

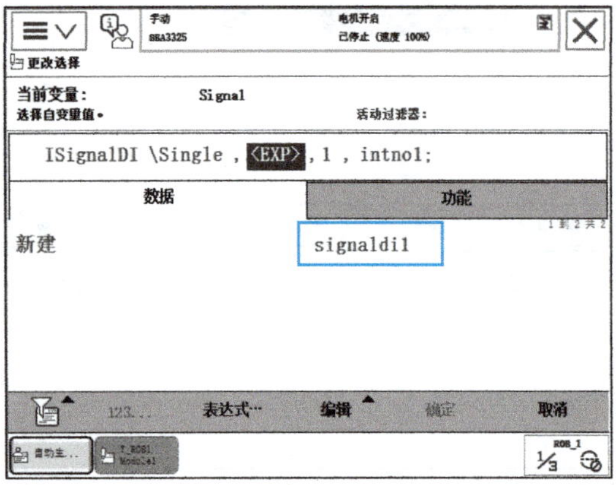

图 6-16　设置参数

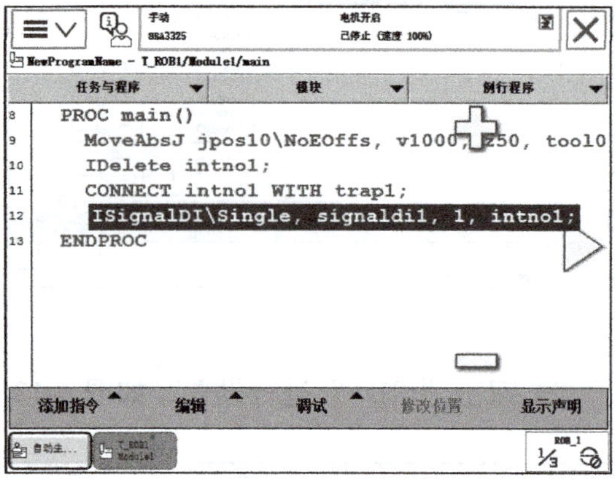

图 6-17　启用参数

13）不使用 Single 参数需要设置指令“ISignalDI”的“可选变量”，在“更改选择”界面，点击“可选变量”，如图 6-18 所示。

14）点击“\Single”进入设置界面，如图 6-19 所示。

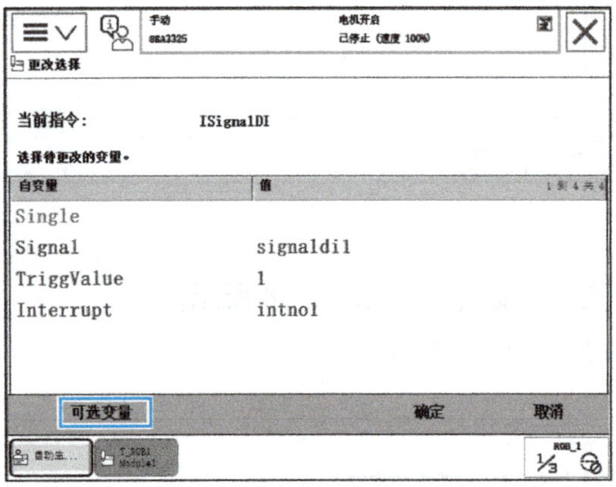

图 6-18　点击“可选变量”

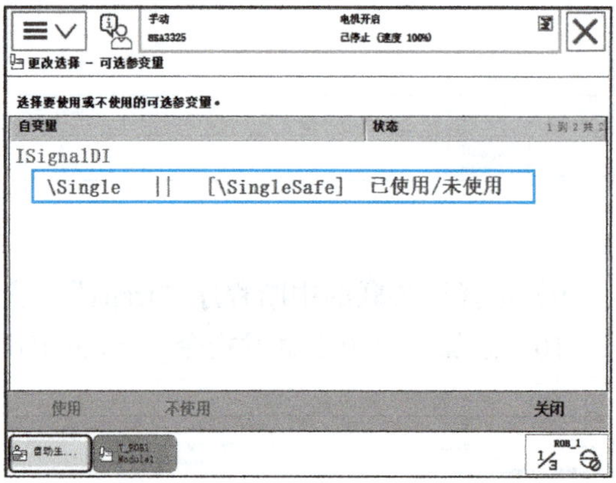

图 6-19　设置参数

15）点击“不使用”，点击“关闭”，如图 6-20 所示。

16）设置完成后，点击“确定”，如图 6-21 所示。

编写程序时，不需要在程序中对该中断程序进行调用，定义触发条件的语句一般放在初始化程序中，当程序启动执行已定义触发条件的指令一次后，则进入中断监控。当数字输入信号 signaldi1 变为 1 时，则机器人立即执行 trap1 中的程序。程序执行完成之后，指针返回至触发该中断的程序位置继续往下执行。

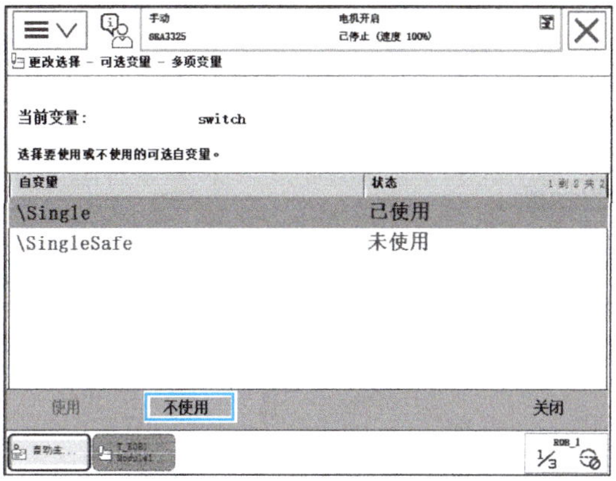

图 6-20 选择“不使用”

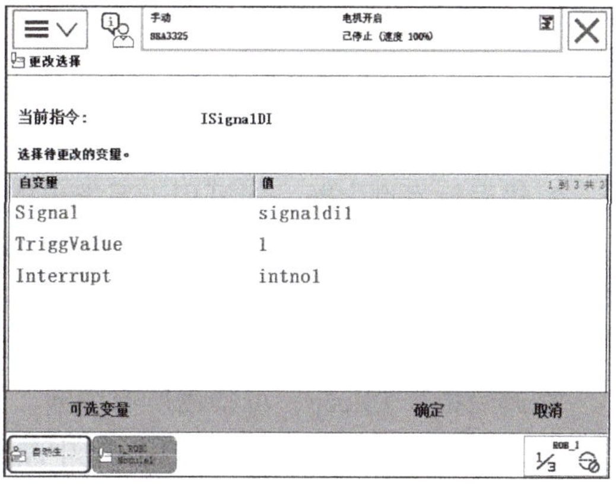

图 6-21 完成参数设置

任务习题

一、选择题

1. 当使用模拟输入信号 AI1 的数值大小作为中断触发时，需要使用下列哪个指令？（ ）

A. ISignalAO　B. ISignalAI　C. ISignalDO　D. ISignalDI

2. 下列中断指令中，指令（ ）用于禁用所有中断。

A. ISleep　B. IDisable　C. IEnable

3. 下列中断指令中，指令（ ）用于使用一个数字输出信号触发中断。

A. ISignalDO　B. ISignalAO　C. ISignalGO

4. 下列中断指令中，指令（ ）用于使用一个模拟输入信号触发中断。

A. ISignalDI　B. ISignalAI　C. ISignalGI

5. 下列中断指令中，指令（ ）用于使用一个可变量触发中断。

A. IPers　B. IError　C. ITimer

6. 下列语句中能用于 ABB 工业机器人启动中断程序，实现当数字输入信号 FrPDigStart 的值变为 0，程序指针跳转至中断程序 Notice 中的是（ ）。

A. CONNECT intnol WITH Notice;

B. Delete intnol;

C. IDelete intnol;

D. ISignalDI FrPDigStart，0，intnol;

7. ABB 工业机器人运行中断包括（ ）。

A. 系统中断　B. 指令中断　C. 紧急停止　D. 程序中断

8. ABB 工业机器人的数字输出信号触发中断指令是（ ）。

A. ISignalAI　B. ISignalDI　C. ISignalDO　D. ISignalAO

二、判断题

1. 可以从程序中直接调用中断程序。 ( )
2. 信号触发型中断所使用的信号可以是组输入 / 输出信号。 ( )
3. 错误触发型中断一般可用于系统出错时的诊断。 ( )
4. 调用指令 ISignalAI，可设置一个由模拟输入信号触发的中断。 ( )
5. 调用指令 TriggInt，可设置一个在指定位置触发的中断。 ( )
6. 调用指令 IDelete，用于取消中断，即清空中断标识符。 ( )
7. 调用指令 ISleep，可禁用所有中断。 ( )
8. 调用指令 IDisable，可关闭一个中断。 ( )
9. 由于系统出错而触发的中断程序，其程序内一般包含对错误进行应对的指令。 ( )
10. 位置触发中断一般用于监控机器人的姿态或路径。 ( )

任务 6.4　编写与调试工业机器人码垛程序

任务描述

工业机器人搬运码垛作业简易工作站如图 6-22 所示，本任务将创建 RAPID 程序，使工业机器人将传送带送来的工件按照图 6-23 所示方式在货架上码成货垛。

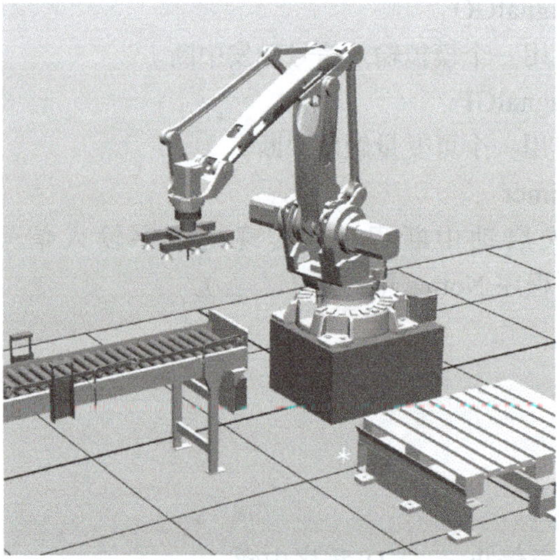

图 6-22　码垛工作站

图 6-23　垛形示意图

6.4.1　创建相关程序数据

1. 创建工具数据

此工作站中，工具部件为吸盘工具，需要创建一个 tGrip 的工具坐标，如图 6-24 所示。

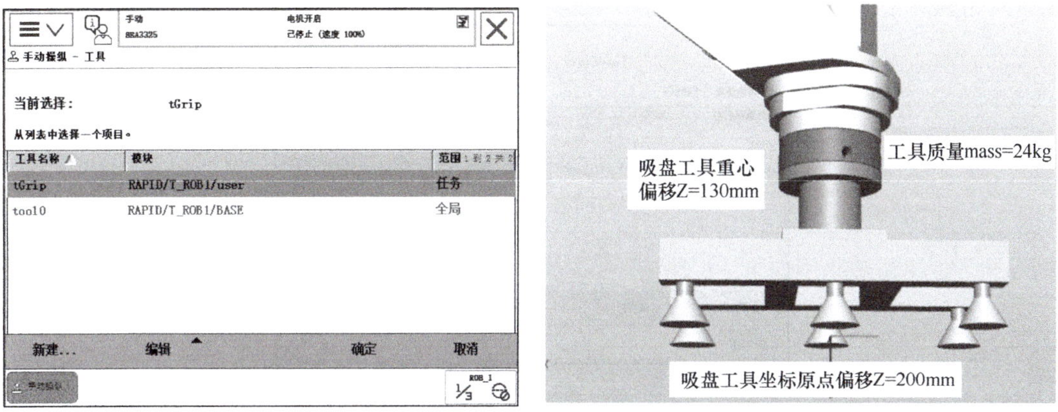

图 6-24　创建工具坐标系

本搬运工作站使用的吸盘工具部件较为规整。新建的吸盘工具坐标系 tGrip 只是坐标系原点相对于 tool0 来说沿着其 Z 轴正方向偏移 200mm，X 轴、Y 轴、Z 轴方向不变，沿用 tool0 方向。吸盘工具质量 24kg，重心沿 tool0 坐标系 Z 方向偏移 130mm。直接输入工具的数据，创建工具坐标系，参数见表 6-13。

表 6-13　工具坐标系参数表

参数名称	参数数值
tGrip	TRUE
trans	
X	0
Y	0
Z	200
rot	
q1	1
q2	0
q3	0
q4	0
mass	24
cog	
X	0
Y	0
Z	130
其余参数均为默认值	

2. 创建有效载荷数据

工作站需要创建 2 个载荷数据，分别为空载载荷 LoadEmpty 和满载载荷 LoadFull，如图 6-25 所示。

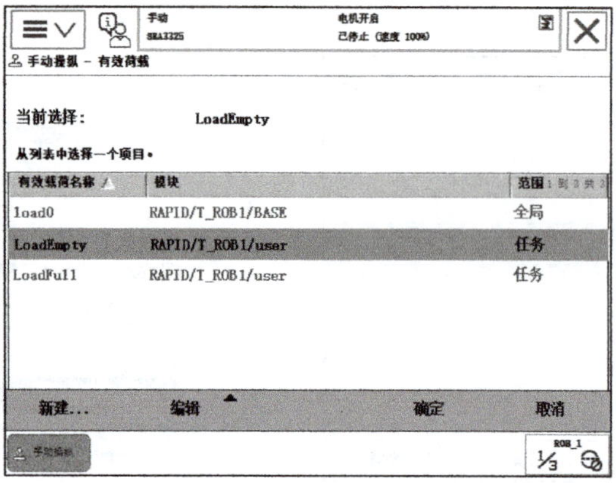

图 6-25　创建有效载荷数据

设置时只需设置质量和重心 2 个数据，空载载荷 LoadEmpty 和满载载荷 LoadFull 参数设置如图 6-26 所示。

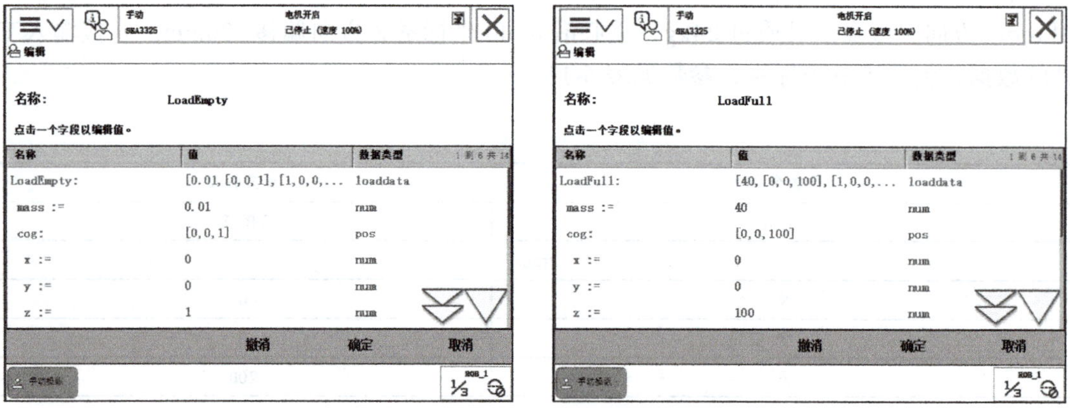

图 6-26　空载载荷 LoadEmpty 和满载载荷 LoadFull 参数设置

3. 配置 I/O 通信

根据工业机器人所使用的 I/O 通信板，选择合适的输出端口为工具提供控制信号。本任务以 DSQC652 型通信板为例，其参数配置见表 6-14。配置完成后，如图 6-27 所示。

表 6-14　DSQC652 通信板参数配置表

1	Name	d652
2	Type of Unit	DSQC652
3	Connected to Bus	DeviceNet
4	Device Net Address	10

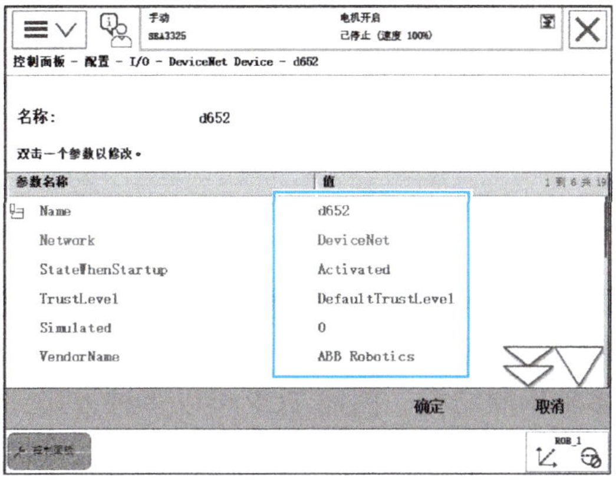

图 6-27　DSQC652 通信板配置

4. 配置输入 / 输出信号

I/O 通信板配置完成后，参照表 6-15 配置 I/O 信号参数。

表 6-15　I/O 信号参数表

功能	信号	信号类型	地址
工件传送到位	diBoxInPos	数字输入	4
托盘在位	diPalletInPos	数字输入	5
吸盘真空开关	doGrip	数字输出	4

6.4.2　构建程序框架

工业机器人码垛作业程序模块如图 6-28 所示。首先调用了初始化程序 rInitAll ()，并通过 WHILE 循环指令将其与其他运行程序指令隔离。在循环指令中，首先设置了码垛作业的启动条件：工件到位、吸盘未打开和工件未满载；然后通过拾取工件例行程序 rPick ()、工件位置计算例行程序 rPos () 和放置工件例行程序 rPlace () 完成码垛作业。在抓取工件之前，需要先判断货垛上的工件是否放满，因此需要对码放的工件计数，当码放工件数达到要求的 10 个时，需要重新计数。由于需要码放的工件较少，工件位置计算例行程序 rPos () 中可采用 TEST 指令设置每个工件所对应的放置点位置；当码放工件较多时，可采用数组来存放放置点位置，并在程序中设置相应的调用位置指令。

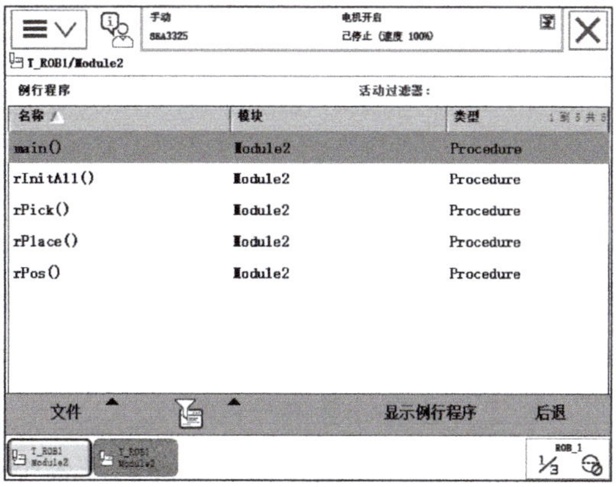

图 6-28　码垛作业程序模块

因此，根据任务要求，建立 1 个程序模块 Module2，模块中包含 5 个例行程序，其中 1 个主程序 main ()、1 个初始化程序 rInitAll ()、

1 个拾取工件例行程序 rPick ()、1 个放置工件例行程序 rPlace () 以及工件位置计算例行程序 rPos ()。

6.4.3 编写码垛程序

1. 初始化程序

初始化程序用于完成基础工作站中机器人回原点的功能，还需要对输出信号及计数变量进行复位，程序编写如图 6-29 所示。

由于工业机器人是多轴串联结构，因而 TCP 可以多种方式到达目标点。工业机器人会通过配置各轴数据使 TCP 以一种确定的方式到达目标点，即轴配置。工业机器人一般默认对轴配置进行监控，使工业机器人按照程序中的轴配置完成相关运动，当无法完成时，程序将停止执行。

在码垛作业的 RAPID 编程中，为了使工业机器人能够在运动时，采取最接近当前状态的轴配置数据达到目标点，而不至于出现因无法完成运动而停止执行程序的情况，就需要采用 ConfJ 指令和 ConfL 指令来关闭轴配置监控。

2. 拾取工件例行程序

拾取工件例行程序完成从传送带末端将工件抓取的功能，程序编写如图 6-30 所示。

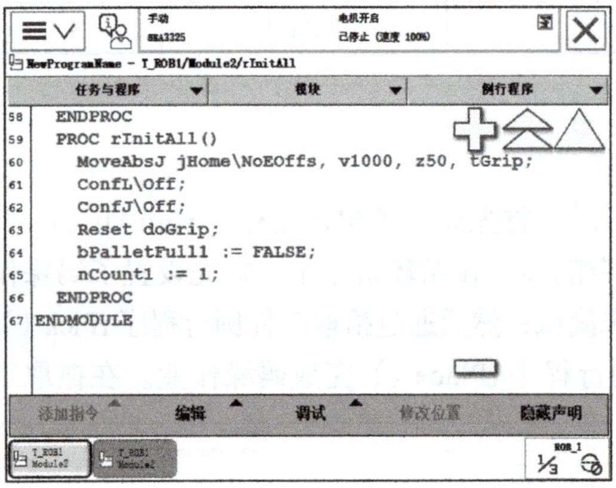

图 6-29 初始化程序

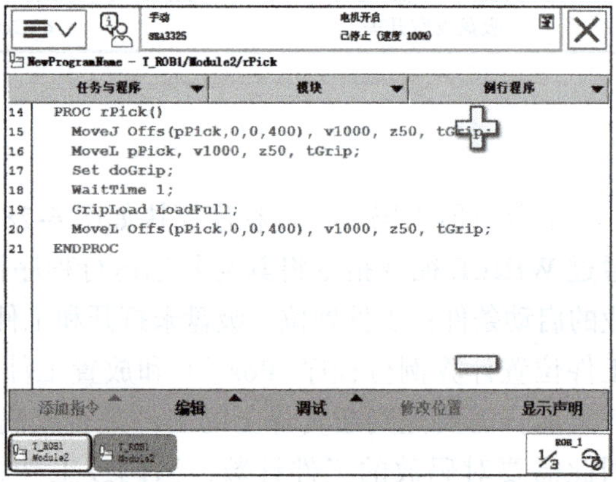

图 6-30 拾取工件例行程序

3. 放置工件例行程序

放置工件例行程序用来将抓取的工件放置到正确的位置（该位置已经过运算处理），并将计数值加 1，如果计数超过目标数（码垛 2 层，计数目标为 10），则将托盘满的标志 bPalletFull1 置为 TRUE，程序编写如图 6-31 所示。

4. 工件位置计算例行程序

工件位置计算例行程序完成码垛各个位置的计算，本例中需码垛 2 层，以 pBase1 和 pBase2 为示教基准点，计算码垛的 10 个位置，程序如下：

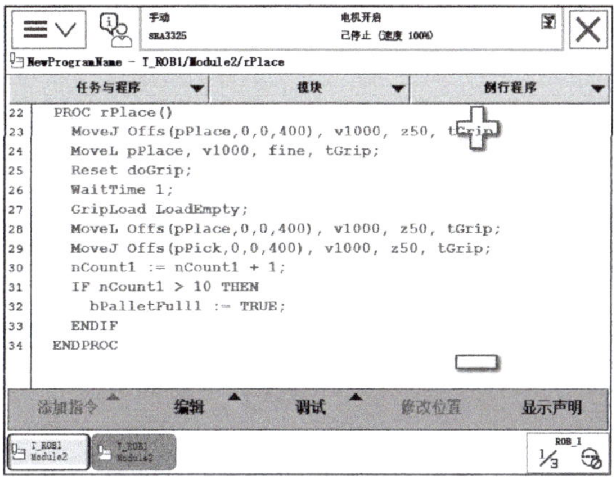

图 6-31　放置工件例行程序

```
PROC rPos()
    TEST nCount1
    CASE 1:
      pPlace:=Offs(pBase1,0,0,0);
    CASE 2:
      pPlace:=Offs(pBase1,600,0,0);
    CASE 3:
      pPlace:=Offs(pBase2,0,400,0);
    CASE 4:
      pPlace:=Offs(pBase2,400,400,0);
    CASE 5:
      pPlace:=Offs(pBase2,800,400,0);
    CASE 6:
      pPlace:=Offs(pBase2,0,0,200);
    CASE 7:
      pPlace:=Offs(pBase2,400,0,200);
    CASE 8:
      pPlace:=Offs(pBase2,800,0,200);
    CASE 9:
      pPlace:=Offs(pBase1,0,600,200);
    CASE 10:
      pPlace:=Offs(pBase1,600,600,200);
    ENDTEST
ENDPROC
```

5. 主程序

主程序用于整个流程的控制，程序如下：

```
PROC Main ()
    rInitAll;
    WHILE TRUE DO
      IF diBoxInPosl=1 AND diPalletInPosl=1 AND
bPalletFulll= FALSE  THEN
        rPos;
        rPick;
        rPlace;
      ENDIF
    ENDWHILE
ENDPROC
```

6.4.4 示教点位与调试

在调试码垛机器人程序时，为保证设备与人身安全，最好先在虚拟仿真系统中进行，待操作熟练并确认程序调试无误后，再到实际设备上调试。

无论虚拟系统还是实际设备，调试时应遵循以下操作步骤：

1）将程序中的点位修改到准确的目标位置，并确认。修改时先将机器人移动到目标位置，再选择点位点击“修改位置”。此过程中要注意总结将机器人快速、准确地移动到目标位置的方法与经验。

2）手动单步调试运行。在机器人手动状态下，逐一点击前进一步按钮，以单步运行方式运行机器人程序，检查点位、程序指令、程序逻辑是否有错。若运行中有错，应立刻松开示教器上的使能键停止运行，进行查错、修改与记录错误情况。

3）手动单步调试运行两遍及以上均无误后，按“实施情况自查表”中的检查项目逐项检查并记录，看是否合格。

4）手动连续运行机器人程序，检查点位、程序指令、程序逻辑是否有错。若运行中有错，应立刻松开示教器上的使能键停止运行，进行查错、修改与记录错误情况。

如图 6-32 所示，程序中需要示教的关键目标点主要包括工作原点（phome）、传送带抓取工件位置（pPick）、放置基准点 1（pBase1）以及放置基准点 2（pBase2），示教位置如图 6-33 所示。

示教完成后，点击“调试”，在弹出的选项框中选择“检查程序”，在弹出的“未发现任何错误”提示框中点击“确定”，再在“调试”选项框中选择“PP 移至 Main”选项，按下使能器按钮，然后点击“程序启动”，如图 6-34 所示。注意观察机器人的运动情况。

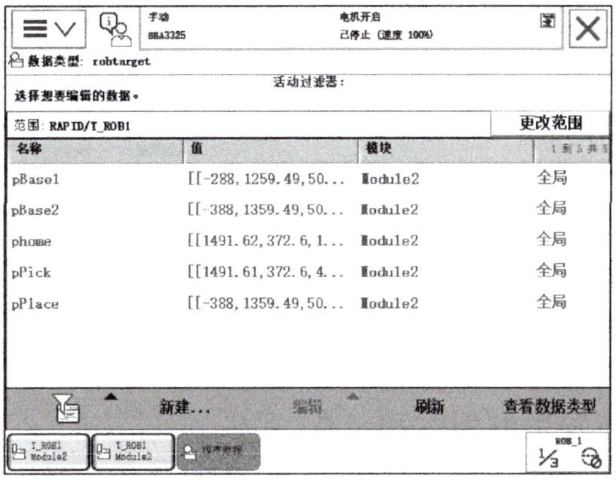

图 6-32　关键目标点

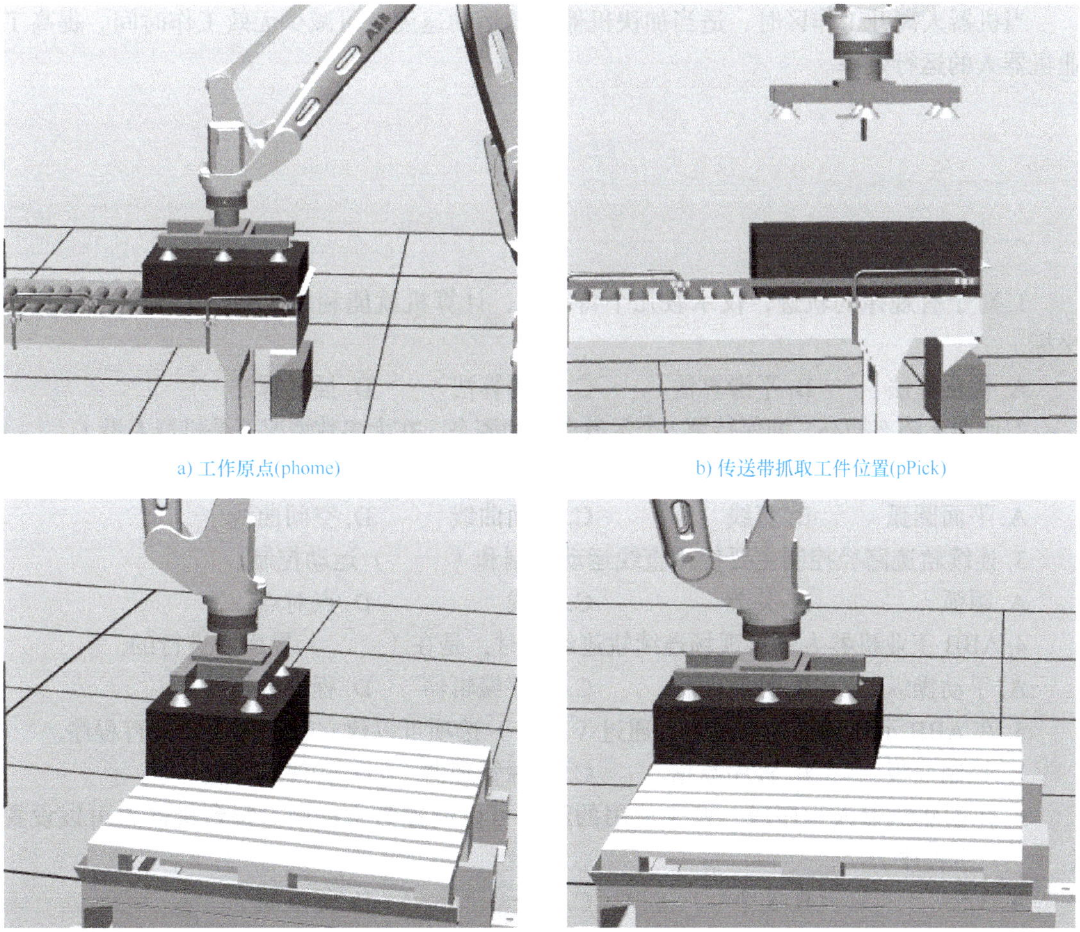

a) 工作原点(phome)

b) 传送带抓取工件位置(pPick)

c) 放置基准点1(pBase1)

d) 放置基准点2(pBase2)

图 6-33　关键目标点示教位置

值得注意的是，一般以货架的角点或中心点作为原点，创建工件坐标系，以货架摆放方向作为坐标系的方向。

为了减小工业机器人手臂振动对抓取物件精确度的影响，应尽可能地减小夹具靠近工件的速度，并在预设的路径中多示教几个参考点，从而加强路径的可控性。

若采用气动抓手抓取工件，为了确保工业机器人运动和抓取工件的稳定性和安全性，应尽量避免工业机器人发生倾斜运动。在抓取工件时，应使机械手垂直升降，此时可使用 Offs 指令来实现 TCP 在垂直方向上的位移。

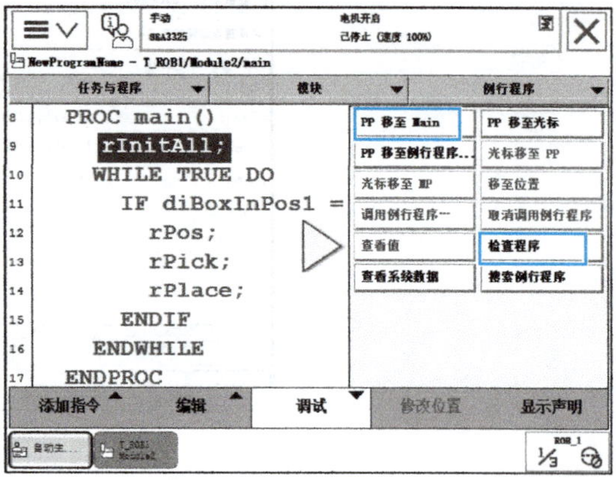

图 6-34　程序检查及调试

当机器人离开工作区时，适当加快机器人的运动速度，可减少无效工作时间，提高工业机器人的运行效率。

任务习题

一、选择题

1. 对于有规律的轨迹，仅示教几个特征点，计算机就能利用（　　）获得中间点的坐标。

A. 优化算法　　B. 平滑算法　　C. 预测算法　　D. 插补算法

2. 所谓无姿态插补，即保持第 1 个示教点时的姿态，在大多数情况下是机器人沿（　　）运动时出现。

A. 平面圆弧　　B. 直线　　C. 平面曲线　　D. 空间曲线

3. 连续轨迹路径控制主要使用直线运动控制和（　　）运动控制。

A. 圆弧　　B. 关节　　C. 曲线　　D. 点对点

4. ABB 工业机器人进行现场连续轨迹编程时，是在（　　）界面内进行的。

A. 手动操纵　　B. 控制面板　　C. 程序编辑器　　D. 程序数据

5. 在 ABB 示教器操作界面中，通过（　　）选项可以建立程序模块及例行程序。

A. 控制面板　　B. 程序数据　　C. 资源管理器　　D. 程序编辑器

6. 在创建机器人程序时，经常使用的程序可以设置为主程序。每台机器人可以设置（　　）主程序。

A. 3 个　　B. 5 个　　C. 1 个　　D. 无限制

7. 要将一个程序的类型由“程序”更改为“中断”，需要选择“文件”中的（　　）选项进行。

A. 重命名　　B. 更改声明　　C. 新建例行程序　D. 以上均可

8. ABB 机器人主程序，在输入名称时，应输入（　　）。

A. main ()　　B. main　　C. mian　　D. mian ()

二、判断题

1. ABB 机器人中，可对已创建的机器人程序进行复制、删除、重命名、更改声明等编辑处理。（　　）

2. 要更改一个程序所归属的模块，需要选择“文件”中的重命名选项进行。（　　）

3. 机器人轨迹编程时，运动到最后一个目标点时，不能使用转弯半径 Z××，只能使用 fine。（　　）

4. 当机器人运行轨迹为“抓取点正上方到达抓取点”，一般采用关节运动指令。（　　）

“项目 6　工业机器人码垛编程与调试”项目评价

项目 6　工业机器人码垛编程与调试				
任务	考核内容	配分	评分标准	得分
I/O 控制指令运用	常用的 I/O 控制指令	10 分	能够使用 I/O 常用指令实现与外部设备的通信	
	机器人系统信号、模拟信号的运用	10 分	能够正确关联系统信号，实现机器人自动运行。	
	用循环控制指令进行机器人逻辑控制	10 分	能够用循环控制指令进行机器人逻辑控制	
中断程序应用	工业机器人中断程序编写并调试	20 分	能够编写中断程序并调试	
码垛编程与调试	编写码垛机器人程序并调试	30 分	能够合理规划码垛垛形，并实现编程与调试	
安全操作	安全上机操作	10 分	符合上机实训操作要求	
完成质量	工艺或者操作熟练程度	5 分	“未完成”：不得分 “完成”：根据完成情况打分	
	工作效率或者完成任务速度	5 分		
自我评价				
小组互评				
老师评价				
总分				

附　录

附录 A　ABB 指令

程序调用指令	说明
ProcCall	调用例行程序
CallByVar	通过带变量的例行程序名称调用例行程序
RETURN	返回原例行程序
逻辑控制指令	**说明**
Compact IF	如果条件满足，就执行一条指令
IF	当满足不同的条件时，执行对应的程序
FOR	根据指定的次数，重复执行对应的程序
WHILE	如果条件满足，重复执行对应的程序
TEST	对一个变量进行判断，从而执行不同的程序
GOTO	跳转到例行程序内标签的位置
Label	跳转标签
程序停止指令	**说明**
Stop	停止程序执行
EXIT	停止程序执行并禁止在停止处再开始
Break	临时停止程序的执行，用于手动调试
SystemStopAction	停止程序执行与机器人运动
ExitCycle	中止当前程序的运行并将程序指针 PP 复位到主程序的第 1 条指令，如果选择程序连续运行模式，程序将从主程序的第一句重新执行
赋值指令	**说明**
: =	对程序数据进行赋值
等待指令	**说明**
WaitTime	等待一个指定的时间，程序再往下执行
WaitUntil	等待一个条件满足后，程序继续往下执行
WaitDI	等待一个输入信号状态为设定值
WaitDO	等待一个输出信号状态为设定值

（续）

速度设定指令	说明
MaxRobSpeed	获取当前型号机器人可实现的最大 TCP 速度
VelSet	设定最大的速度与倍率
SpeedRefresh	更新当前运动的速率
AccSet	定义机器人的加速度
WorldAccLim	设定大地坐标中工具与载荷的加速度
PathAccLim	设定运动路径中 TCP 的加速度
轴配置指令	**说明**
ConfJ	关节运动的轴配置控制
ConfL	线性运动的轴配置控制
运动控制指令	**说明**
MoveC	TCP 圆弧运动
MoveJ	关节运动
MoveL	TCP 线性运动
MoveAbsJ	轴绝对角度位置运动
MoveExtJ	外部直线轴和旋转轴运动
MoveCDO	TCP 圆弧运动的同时触发一个输出信号
MoveJDO	关节运动的同时触发一个输出信号
MoveLDO	TCP 线性运动的同时触发一个输出信号
MoveCSync	TCP 圆弧运动的同时执行一个例行程序
MoveJSync	关节运动的同时执行一个例行程序
MoveLSync	TCP 线性运动的同时执行一个例行程序
搜索指令	**说明**
SearchC	TCP 圆弧搜索运动
SearchL	TCP 线性搜索运动
SearchExtJ	外轴搜索运动
I/O 设定指令	**说明**
InvertDO	置反一个数字输出信号的值
PulseDO	产生数字输出信号的脉冲
Reset	将数字输出信号置为 0
Set	将数字输出信号置为 1
SetAO	设定模拟输出信号的值
SetDO	设定数字输出信号的值
SetGO	设定组输出信号的值

（续）

读取 I/O 指令	说明
AOutput	读取模拟输出信号的当前值
DOutput	读取数字输出信号的当前值
GOutput	读取组输出信号的当前值
TestDI	检查一个数字输入信号是否已置 1
ValidIO	检查 I/O 信号是否有效
WaitDI	等待一个数字输入信号的指定状态
WaitDO	等待一个数字输出信号的指定状态
WaitGI	等待一个组输入信号的指定值
WaitGO	等待一个组输出信号的指定值
WaitAl	等待一个模拟输入信号的指定值
WaitAO	等待一个模拟输出信号的指定值
数学运算指令	**说明**
Clear	清空数值
Add	加或减操作
Incr	加 1 操作
Decr	减 1 操作
触发信号与中断指令	**说明**
TriggIO	定义触发条件在一个指定的位置触发输出信号
TriggInt	定义触发条件在一个指定的位置触发中断程序
TriggCheckIO	定义一个指定的位置进行 I/O 状态的检查
TriggEquip	定义触发条件在一个指定的位置触发输出信号，并对信号响应的延迟进行补偿设定
TriggRampAO	定义触发条件在一个指定的位置触发模拟信号，并对信号响应的延迟进行补偿设定
TriggC	带触发事件的圆弧运动
TriggJ	带触发事件的关节运动
TriggL	带触发事件的线性运动
TriggLIOs	在一个指定的位置触发输出信号的线性运动
StepBwdPath	在 RESTART 的事件程序中进行路径的返回
TriggStopProc	在系统中创建一个监控处理，用于在 STOP 和 QSTOP 中需要信号复位和程序数据复位的监督过程
TriggSpeed	定义模拟输出信号与实际 TCP 速度之间的配合
中断时的运动控制指令	**说明**
StopMove	停止机器人运动
StartMove	重新起动机器人运动
StarMoveRetry	重新起动机器人运动及相关的参数设定

（续）

中断时的运动控制指令	说明
StopMoveReset	复位停止运动状态，但不重新起动机器人运动
StorePath	储存已生成的最近路径
RestoPath	重新生成之前储存的路径
ClearPath	在当前的运动路径级别中，清空整个运动路径
PathLevel	获取当前路径级别
SyncMoveSuspend	在 StorePath 的路径级别中暂停同步坐标的运动
SyncMoveResume	在 StorePath 的路径级别中重返同步坐标的运动
IsStopMoveAct	获取当前停止运动标识符
外轴控制指令	说明
DeactUnit	关闭一个外轴单元
ActUnit	激活一个外轴单元
MechUnitLoad	定义外轴单元的有效载荷
GetNextMechUnit	检索外轴单元在机器人系统中的名字
IsMechUnitActive	检查一个外轴单元状态是关闭还是激活
独立轴控制指令	说明
IndAMove	将一个轴设定为独立轴模式并进行绝对位置方式运动
IndCMove	将一个轴设定为独立轴模式并进行连续方式运动
IndDMove	将一个轴设定为独立轴模式并进行角度方式运动
IndRMove	将一个轴设定为独立轴模式并进行相对位置方式运动
IndReset	取消独立轴模式
IndInpos	检查独立轴是否已到达指定位置
IndSpeed	检查独立轴是否已到达指定的速度
I/O 模块控制指令	说明
IODisable	关闭一个 I/O 模块
IOEnable	开启一个 I/O 模块
输送链跟踪指令	说明
WaitWObj	等待输送链上的工件坐标
DropWObj	放弃输送链上的工件坐标
奇异点管理指令	说明
SingArea	设定机器人运动时在奇异点的插补方式
程序注释指令	说明
comment	对程序进行注释
程序模块加载指令	说明
Load	从机器人硬盘加载一个程序模块到运行内存
UnLoad	从运行内存中卸载一个程序模块

（续）

程序模块加载指令	说明
StartLoad	在程序执行的过程中，加载一个程序模块到运行内存中
WaitLoad	当 Start Load 使用后，使用此指令将程序模块连接到任务中使用
CancelLoad	取消加载程序模块
CheckProgRef	检查程序引用
Save	保存程序模块
EraseModule	从运行内存中删除程序模块
传感器同步指令	说明
WaitSensor	将一个在开始窗口的对象与传感器设备关联起来
SyncToSensor	开始 / 停止机器人与传感器设备的运动同步
DropSensor	断开当前对象的连接
人机界面读写指令	说明
TPErase	清屏
TPWrite	在示教器操作界面上写信息
ErrWrite	在示教器事件日志中写报警信息并储存
TPReadFK	互动的功能键操作
TPReadNum	互动的数字键盘操作
TPShow	通过 RAPID 程序打开指定的窗口
串口读写指令	说明
Open	打开串口
Write	对串口进行写文本操作
Close	关闭串口
WriteBin	写一个二进制数的操作
WriteAnyBin	写任意二进制数的操作
WriteStrBin	写字符的操作
Rewind	设定文件开始的位置
ClearIOBuff	清空串口的输入缓冲
ReadAnyBin	从串口读取任意的二进制数
Socket 通信指令	说明
SocketCreate	创建新的 socket
SocketConnect	连接远程计算机
SocketSend	发送数据到远程计算机
Socket Receive	从远程计算机接收数据
SocketClose	关闭 socket
SocketGetStatus	获取当前 socket 状态

（续）

中断设定指令	说明
CONNECT	连接一个终端符号到终端程序
ISignalDI	使用一个数字输入信号触发中断
ISignalDO	使用一个数字输出信号触发中断
ISignalGI	使用一个组输入信号触发中断
ISignalGO	使用一个组输出信号触发中断
ISignalAI	使用一个模拟输入信号触发中断
ISignalAO	使用一个模拟输出信号触发中断
ITimer	计时中断
TriggInt	在一个指定的位置触发中断
IPers	使用一个可变量触发中断
IError	当一个错误发生时触发中断
IDelete	取消中断
中断控制指令	说明
ISleep	关闭一个中断
IWatch	激活一个中断
IDisable	关闭所有中断
IEnable	激活所有中断
时间控制指令	说明
ClkReset	计时器复位
ClkStart	计时器开始计时
ClkStop	计时器停止计时
ClkRead	读取计时器数值
ClkDate	读取当前日期
ClkTime	读取当前时间
GetTime	读取当前时间为数字型数据
有效载荷与碰撞检测指令	说明
MotionSup	激活 / 关闭运动监控
LoadId	工具或有效载荷的识别
ManLoadId	外轴有效载荷的识别

附录 B　ABB 功能函数

算术功能函数	说明
Abs	取绝对值
Round	四舍五入
Trunc	舍位操作
Sqrt	计算二次方根
Exp	计算指数值 e^x
Pow	计算指数值
ACos	计算反余弦值
ASin	计算反正弦值
ATan	计算反正切值 [-90，90]
ATan2	计算反正切值 [-180，180]
Cos	计算余弦值
Sin	计算正弦值
Tan	计算正切值
EulerZYX	从姿态计算欧拉角
OrientZYX	从欧拉角计算姿态
变量功能函数	**说明**
TryInt	判断数据是否是有效的整数
OpMode	读取当前机器人的操作模式
RunMode	读取当前机器人程序的运行模式
NonMotionMode	读取程序任务的当前非运动执行模式
Dim	获取一个数组的维数
Present	读取带参数例行程序的可选参数值
IsPers	判断一个参数是不是可变量
IsVar	判断一个参数是不是变量
转换功能函数	**说明**
StrToByte	将字符串转换为指定格式的字节数据
ByteToStr	将字节数据转换成字符串
软伺服功能函数	**说明**
SoftAct	激活一个或多个轴的软伺服功能
SoftDeact	关闭软伺服功能

（续）

机器人参数调整功能函数	说明
TuneServo	伺服调整
TuneReset	伺服调整复位
PathResol	几何路径精度调整
CirPathMode	在圆弧插补运动时，使用不同的模式调整工具姿态
空间监控功能函数	说明
WZBoxDef	定义一个方形的监控空间
WZCylDef	定义一个圆柱形的监控空间
WZSphDef	定义一个球形的监控空间
WZHomeJointDef	定义一个关节轴坐标的监控空间
WZLimJointDef	定义一个限定为不可进入的关节轴坐标监控空间
WZLimSup	激活一个监控空间并限定为不可进入
WZDOSet	激活一个监控空间并与一个输出信号关联
WZEnable	激活一个临时的监控空间
WZFree	关闭一个临时的监控空间
路径修正功能函数	说明
CorrCon	连接一个路径修正生成器
CorrWrite	将路径坐标系统中的修正值写到修正生成器
CorrDiscon	断开一个已连接的路径修正生成器
CorrClear	取消所有已连接的路径修正生成器
CorrRead	读取所有已连接的路径修正生成器的总修正值
路径记录功能函数	说明
PathRecStart	开始记录机器人的路径
PathRecStop	停止记录机器人的路径
PathRecMoveBwd	机器人根据记录的路径做后退运动
PathRecMoveFwd	机器人运动到执行 PathRecMoveFwd 这个指令的位置上
PathRecValidBwd	检查是否已激活路径记录和是否有可后退的路径
PathRecValidFwd	检查是否有可向前的记录路径

参考文献

[1] 杨金鹏，李勇兵 . ABB 工业机器人应用技术 [M]. 北京 : 机械工业出版社，2020.
[2] 吴海波，刘海龙 . 工业机器人现场编程（ABB）[M]. 北京 : 高等教育出版社，2019.
[3] 李锋，李宗泽，张永乐 . ABB 工业机器人现场编程与操作 [M]. 北京 : 化学工业出版社，2021.
[4] 张明文 . 工业机器人编程及操作（ABB 机器人）[M].2 版 . 哈尔滨 : 哈尔滨工业大学出版社，2022.